やま・かわ・うみの知をつなぐ

東北における在来知と環境教育の現在

やま・かわ・うみの知をつなぐ

東北における在来知と環境教育の現在

羽生淳子・佐々木剛・福永真弓 編著

東海大学出版部

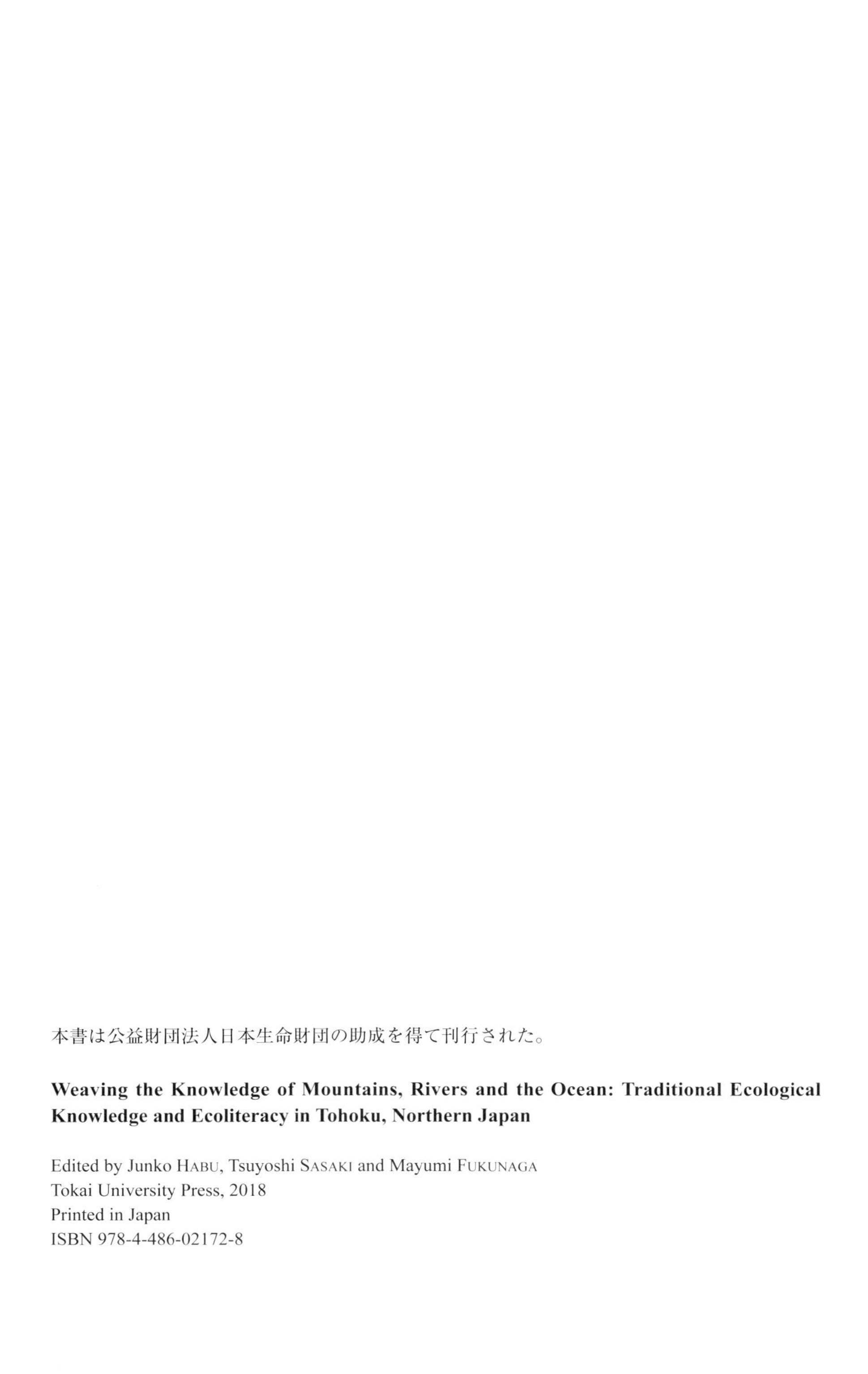

本書は公益財団法人日本生命財団の助成を得て刊行された。

Weaving the Knowledge of Mountains, Rivers and the Ocean: Traditional Ecological Knowledge and Ecoliteracy in Tohoku, Northern Japan

Edited by Junko HABU, Tsuyoshi SASAKI and Mayumi FUKUNAGA
Tokai University Press, 2018
Printed in Japan
ISBN 978-4-486-02172-8

口絵 1　閉伊川中流で川流れを体験する子供たち（岩手県宮古市箱石，2016 年 7 月 30 日）

口絵 2　佐々木アキさんのおもてなし（岩手県宮古市川内，2016 年 6 月 28 日，稲野彰子撮影）

口絵 3　福島県北農民連第一発電所（上），福島りょうぜん市民共同発電所（下）（2014 年 10 月 25 日，福島県伊達市霊山，2014 年 10 月 25 日，羽生淳子撮影）

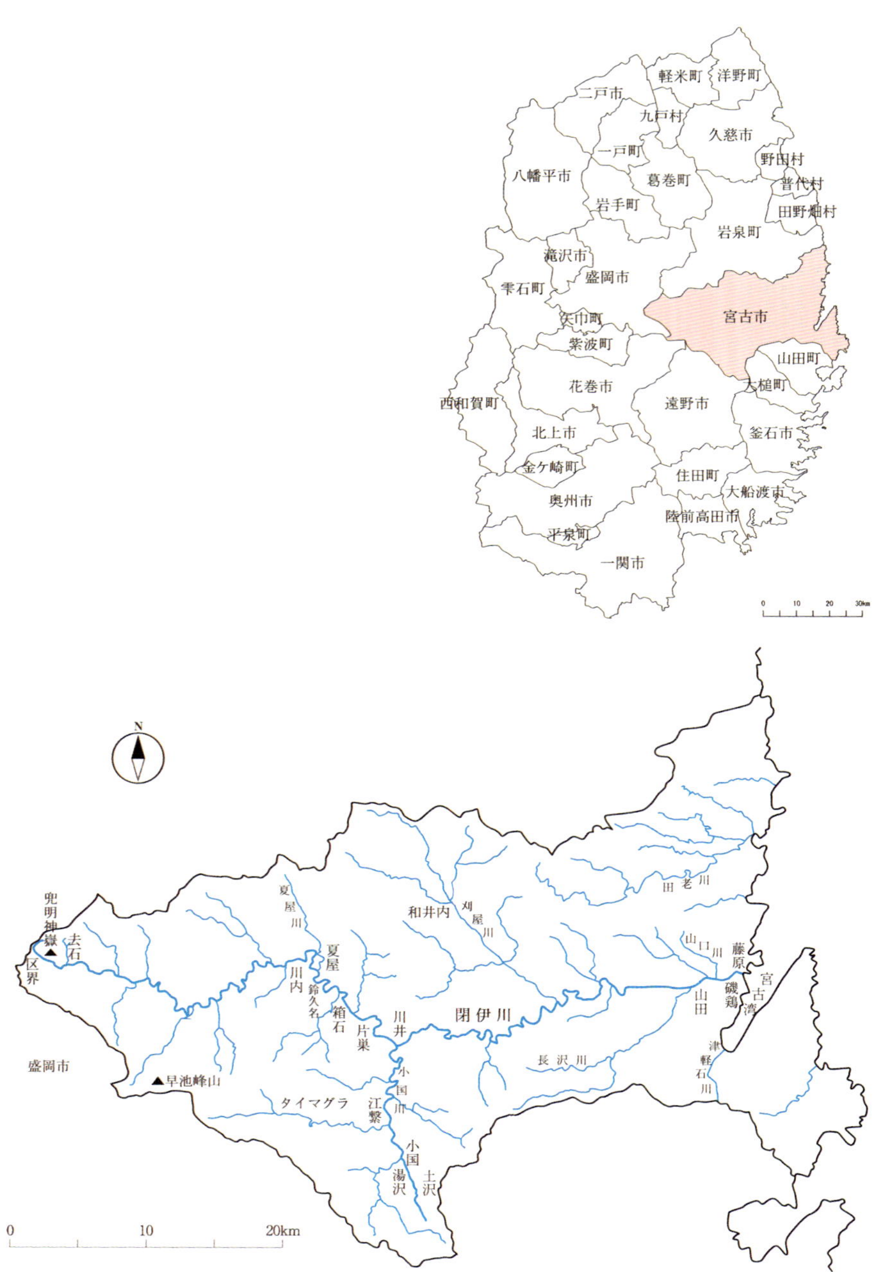

口絵４　岩手県宮古市の範囲と閉伊川水系，および本書で言及されている宮古市内の主な地名

はじめに

羽生　淳子・佐々木　剛・福永　真弓

1．「ヤマ・カワ・ウミに生きる知恵と工夫」プロジェクトの成り立ちとその概要

私たちは，2014年10月から２年間にわたり，「ヤマ・カワ・ウミに生きる知恵と工夫―岩手県閉伊川流域における在来知を活用した環境教育の実践」と題した研究プロジェクトを行った。本書では，プロジェクトの成果を報告するとともに，プロジェクトとその成果報告会を通じて知り合った方々からの寄稿も所収した。

このプロジェクトは，公益財団法人日本生命財団（以下，ニッセイ財団）から，2014・2015年度の学際的総合研究助成を受けた。学際的とは，いろいろな研究分野の人が参加するという意味だ。今回のプロジェクトのメンバーには，人類学，社会学，経済学，生態学など，さまざまな分野の研究者とともに，地元のNPOや任意団体の方々も加わった。

ニッセイ財団からの研究助成の募集課題は「人間活動と環境保全との調和に関する研究」で，2014年度のテーマは「環境保全・再生における都市と農山村の役割」，「流域を中心とする環境保全・再生」，「自然災害と環境保全」だった。これらのテーマには，人間と環境との関係を考える上で重要なキーワードとなる環境の保全と再生はもちろん，これらの問題を都市と農山村との関係から考察する視点と，環境問題を自然災害との関わりから考える視点が含まれている。

環境保全の問題を考えるにあたり，川の流域という地理的な単位を分析対象とするのは理に適っている。というのは，沿岸地域の生態系は，そこに流入する河川流域全体の森林や湿地から栄養塩や微量元素の供給を受けているからだ。さらに，流域における森林の存在は，河川の水量や水温を安定化させ，過剰な土砂流出を防ぐ（白岩，2011）。このような視点から，今回のプロジェクトでは，山と海（特に浜），そして両者の間にある川とのつながりを強調した。

山・川・海のつながりを含めた環境に関する知識と知恵（物事を判断・処理

する能力），工夫（技術）は，「在来環境知」（local environmental knowledge；以下，在来知）と呼ばれる（本書第１・２・14章参照）。在来知は，人間を含む生物と環境との関わりについての理解だけでなく，それにもとづいた技術や実践と，その背後にある世界観を含む（Berkes, 1993）。歴史的にみると，在来知は，各地において，宗教・儀礼や遊びを含めた日々の習慣と一体となって継承され，形を変えながら進化し続けてきた。

在来知に加えて，今回のプロジェクトでは，レジリエンス（弾力性・回復力）と環境教育という，あわせて三つの概念を，主要な研究テーマとして設定した。レジリエンスとは，天災や人災に対するコミュニティの弾力性や，災害などから回復する力を指す（本書第１章参照）。今回の私たちの研究では，在来知と生態系・地域社会のレジリエンスとの関係，およびその歴史的変遷について，聞き取り調査と定量データの両者をもとに評価し，学際的な視点から，その可能性を検討した。これらの検討には，伝統的な生業活動とそれに伴う過去の社会の研究だけでなく，東日本大震災後の地域住民の行動の多様性，特に個人のイニシアティブや社会ネットワークの重要性と，今後の展望も含まれる。

さらに，研究の成果を地元の方々と共有し，その意義を検討する場として，研究対象とした地域において，住民との協働による環境教育ワークショップを複数回にわたって開催した。こうした試みを通じて，地域社会の人々をはじめとするステークホルダーとともにつくる新しい環境教育のあり方を探った。

なお，このプロジェクトは，総合地球環境学研究所（地球研）のフルリサーチ・プロジェクト「地域に根ざした小規模経済活動と長期的持続可能性―歴史生態学からのアプローチ―」（研究番号14200084；羽生，2016参照），および人間文化研究機構の広領域連携型基幹研究プロジェクト「日本列島における地域社会変貌・災害からの地域文化の再構築」（特に，地球研が担当した「災害にレジリエントな環境保全型地域社会の創生」ユニット）と連携した。

２．研究対象地域

プロジェクトの副題に示されている通り，私たちが主な研究対象として選んだ流域は，岩手県宮古市内を流れる閉伊川流域だ。これに加えて，比較研究として，岩手県二戸市浄法寺地区，および福島県内での聞き取り調査も行った。

閉伊川は，北上山地の中央部にあたる区界（くざかい）高原（旧川井村）の岩神山と兜明神嶽付近を源流として，北上山地内を西から東へと流れ，宮古湾へと注ぐ。

源流地点の標高は1000 m を超える。上流から中流域までは，川のすぐ近くまで山が迫り，平坦な耕地はきわめて少ない。一方，河口に位置する宮古湾とその付近の海岸沿いでは，漁業が盛んだ。閉伊川の支流には，夏屋川，小国川，刈屋川，長沢川，山口川などがある（口絵４参照）。

閉伊川は全長75.7 km を測り，そのすべてが現宮古市の中におさまっている。しかし，現宮古市は，いわゆる平成の大合併以前は，旧宮古市，旧田老町，旧新里村，旧川井村に分かれていた。さらに，これら四つの大合併以前の旧行政区も，明治以降のたび重なる町村合併の結果として生まれたものだ。したがって，それぞれの旧行政区内でも各集落のアイデンティティは明確であり，文化や生業の特徴にも違いがみられる。

３．研究地域別の活動と本書の構成

今回のプロジェクトの研究は，メンバー構成上は，在来知研究グループ，レジリエンス研究グループ，環境教育研究グループの３つのグループに分かれている。しかし，実際のフィールド調査を行うに当たっては，閉伊川流域を担当するメンバーは，ハマ班（閉伊川河口～海浜部），カワ班（閉伊川下流域～中流域），ヤマ班（閉伊川中流域～上流域）に分かれ，これに比較研究の浄法寺班，福島班を加えた計５つの地域班が，３つの研究グループのテーマを横断する形で調査研究を進めた。各班の研究成果は，本書の第２部（閉伊川地域での成果）と第３部（比較研究の成果）に所収されている。

ハマ班：ハマ班では，閉伊川の河口域を含む宮古湾沿岸の地域社会に存在していた（あるいは現在まで存在している）在来知について，聞き取り調査と参与観察を行い，その成果を「磯鶏・藤原“むかし須賀”記憶の絵解き地図」として可視化した。さらに，このような調査を行なう過程を地域の人々のあいだで共有し，環境ガバナンスへの関心を高め，担い手を育む「地図・空中写真を用いた在来知の参加型聞き取り調査手法」を開発した。これらの作業を通じて，このような手法が，環境と地域のレジリエンスを維持・生成する上で持つ可能性を検討した（第４章）。

カワ班：カワ班では，環境教育を中心とした地域との協働にもとづいて，源流域から河口域・海域を含む閉伊川流域の内発的発展を可能とし，最終的には沿岸被災地の内発的復興につなげることを目指した。今回の研究では，従来から継続していた「閉伊川サクラマス MANABI プロジェクト」を発展させることにより，在来知研究の成果を生かした環境教育の開発・実践・評価を行った。同時に，宮古市箱石を中心とする閉伊川中流域地区で在来知に関する聞き取り調査を行い，その成果を環境教育に生かした（第５章）。

ヤマ班：ヤマ班では，閉伊川上流域～中流域，特に旧川井村を中心とした北上山地で聞き取り調査を行い，その成果をもとに，閉伊川上流域と下流域の二ヶ所で，地域の在来知と生物多様性に関する写真展・交流会を開催した。このような研究を通じて，近代から現代にいたる歴史的変化の中で，食と生業の多様性，食物の保存・加工に関する在来知と社会ネットワークが，この地域におけるレジリエンスの重層性と柔軟性の基盤をなしていることを明らかにした（第６章）。さらに，これらの調査と平行して，北上山地の焼畑による土地利用が，植物の栄養塩類の物質循環という観点からどの程度持続可能であったかを検討するために，現地の土壌と樹木の調査を行った（第７章）。

福島班：閉伊川流域を含む東北地方太平洋岸と隣接する山間地域は，2011年の東日本大震災時に，地震，津波，福島第一原子力発電所（原発）事故という三重の災害によって，きわめて大きな被害を被った。福島班では，原発事故の被害が特に深刻な福島県内での事例を通じて，県内の小規模な農業における在来知が，災害への対処に果たした役割を検討した。調査を始めた当初は，原発事故による被害があまりにも大きいため，在来知が有効なレベルを超えているのではないか，という予測があった。しかし，聞き取り調査の結果では，在来知にもとづいた食と生業の多様性の維持とネットワークが，事故被災後の活動の原動力となり，さまざまな試みが始められていることがわかった（第８章）。

浄法寺班：岩手県二戸市浄法寺地区（旧浄法寺町）は，閉伊川流域と同じく岩手県北部にあり，奥羽山脈の太平洋側の安比川（馬渕川の支流）流域に位置する。ヒエ・ムギ・マメを基本とする二年三毛作と畜産や林業の重要性という点では，ヤマ班が扱った旧川井村地区と多くの共通点を持つ。

浄法寺地区では，近世初期から生漆の生産が盛んだった。戦後，プラスチック製食器の普及と中国産の漆輸入により，漆の需要は激減し価格も下落したが，近年，国産の漆が見直されたことにより，生漆の需要が高まっている。浄法寺班では，この地区における漆掻き職人への聞き取りと産地直売所での調査を行った。聞き取り調査の結果，昭和初期から現代にいたる植生，農業や生漆の生産を含む生業と，暮らしの変化の一端をうかがうことができた。成果の考察では，地域に根ざした小規模経済活動の重要性と，漆を使った新たなビジネスの可能性について検討し，閉伊川流域との比較を行った（第９章）。

以上の第２部と第３部を含めて，本書は４部構成とした。第２部（ハマ班，カワ班，ヤマ班の成果）に先立つ第１部では，在来知・レジリエンス・環境教育の関係について，ヤマ班統括の羽生，ハマ班統括の福永，カワ班統括の佐々木，の３名が，それぞれの理論的基盤について，実例を交えながら説明した（第１～３章）。また，比較研究を収めた第３部の最終章には，福島と浄法寺における調査成果とともに，岩手県下閉伊郡岩泉町安家で30年以上にわたり人類学的な研究を続けている岡惠介さんからの寄稿をいただいた（第10章）。第４部では，宮古市在住の橋本久夫さんと水木高志さんが，地元の視点から稿を寄せてくださった（第11･12章）。さらに，長年，人類学における学際的な統合と比較文化的な研究の重要性を主張してきた小山修三さんと杉山祐子さんのお二人から，コメントをいただいた（第13･14章）。

４．まとめ

レジリエンスの議論における在来知の再評価は，経済成長を重視する社会から長期的な持続可能性を重視する社会へ，という発想の転換につながる。特に2011年の東日本大震災後は，日本の各地で，環境負荷の低い，地域に根ざした小規模な生産活動の有効性を再評価する動きが目立っている。このような時代の変化は，近年における縮小社会論（縮小社会研究会，2018）や，田園回帰１％戦略論（藤山，2015）への注目に現れている。これにともない，各集落における高齢者の割合の増加をもって地方消滅を予測してきた，いわゆる限界集落論の見直し（山下，2012など）も提唱されている。本書が，このようなパラダイム・シフトの一助となることを願う。

末筆ながら，上記の水木さん，橋本さんをはじめとするたくさんの地元の方々，特に私たちのインタビューに丁寧に答えてくださった方々のご協力，ご厚意と熱意に，深く感謝の意を表する。

引用文献

縮小社会研究会（2018） ホームページ．http://shukusho.org/（2018年１月６日アクセス）．
白岩孝行（2011）『魚附林の地球環境学－親潮・オホーツク海を育むアムール川』地球研叢書．昭和堂．
羽生淳子（2016）「食の多様性と気候変動」『考古学研究』63(2): 38-50.
藤山博（2015）『田園回帰１％戦略－地元に人と仕事を取り戻す－』農山漁村文化協会．

山下祐介（2012）『限界集落の真実―過疎の村は消えるか？』筑摩書房.
Berkes, Fikret (1993) Traditional ecological knowledge in perspective. In *Traditional Ecological Knowledge: Concepts and Cases*, edited by Julian T. Inglis, pp. 1-9. International Program on Traditional Ecological Knowledge, Ottawa, and International Development Research Centre, Ottawa.

目　次

第1部

理論的・方法論的視点

第1章

在来知・科学知とレジリエンス

―景観と文化の長期的変化を考える視点から―

羽生　淳子

1．豊作があれば不作もある―不作・凶作に備える準備―

この章では，在来知と，社会やシステムのレジリエンスとの関係について，主としてレジリエンスの理論と歴史生態学の視点から検討を行う。

カリフォルニア大学バークレー校人類学科で，1964年から1984年まで教授を務めたエリザベス・コルソン（写真1.1）は，1979年に，「豊作の年と不作の年―自給的社会の食糧戦略―」という論文を書いた（Colson, 1979）。その論文の冒頭で，コルソンは，気象学者と科学者が，今後，食料を含む資源の不足に陥ることを予測していると指摘した。そして，人類史の視点から食料不足に対する備えの重要性を理解することは，社会の脆弱性やレジリエンス（resilience; 弾力性，回復力）を考える上で不可欠だと述べた。

この論文で，コルソンは，北米北西海岸のマカー族と中央アフリカのグウェンベ・トンガ族の例を引きながら，短期～長期の食料不足に対する備えとして，５つの戦略が大事だと主張した。第一に，もっとも重要なのは生業活動の多様化で，限られた種類の植物や動物に特化したり依存してはいけない。二番目は食料の保存。ただし，食料の保存期間には限りがある場合が多いので，貯蔵は長期的な食料不足には必ずしも有効な手段ではない。三番目が，救荒食に関する情報の保存と継承。四番目が，余剰食物を耐久性のある貴重品と交換して保存し，いざというときに食料を得る手段を準備すること。最後の五番目が，社会的関係を維持し，危急の際には，他地域から食料を融通してもらえるように備えること。

コルソンがこの論文を発表したのは，40年近くも前のことだ。しかし，その内容は，1990年代以降に盛んになった在来知とレジリエンスに関する議論の核

写真 1.1　エリザベス・コルソン（カリフォルニア大学バークレー校のオフィスにて。カリフォルニア大学バークレー校人類学科提供）（Anthropology Library, 2007）

心をついている。

本章では，フィールド経験が豊富だったコルソンが帰納的に導き出した指摘を念頭に置きながら，「ヤマ・カワ・ウミに生きる知恵と工夫」プロジェクトの成果を，1980年代以降の在来知とレジリエンスの議論と重ねて考察する。特に，本章の後半では，在来知を構成する重要な要素として，道具を含む物質文化の役割を考える。

2．在来知－西洋科学とは異なる世界観－

本書の「はじめに」でも触れたように，在来知とレジリエンスは，私たちの「ヤマ・カワ・ウミに生きる知恵と工夫」プロジェクトにとって，ともに鍵となる概念だ。在来知は，在来環境知の略称で，英語では，local environmental knowledge（LEK）と呼ばれる。その内容は単なる知識（knowledge）にとどまらず，それぞれの地域に存在する，世代を超えて経験し蓄積されてきた，周辺環境と生物に関する知恵と工夫の総称として用いられている。

在来知と類似の概念に，伝統知がある。伝統知とは，伝統的環境知（traditional environmental knowledge）ないし伝統的生態学的知識（traditional ecological knowledge）の略称だ。英語では，どちらもTEKと略称される。在来知が，各地域に固有の景観の中で培われてきた環境知を強調するのに対し，伝統知は，非西洋の文化的・社会的伝統としての環境知に重点を置く概念だ。

在来知・伝統知と重複する概念に，先住民族知（indigenous knowledge；

IK）がある（たとえば，Carriere and Croes, 2018）。国連によれば，indigenous people とは，「異文化ないし異民族が多数到来して，ある国や場所を占拠する前にその地に居住していた人々の子孫」と定義される（UNPFII, 2017）。先住民族の例としては，オーストラリアのアボリジニ，ニュージーランドのマオリ族，ネイティヴ・アメリカンの諸部族などがあげられる。この定義にしたがえば，日本の農村のように，ある土地に代々住み続けてきただけでは，indigenous とはいえない。しかし，日本の研究者の間では，indigenous という語を広義に解釈し，在来知の英語訳に indigenous knowledge を充てる場合も多い（小谷，2014；福永，本書第２章など）。

いずれにせよ，日本語の文献では，在来知と伝統知は，実際にはほぼ同義語として用いられる場合も多い。英語でも，LEK，TEK，IK の概念の区別は必ずしも明確ではない。

在来知・伝統知の再評価は，人類学，環境地理学，環境管理学，農学，政治生態学などの諸分野で1980年代から盛んになったが，その反動で，1990年代には，非西洋的な考え方を過度に美化する視点として批判を浴びた（大村，2002などを参照）。しかし，在来知・伝統知を，地域の中で時代と共に常に変化し続ける動的な存在と理解するならば，このような批判は当たらない（岡，本書第10章；真貝・羽生，本書第６章；Horowitz, 2015）。

在来知・伝統知は，しばしば，科学知を含む西洋的なものの考え方と対置される。それと同時に，在来知・伝統知の内容は，科学知と重なる部分が多いことも指摘されている。たとえば，アグロエコロジーと呼ばれる研究分野では，小規模農業の実践における伝統知と科学知の接点を重視する。そして，伝統知として代々継承されてきた農法を現代の農業に活かし，それを通じて，農民の視点から社会的な不平等の是正を求める社会運動にまで，視野を広げている（アルティエリほか，2016）。

杉山（本書第14章）は，在来知の科学性を指摘すると同時に，在来知にもとづく世界の知り方は科学知とは異なった世界観をつくりあげることを重視する。カナダのユーコン準州の狩猟民について民族調査を行ったナダスディ（Nadasdy, 2003）は，ファースト・ネイション（カナダの先住民）と政府が資源の共同管理の協議を行う場合に，政府の西洋的論理で話し合いを進めると，結果として政府側に有利な，不平等な土俵の上で話し合いを行うことになると警告する。

在来知・伝統知に関する基礎文献として，英語でよく引用されるのは，バークスら（Berkes et al., 2000など）による一連の著作だ。バークスらによれば，伝統知とは，「適応のプロセスによって進化し，文化の伝達によって世代を超えて継承される，生物間および生物−環境間の関係についての，知識・実践・信仰の累積的な集合体」と定義される（Berkes et al., 2000, 1252頁）。

バークスらの定義で興味深いのは，伝統知の構成要素として，知識（knowledge），実践（practice）とともに，信仰（belief）をあげていることだ。在来知・伝統知が，実際に世代を超えて継承される際には，宗教や儀礼・伝承の形を取ることが多い。これは，さまざまな民族誌事例からも明らかだ。つまり，在来知・伝統知とは，個々人が持つ知識とそれにもとづいた日々の暮らしの中での実践から，その世代間の伝達を可能とする社会ネットワーク，その背後にある祭祀と儀礼，さらに人々の間で共有される世界観にいたるまで，さまざまスケールをまたぐ概念といえる。

バークスらの議論はきわめて明快な一方で，バークスの学問的基盤は自然資源管理学で，その論考の焦点は，主として環境保全における伝統知の有効性に向けられている。これに対して，人類学における在来知・伝統知に関する近年の議論は，資源管理や環境保全などの環境問題の枠を超えて，先住民族を含むマイノリティの価値観の重視と復権，文化多様性の尊重の枠組みにおける在来知・伝統知の役割を強調するものが増えている。

3．レジリエンスの理論からみたシステムの時空間的変化

私たちの研究プロジェクトで，在来知とともに重視したのは，レジリエンスの概念だ。レジリエンスとは，「システムが災害や環境変動による生態系と社会関係の乱れを吸収し，その基本的な機能と構造を維持する能力」（Holling et al., 2002）と定義される。具体的には，天災や人災に対するコミュニティの弾力性や，災害などから回復する力をさす。レジリエンスは，もともとは昆虫の生態観察にもとづいて提唱された生物学の概念だが，1980年代以降，同様の考え方を人間のコミュニティや社会全体に適用する研究分野が発展した（たとえば Gunderson and Holling, 2002）。

レジリエンスの理論では，生態システムの時間的な変化を四つの段階に分けて考える。図1.1に，ホリングとガンダーソン（Holling and Gunderson, 2002, 34頁）による，「適応サイクル（adaptive cycle）のモデル」を示す。このモデ

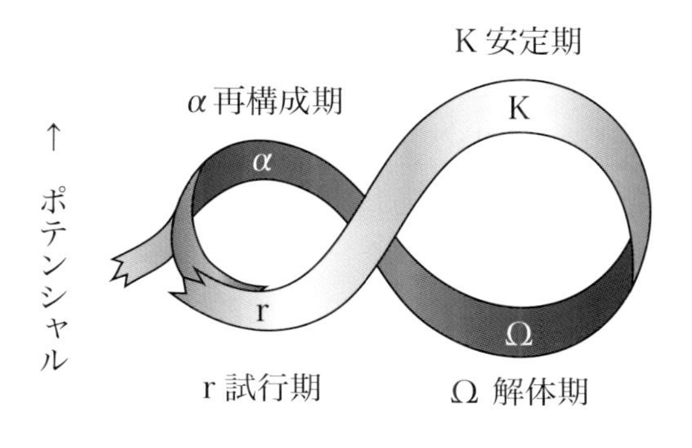

図 1.1　適応サイクルのモデル：レジリエンス理論から見た生態システムの 4 つの機能（Holling and Gunderson 2002，34 頁より作成）

ルによれば，あるシステムは，r 期（試行期），K 期（安定期），Ω 期（解体期），α 期（再構成期）を経て，次のサイクルに移行する。r 期と K 期の名称は，マッカーサーとウィルソン（MacArthur and Wilson, 1967）が提唱した r-K 戦略説に由来する（r は増殖率，K は環境収容力を表す）。r 戦略は，短い周期で個体数が急速に増殖する小型種による，いわば早い者勝ちの戦略であり，K 戦略は，環境収容力の上限に近い環境下で，個体数の増殖速度が遅い大型種の強者が生き残る戦略とされている（Parry, 1981）。

図1.1に示されている適応サイクルで大事なのは，X 軸がコネクテッドネス（connectedness；連結度），Y 軸がポテンシャル（potential；可能性）となっていることだ。コネクテッドネスとは，システム内部のプロセスが外界との関係を調整する力の強さと定義される。コネクテッドネスが低い集団や社会は，安定性は低いが外界の変化に対して柔軟に対応する。これに対して，コネクテッドネスが高い集団や社会は安定性は高いが，コネクテッドネスが過度に高くなると，外界の変化に対応できなくなる。Y 軸のポテンシャルとは，生態的ないし社会・経済的なシステムの方向性に大きな変化が生じる可能性だ。

以上を踏まえて図1.1を見ると，r 期（試行期）は，システム内のサイクルは早く，外界の変化に柔軟に対応できるため，システムのレジリエンスは高い。それと同時に，常に柔軟に変化し続けているため，システムの方向性に急激な変化が起きる可能性は低い。K 期（安定期）は，システム内のサイクルは遅くなり，一見安定しているように見えるが，システムが硬直化してレジリエンスが低下した，いわば一触即発の状態だ。Ω期（解体期）は，硬直化したシステムが解体していく過程であり，コネクテッドネスはいまだに高いが，この段階では新しい変化の方向性は明確ではない。解体されたシステムは，次のα期（再構成期）で外界の変化に対応する柔軟性を取り戻し，システムの再構築，あるいは従来とは異なる新しいシステムの構築（図1.1の左端にある，外向きの矢印）へと向かう。

図1.1に示したモデルから考えるならば，災害にもっともレジリエントなシステムは，常に小さな変化を繰り返しながらr期（試行期）にとどまる，小規模で柔軟性の高いシステムだ。本書第6章で真貝・羽生が論じた宮古市旧川井村や，第10章で岡が論じた岩泉町安家における，複数のバックアッププランを備え持った小規模農家の生業戦略は，このカテゴリーに属すると解釈できる。筆者が縄文時代の生業・集落システムについて論じた論考では，このようなグループを，生業特化の度合いが低いジェネラリストと呼んだ（羽生，2016)。

しかし，すべてのシステムがr期にとどまることができるとは限らない。ほとんどのシステムは，r期で試行錯誤を繰り返したあと，多数のオプションの中からひとつの戦略を選択し，結果として安定期へと移行する。このようなグループについて，筆者は，縄文時代の例をあげながら，生業特化の度合いが高いスペシャリストと呼んだ（羽生，2016)。

スペシャリストとなる選択は，その時点での外界の条件を前提として行われるから，外界の状況が変化すれば最適の選択ではなくなる。だから，安定期へ移行したシステムは，遅かれ早かれ，必然的に解体期へ移行する。災害へのレジリエンスという観点から考えるならば，安定期から解体期への移行を，多大な被害を伴わないソフトランディングの形で実現させることが可能か，さらに，次の再構成期で作られる新しいシステムが長期的に持続可能か，という2点が重要になる。

実際の世界では，個々のシステムは独立した単一システムではなく，短期から長期のサイクルにいたる複数のシステムが互いに影響しあいながら，歴史の流れの中で変化する。図1.2に，ホリングら（Holling et al., 2002）が示した，小規模な短期変化，中規模な中期変化，大規模な長期変化の相互関係を示す。この図には，長期的な変化が一定の方向性を持って進む背景には，無数の短・中期規模のサイクルがあることが示されている。このように，さまざまな時空間スケールが複雑に入り組んだ非階層的な適応サイクルの総体を，ガンダーソ

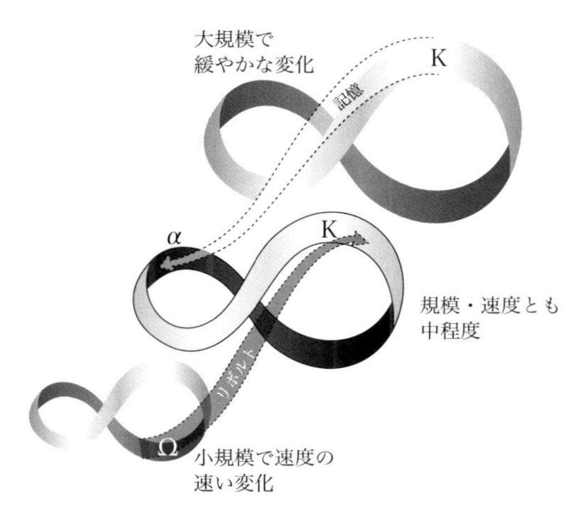

図 1.2　パナーキー理論による短期・中期・長期適応サイクルの相互関係（Holling et al., 2002: 75 頁より作成）

ンとホリングは，「パナーキー（panarchy）」（適応サイクル複合）と呼んだ（Gunderson and Holling, 2002）。

図1.2には，他に二つの重要な点が示されている。第一は，ひとつの小規模・短期のサイクルの解体が，リボルト（revolt；暴走）と呼ばれる負のフィードバックの増幅を生じさせ，結果として，なだれ式に，中・大規模システムの解体につながる可能性があることだ。第二は，システムの再構成に当たっては，長期的な「記憶（remember）」が重要と示してある点だ（Holling et al., 2002）。

長期的な記憶は，上述の在来知・伝統知と重なる。持続可能な社会をめざすに当たっての記憶の重要性と，その次世代への継承の試みは，福永による本書第 4 章の中心テーマとなっている。

4．歴史生態学からみた在来知─環境と人間の相互作用からみた文化景観の長期的持続性と物質文化─

レジリエンスとパナーキーの理論は，システムのレジリエンスを考える際には示唆に富むが，その由来は生物の環境への適応を論ずるモデルなので，人間が環境に与える影響は過小評価されがちだ。これに対して，ウィリアム・バレー（Balée, 1998）らが提唱する歴史生態学では，生物多様性の維持を考える上で，環境への人為的な関与を積極的に評価する。このような考え方は，日本の里山の概念や，環境管理を重視する視点ともつながる。

歴史生態学は，フランス歴史学におけるアナール学派の影響を強く受けて，一回性の出来事，数十年単位の周期的変化，そして数百年から数千年にわたる長期持続（*longue durée*）という複数の社会的時間の関わりに興味をよせる。社会的時間の強調は，個人の経験と認識の重視へ，そして自然景観ではなく文化景観の重視につながる。

文化景観は，個々人が環境と関わる中で形作られ，知覚される。そして，人が環境と関わる際には，道具を含むさまざまなモノ（物質文化）が重要な役割を果たす。具体的には，生業の道具や獲得した食料を加工・調理・保存する道具，灌漑施設，家具，家，信仰の対象となる石像，神社の鳥居など，人が作ったモノすべてが物質文化だ。目でみて手でさわることができるさまざまなモノが，日々の暮らしの中での人々の行為や思考と分かちがたく関わり，在来知の一部となる。

古典的な西洋の科学知では，物質文化を人間の思考と切り離しがちだが，近年の人類学や物質文化研究では，両者が不可分であることが指摘されている。私たちが閉伊川流域で聞き取りを行った際に印象に残ったのも，人々の暮らしの記憶の中で，モノが大きな役割を果たしていることだった。蚕の話となれば解体した飼育棚をみせてあげよう，ということになり，葉タバコ栽培の話をうかがっていると，賞をとった葉タバコの実物が出てくる。農作業の話では，どの場面でどのような道具を使ったかが大事だ。

聞き取りの中で特に印象に残っているのが，モノとしての保存食の重要性だ。干しグリや，凍み豆腐，凍みイモ，干しコウタケなどが目の前に並べられ，日を改めてうかがうと，これらの保存食を調理して待っていてくださって感動したこともたびたびあった。保存食を作って食べるという行為は，毎年の周期で繰り返され，歴史の流れとともに少しずつ変化しながら記憶・継承されていく。第6章でも述べた通り，これらの保存食作りは，雑穀の畑作，焼畑，木の実という主食の重層性・多様性とともに，この地域のレジリエンスの核となっている。

このような聞き取り調査の成果を踏まえて，2016年7月に宮古市内で環境教育実践の一環として行った写真展「山は宝だ」では，文化景観と物質文化からみた在来知のあり方を，「つくる・とる」「たべる」「ほぞんする」「そして，つなぐ」というテーマ別に視覚化した（第6章写真6.5c 参照）。

在来知を活かした柔軟な社会をめざすためには，適応サイクルのモデルのr

期（試行期）に対応する，小規模で多様性があり，自律性に富んだシステムの再評価が必要だ。しかし，その再評価は，無味乾燥な８の字型の図形に凝縮された抽象的な次元に存在するのではない。在来知とレジリエンスの議論は，私たちの世界観や価値観を問い直し，今まで暗黙の前提としてきた経済成長モデルにもとづいた日々の暮らしの再検討を迫ってくる。物質文化を用いた在来知に関する環境教育は，そのためのひとつの手段となる。

5．おわりに

以上，在来知・科学知とレジリエンスの問題について，在来知の概念を整理するとともに，レジリエンスの理論と歴史生態学からみた文化景観・物質文化の重要性を中心に，検討を行った。科学知とは異なる世界観・価値観にもとづいた在来知に関する近年の議論の進展と，生態学の理論をもとにしたレジリエンスとパナーキーの理論の進展，さらに，さまざまなスケールの時間と文化景観の概念を社会科学の中に取り込もうとする歴史生態学の試み，そしてこれらと物質文化研究の関わりは，英米を含む海外の人類学で，現在，大きな注目を浴びている。今後，これらの議論にもとづいた環境保全と持続可能性に関する学際的研究や，多様なステークホルダーとの協働を含めた超学際的研究への広がりが期待される。

今回私たちが行った「ヤマ・カワ・ウミに生きる知恵と工夫」プロジェクトの研究地域で特筆すべきは，閉伊川中流域の川井にある宮古市北上山地民俗資料館（以下，北上山地民俗資料館）で，膨大な量の民具と物質文化とそれに関わる記録が，体系的に収集されていることだ。特に，北上山地民俗資料館の元館長・名久井芳枝さんや学芸員の高橋稀環子さんらは，民具の製作・利用方法を中心とした聞き書きを積極的にすすめ，その成果が，展示に活かされている（川井村北上山地民俗資料館，1995）。この点からも，閉伊川流域は，物質文化を通じた在来知とレジリエンスの研究を進めるのに，格好のフィールドといえる。

引用文献

アルティエリ，ミゲール・A.，クララ・I. ニコールズ，G. クレア・ウェストウッド，リム・リーチン（2016）『アグロエコロジー』柴垣明子訳，総合地球環境学研究所．http://www.chikyu.ac.jp/fooddiversity/agroecology/agroecology.pdf
大村敬一（2002）「「伝統的な生態学的知識」という名の神話を超えて」『国立民族学博物館

研究報告』27巻，25-120頁．
小谷真吾（2014）「在来知と文化的回復力の関連についての予備的考察」『千葉大学人文社会科学研究科研究プロジェクト報告書』227巻 3 号，1-8頁．
川井村北上山地民俗資料館（1995）『ガイドと資料目録』．
羽生淳子（2016）「食の多様性と気候変動」『考古学研究』63巻 2 号，38-50頁．
Anthropology Library, 2007. Anthropology Emeritus Lecture Series: Personal Photos. University of California, Berkeley. http://www.lib.berkeley.edu/ANTH/emeritus/colson/exhibit/exhibit03.html（2018年 3 月19日アクセス）
Balée, William (1998) *Advances in Historical Ecology*. New York, Columbia University Press.
Berkes, Fikret, Johan Colding and Carl Folke (2000). Rediscovery of traditional ecological knowledge as adaptive management. *Ecological Applications* 10(5): 1251-1262.
Carriere, Ed and Dale R. Croes (2018). *Re-awakening Ancient Salish Basketry*. Northwest Anthropology LLC, Richard, WA.
Colson, Elizabeth (1979). In good years and in bad: food strategies of self-reliant societies. *Journal of Anthropological Research* 35(1): 18-29.
Gunderson, Lance H. and C. S. Holling (2002). *Panarchy*. Island Press, Washington D.C.
Holling, C. S. and Lance H. Gunderson (2002). Resilience and adaptive cycles. In *Panarchy*, edited by L. H. Gunderson and C. S. Holling, pp. 29-62. Island Press, Washington D.C.
Holling, C. S., Lance H. Gunderson and Garry D. Peterson (2002). Sustainability and panarchies. In *Panarchy*, edited by L. H. Gunderson and C. S. Holling, pp. 63-102. Island Press, Washington D.C.
Horowitz, Leah S. (2015). Local environmental knowledge. *The Routledge Handbook of Political Ecology*, edited by Tom Perreault, Gavin Bridge and James McCarthy, pp. 235-248. Routledge, New York.
MacArthur, R. H. and E. O. Wilson (1967). *The Theory of Island Biogeograhy*. Princeton University Press, Princeton.
Nadasdy, Paul (2003). *Hunters and Bureaucrats*. Vancouver: UBC Press.
Parry, Gregory, D. (1981). The meanings or r- and K-selection. *Oecologia* 48(2): 260-264.
UNPFII (United Nations Permanent Forum on Indigenous Issues), 2017. Who are Indigenous peoples? http://www.un.org/esa/socdev/unpfii/documents/5session_factsheet1.pdf（2018年 2 月 1 日アクセス）

第2章

在来知ネットワークからとらえる未来

福永　真弓

1．在来知はなぜ重要なのか

しなやかさ（resilience）とつよさ（robustness）を併せ持つ，持続可能な社会をどのように作ればよいのか。そのために，現在の社会のどのようなところが問題で，どのような社会の再デザインが必要なのか。これらの問いを考える上で，有益かつ重要な柱となっているのが，地域の人間と自然の関わりが蓄積されて形成された地域固有の知の体系としての「在来知（indigenous knowledge）」という概念であり，それに立脚した世界の異なる見方だ。

在来知は，科学的知の体系との対比のもと体系化されてきた。科学的知とはどのような知の体系かというと，個別具体的な特定の条件や時空間から離れて一般化できる，客観的に把握可能な知識や経験の体系だ。この科学知の体系とは異なり，在来知は，特定の土地（時空間）に根ざして人の生のニーズに深く関わり，かつ西欧にのみ由来しない，多様な知の体系として括られてきた。具体的に述べると，在来知として見いだされてきたのは，小規模な農的営み，漁，狩猟など，生存のために必要な衣食住をまかなうための自然資源利用・管理の過程で培われ，集積される知識，技術，知恵のまとまりだ。科学的知が国家による中央集権型かつ専門化・細分化された知識生産の過程と共にあるのに対し，在来知は先住民や地域の小農民，狩猟漁労者たちなど，人と自然の直接的な関わりを持つ当事者たちによって担われ，個別具体的な場面と条件のもとで知識が生産される（Warren et al., 1993）。

本章では，なぜ今持続可能な社会デザインのために「在来知」が必要なのかについて，これまでに蓄積されてきた議論を簡単に振り返りながら確認しよう。その上で，在来知の成り立ちをネットワークの中にある知の生産という観点から捉え直し，ともすればわたしたちが縛られがちな在来知をめぐる二項対立，科学知と在来知という構造化からいったん脱してみよう。その際には，在来知がどのように構成されているかについて，人びとの語りと参与観察から論じたい。それにより，人工物と自然物が同じアクターとして並ぶ現代の「環境」ガバナンスにおいて，ネットワークの中で構成され，それ自体もまたネットワークとしてある在来知の姿が明らかになろう。

さて，まずは持続可能な社会デザインの試みの中で，なぜ在来知が重要なのかについて，その経緯をたどってみよう。

1980年代から世界各国の開発の現場において，持続可能で民主的な開発を目指すためには，開発対象の地域に住む人びとの在来知が重要なことが広く認識されてきた。むしろ，在来知を生かし，利用しなければ持続可能で民主的な開発は実現できずに結局失敗に終わってしまうという指摘もなされ（Brokensha et al., 1980），科学的な専門知や新しい技術体系との違いを踏まえながら，在来知を抽出する方法からガバナンスへ援用する手法が数多く研究されてきた。その背景には，先住民の権利回復運動や，先住民および小農民たちによる開発に抗う社会運動などの影響があり，専門家によるトップダウン型の開発手法から，住民参加型，地域社会主導型の開発手法を模索してきたという歴史的変遷がある。

さらに2000年に入ると，システム論的生態学の発展と共に，社会—生態システムとして人間社会と自然を一体的に捉えた上で，持続可能性を実現する新たな社会デザインが模索されるようになった（Berkes et al., 2003）。自然資源管理を超えて，社会全体をどのようにデザインするのか，持続可能性や，しなやかさ，つよさといった新たな指標は具体的にどのような社会の形を求めるのか，が模索されるようになったのだ。

この探求の中で，在来知はその役割をいっそう期待されるようになった。理由は大きく分けて３つある。一つは，在来知が持つ順応性の高さだ。環境問題のように複雑な系がいくつも絡む問題では，科学的不確実性を前提に，順応的に管理やガバナンスを行うことが必要になる。在来知はそもそも，目の前の動的な自然の営みについて，個別具体的な経験から見いだした事実と知識をもとに，観察し，働きかけの仕方を考え，実際に働きかけ，その結果から再び新しく事実と知識を蓄え，再びまた目の前の自然への働きかけを考える，という営みの蓄積からなるものだ。すなわち，目の前の自然へ順応的に対応することから生まれた知の体系であり，当然のことながら順応的であるための方法に長けた知の体系といえる。この在来知の性質が，わたしたちが直面するもう一つの現実に応答するためにとても有益と考えられている。その現実とは，気候変動と歴史的な生態系変容の蓄積から，惑星規模でこれまでの科学的知見や経験的予測がはたらかない「新しい生態系（novel ecosystem）」（Hobbs et al., 2009）の中に生きているという現実だ。この現実の中では，生活する上で災害リスクを減らすためにも，資源の利用においても，目の前の環境に順応的に対応することが何よりも求められる。

また，増大する災害リスクなどに対応するためには，専門家だけではなく，素人のわたしたちが主体的に対処するための動機づけや日常的関心の高さを育むことが必要だ。在来知は，生活ニーズや地域的特徴に結びついて，日常のさまざまな物事を動かす「わざ」を支え導く。そのため，在来知から始めることによって，わたしたちがその主題に対して関心を持ち，関わるための動機を生み出すことに結びつきやすい。同時に，リスク認知や科学知の理解を促すうえで，在来知が接続ハブとして有用性があるとも期待されている（Berkes et al., 2000）。

これらについて少し例をもとに考えてみよう。

観天望気という言葉を知っているだろうか。朝焼けの日は雨が降る，というような，経験や言い習わしにもとづく天気予報のことだ。地方においていわれる観天望気こそ，在来知の一形態といえる。たとえば宮古湾は，初夏になると湾深くまで霧が入り込み，気温がずいぶん下がる日がある。霧をもたらす冷たく湿った風をヤマセと地元の人はいう。朝，とても晴れていたとしても，漁に携わる人は，風向きと湾内の水温，肌にふれる湿気から，「もうすぐガス（霧）がくる」と判断する。もうすぐとはどのくらいか，と聞くと，その日の状況から答えが返ってくる。「20分もすれば津軽石川のとこまで霧がのぼっていく」というような形だ。そして実際に20分ほどで，湾を覆い，湾奥の津軽石川まで厚い霧が走るようにやってきて，川筋を遡っていく。この知識は，宮古湾という場所を離れると，正確には働かない。もちろん，同様の条件がそろったところではある程度予想はつくだろう。しかし，「もうすぐガスがくる」の「もうすぐ」の感覚がきちんと働くのは，その人が既に経験として知っている宮古湾，しかも宮古湾の中でもさらに特定されたある場所に限られる。しかもしばしばこの経験は，個人の人生の中で手に入れたものだけでなく，先達がそのように振る舞い，披露していた知識とその知識の形成の仕方を引き継いでいることも多い。その人が小学生の頃にアワビ採りを教えてくれた年上の漁師がいうのを，見よう見まねで覚えた，という具合だ[1)]。

観天望気は，天候により左右される生業や資源および空間利用が必要な人びとにとって，習得することがリスクを軽減し，なおかつ自分にとって得になること，利便よくすることに密接に関連する。そのため人びとはおのずから興味を持って観天望気を習得する。現在のようにスマートフォンでアメダスや風速，気象図がリアルタイムで把握できたり，気象会社の出す細かなメッシュの天気予報が手に入ったりする時代には，このような観天望気はなくなるかというと，そうではない。人びとはそのような科学知を，自分のこれまでの知識や目の前の物理的現象と沿わせながら，観天望気の精度をあげたり，新しい観天望気を作ったりするために使っている。同時に，風速図をもとに従来よりももっと遠くの雲を観察するようになるなど，観天望気の方法も更新されていく。

観天望気を行うその過程は，環境認知を更新し，環境を観察するという，資源利用・管理における重要な過程となる。在来知はその意味で，在来知として在り続けるための過程が，人びとの生活ニーズに立脚した新たなガバナンスや社会デザインの過程になりうると期待されている。そのため，持続可能な社会のデザインにおいて，在来知を習得する経験的かつ社会的学習過程をどのように設計するか，その具体的な方法が，人間社会と自然両者のしなやかさとつよさを実現するための鍵として模索されてきた。

2．在来知とは何か―重なる世界を生かす方法

さて，ここまで在来知の重要性について議論してきたが，地域固有の知の体系をあらわす言葉として，在来知の他に，科学知（scientific ecological knowledge, SEK）と対置されてきた伝統的生態学的知識（traditional ecological knowledge, TEK），文化人類学者のクリフォード・ギアツが明らかにしたローカルナレッジ（local knowledge，地域知とも訳される）（Geertz, 1983; 邦訳1999）がある。ここで，少しそれらと比較しながら本章での在来知の定義づけを確認しておこう。

伝統的生態学的知識は，ある地域の生態系との関わりの中で蓄積された知識・実践・信仰の複合体（Berkes, 1999）と定義される。在来知とほぼ同義で使われるが，「伝統的」という言葉を使うのを避けて，在来知を使う場合も多

い。その理由は，「伝統的」という言葉が，革新的で新しいものをもたらす「近代」と対置され，単純で，未開の，静的で固定的な，という文脈を持っているからだ（Warren, 1995）。その様なイメージが知識の担い手たちに付与されてしまったり，「伝統的」であることが本質主義的に解釈されてしまったりすることで，むしろ知識の担い手たちに不自由や不利益をもたらすことがありうる。他方，前述したように，これら科学知とは異なる地域固有の知の体系は，植民地主義や支配・被支配の関係性に抗する先住民らの社会運動を力づける目的から衆目を集めてきた背景を持つ。そのため，政治的に「伝統的」なことを主張することが，社会運動を支える上で有益になることもある。

このことを加味すると，環境ガバナンスをある特定の集団のみならず，その集団を含めた地域全体で考える場合には，「伝統的」ではなく，「在来」という言葉が妥当に思える。

しかし，「在来」が「伝統的」に比べて価値中立的かというと，実はそうでもない。生物多様性を語る際に，在来種と外来種が二項対立的概念として用いられるが，何を「在来」で何が「外来」なのかを決定するのは，きわめて時代的条件の中での政治的・社会文化的な判断だ。このように，地域固有性に依拠する「在来」概念も，その固有性を正当化する指標ごと構築されることを念頭に置いておく必要があるだろう。

さて，ローカルナレッジは伝統的生態学的知識とは少し違う観点から形成された概念だ。ギアツがこの言葉を使ったのは，自分とは異なる理解の仕方をする人たちが，あるものを理解するとはどのようなことなのか，意味の解釈学を探究しようとする道筋においてだった。ローカルナレッジは，わたしたちはそれぞれ，普遍的かつ画一的に世界をみているのではなく，多様な「場所に関するわざ（crafts of place）」（Geertz, 1983; 邦訳1999：290）の作動を促す，ある特定の枠組み，固有の知の体系の中にあって，そこから世界を見ているのだということを示す。つまり，ローカルナレッジは，ある場所でいろいろな経験をする，わたしたちのさまざまな生を言い表すそれぞれに異なった方法，通約不可能なものの見方なのだ。わたしたちのローカルナレッジもそれを表す声も，多様にあるそれらの中の一つだが，わたしたちは平生，そのうちのある一つに身をおき，わたしたち自身を表している。矛盾することに，その枠組みを超えなければ他のローカルナレッジ，別の形の知と相互参照しながら多様性を捉えることはできない（同上：388-9）。ギアツの考え方を敷衍（ふえん）すれば，科学は人びとのあいだで非常に広く共有されるようになったものの見方の枠組みの一つだが，それは唯一のものではなく，多様なものの中の一つといえる。また，当然のことながら，人びとのものの見方の中では多くの場合，ちょうど観天望気がそうであったように，科学知と経験的にあるいは引き継がれてきた知は互いに入り交じり，融合して一つの枠組みを構成している。それも一つの「ローカル」である。

つまり，ギアツの「ローカル」は，先住民や，異文化と括られる民俗集団の地域のみを指す狭い概念ではない。もっと広く，ある意味の体系とその解釈の作法を「ローカル」と捉える。論文の中でも，彼の「ローカル」はインドネシア・バリ島の集団を統べる法の分析にも用いられるし，細分化された学問分野についても，それぞれのものの見方を持ち，中にいる人びとがその見方に埋め込まれている「ローカル」と捉えている。ギアツの議論を解釈すると，人びとが世界を認識し，分節化し，理解し，実践を行いながら，世界を「ローカル化」して自分の生きる世界を作り出すこと，それらの営みを支え，営みの中で再生産されたり内面化されたりする知の体系が，彼のいうローカルナレッジなのだと考えられよう。

このようなギアツの「ローカル」の設定は，現在において非常に重要だ。なぜならば，現代社会において，身体や生命を支えるための決定をする単位は個人であり，地域社会，家族単位ではなくなっており，共同性や集団性もその人が暮らす地域社会がそのまま担保できる単純な社会構造ではなくなっているからだ。個人化という現象は，確かにわたしたちを階級や家族，地域社会の地縁から自由にしたが，その実，わたしたちは賃労働と労働市場に，教育や育児，介護など行政による公的サービスの提供に，そして健康や生き方の指針を専門知識（心理学，医学など）に依存せざるを得ない。同時に，社会・行政側からも，リスクも含めた人びとの生の管理は，個人の人生の中で私的に管理されるべきものと見なされ，管理の自己責任が求められる。そのような中で，わたしたちの生を言い表すことのできる文法の単位，「ローカル」を構成する境界をどのように設定できるのか。ギアツのローカルナレッジが解釈学の核としてわたしたちに提示しているのは，次のような現代的事実である。すなわち，ローカルナレッジを観察して設定する側のみならず，主体的に「ローカル」をみずからの生を支える要素としようとする側も，「ローカル」の構築性，「ローカル」を他と隔てる境界を設定する妥当性について，説明を他者にしながら正当化をしなければ「ローカル」は成立しない。先住民たちの社会運動において在来知が重要な役割を果たしてきたのは，まさに在来知を見いだすことが，みずからの「ローカル」を設定する重要な営みであったからだ。すなわち，在来知を再発見して記述し，再び獲得できる仕組みを作る過程こそ，科学知や他の植民主義的な政治的な枠組みに対抗的な「ローカル」を形成する境界線を明らかにし，「ローカル」な正統性の根拠を対外的に示しながら，みずからの集団性と共同性を支える内面化の過程にもなる。

さらに，すでに「新しい生態系」の議論の中で確認してきたとおり社会側と同様に，自然ももはや単純に自律性が想定できる存在でない。社会のデザインがそのよってたつ自然のデザインを決めることにもなる現代においては，「ローカル」の構築は自然のデザインを決めるための重要な過程ともなる。のぞましい里山とは何か，身近な自然とは何か，という問いは，すぐにその地域に生きる人びとにとっての歴史的な生態―社会システムの履歴を問うことから，「～らしさ」と表現される「ローカル」を人びとに問いかけることになる。「～らしさ」がその場に生きる地域の人びとから提示できない場合には，生態学やコンサルティング担当者，政策決定者の考える「里山らしさ」がデザインの軸をなす。

ギアツのローカルナレッジは，このような多様で複数の日常の世界を理解する枠組みがせめぎ合いながら人びとの日常を作っていることを理解するための知的設計概念ともなる。それは同時に，ローカルナレッジを相互参照できる知的な営みから，通約不可能性を持つその多様さを押しつぶさない世界の運営の仕方を見いだすための方法の模索でもあった。

では，本書で語る「在来知」を，わたしたちはどのように定義した上で，どのようにして見いだすことができるだろうか。本書ではギアツの多様な「ローカル」な知の枠組みがあることを念頭に置きつつ，ある自然のひとまとまりの系（本書では流域というまとまりがそれにあたる）と人びとおよび社会との関わりの中に，世代を複数またがって生まれる固有の知の体系を「在来知」と呼ぼう。あえて「在来」という言葉を使うのは，それによって，人と違う時空間スケールで動く自然のひとまとまりの系に順応的に，世代を複数またがりながら，連続性を持って対峙してきた知の体系であることを明確にしたいからだ。

このような在来知を，わたしたちはどのようなものとして見いだし，記述できるだろうか。従来の在来知研究において，科学的知と二項対立的に在来知を記述してしまうことへの疑念や，一貫した体系化のもとで在来知が記述できるかどうか（Warren et al., 1993）もまた，方法論の模索と共に問われてきた。また，前述したように個人化の進む社会において，在来知が「体系」だったものとしてあることを想定してしまうと，あるべきだと研究者が見なした鏡像を現場から見いだしてしまうことになろう。日本では，西欧由来の，科学的知の，あるいは普遍的と見なされてきた概念からあえて距離を置き，ボトムアップのローカルな知識生産を目指した「野の学問」（菅，2013）や「レジデント型研究者」（佐藤，2016）が試みられてきた。前者は，日本において在来知を体系化してきた民俗学を，改めて公共的な知識生産過程として開き直す試みだ。後者は専門家が地域在住者となることにより，専門家がみずからが習得した科学知を参照枠組みとして，在来知の所在を明らかにし，両者の接続する地平で獲得される新たな知を「地域知」として位置づけ，環境ガバナンスを進めようとする試みだ。

さて，では，どのように具体的に在来知を描けるだろうか。本章では最後に，これまでの議論を踏まえながら，少し違った角度から在来知の描写を試みてみたい。ネットワークの中でできあがるという在来知の性質を描写する方法論だ。人びとの生活史の中の在来知は，人・モノ・出来事のネットワークの中に息づき，社会条件や，目の前に現れる自然としての特徴の変容と共に更新されていく。それを聴き取りの中から探してみよう。

3．ネットワークの中の在来知―遊びと遊び仕事から

生業や食事，祭事などに蓄積された在来知を描写する方法はもちろん重要だが，本章ではカワ・ヤマ・サワの関わりについて，子どもの頃の川遊びおよび川に関連する記憶を中心に聴き取りから明らかにし，そこから在来知としての知識の特徴を描写してみたい。遊びは，「遊び仕事」（鬼頭，1996；篠原，1998）と呼ばれるように，生計を主要に支えはしないが，衣食住や文化・精神的豊かさをもたらす。「マイナーサブシステンス」（松井，2000）とも呼ばれる。生産・消費構造のグローバルな拡大と複雑化によって，生産と消費が直接的な人と自然の関わりから離れてしまっても，地域の人びとと自然の直接的な関わりが「遊び仕事」としての釣りが継続されることによって，その中に内包される歴史的な自然と人間の関わり，価値，実践も継続されていく。「遊び仕事」に着目することで，大半の人びとが農業やヤマ仕事，漁から離れてしまった現

在社会においても，地方のみならず都市部居住の人びとも含めた新しい人間と自然の関係性や価値を再考し，再設計できることが期待されてきた。

本章では以上のような期待がなされてきたことも念頭におきながら，まずは遊びと遊び仕事の中にある在来知とそのネットワークを描写してみよう。在来知を描写する事例とするのは，閉伊川の支流，刈屋川上流域の和井内地区だ。和井内地区はヤマを北に超えるとすぐ岩泉町に接しており，山里の暮らしの色合いが強い。ヤマは高原の草地を含み，戦前から草地を用いた軍馬生産，後に乳牛生産や仔牛の繁殖農家が，ヤマを用いた産業の柱となってきた。生業の主要な変化を，図2.1，図2.2に示す。寒冷な気候や，川が低地のため灌漑（かんがい）がしにくいなどの物理的条件の理由から，この地区に水田が広がったのはずっと遅く，1970年代に入ってからだ。

過去の記憶の中から在来知を見いだす過程は，当時のカワ・ヤマ・サワを含む地域の人びとの生業や遊びから環境認識を見いだす過程だ。しかし，もちろん記憶を思い出す彼／彼女らの「今現在」は，変容する社会・経済条件の中で培われている。目の前の自然も，生業と相互作用しながら形を変えてきた。在来知は，生活経験の中で作り上げられてきた，環境認識と在来知の体系の中にある。そこから思い起こされる記憶の中の在来知は，彼／彼女らが認識している「今現在」と比較されながら想起されたものだ。そのため，たとえば語られた記憶の昭和20年代には認識していない，使っていなかった知識，言葉，物事の見方や括り方が反映されて語られていることは，念頭に置いておく必要がある。聴き取り調査に際しては，この点に配慮して，当時の言い方や言葉をなるべく思い出してもらいながら，現在的な言葉に置き換えられて語られている，と質問者が感じたときにはそのようにたずねなおした[2]。

さて，図2.1に示したように，遊び仕事，遊び，生業とも戦後と現在では大きく異なる。和井内地区は，財産区（かつての入会）以外ほぼ民有林として維持し続けてきた。そのことは，国有林を多く持つ川井村とよく地区の人びとによっても比較される。和井内は森林経営が主だったのでしょうか，という筆者の質問に，古舘里志さん（昭和６年生まれ）は次のようにいう。

耕地面積とか山とか。採草地の範囲によって各々が選択して，養蚕なんかも，この辺の農家では収入源としてやってた。養蚕はね，私は昭和30年の後半までやったな。たばこも取り入れて，養蚕もやり，畜産もやった。

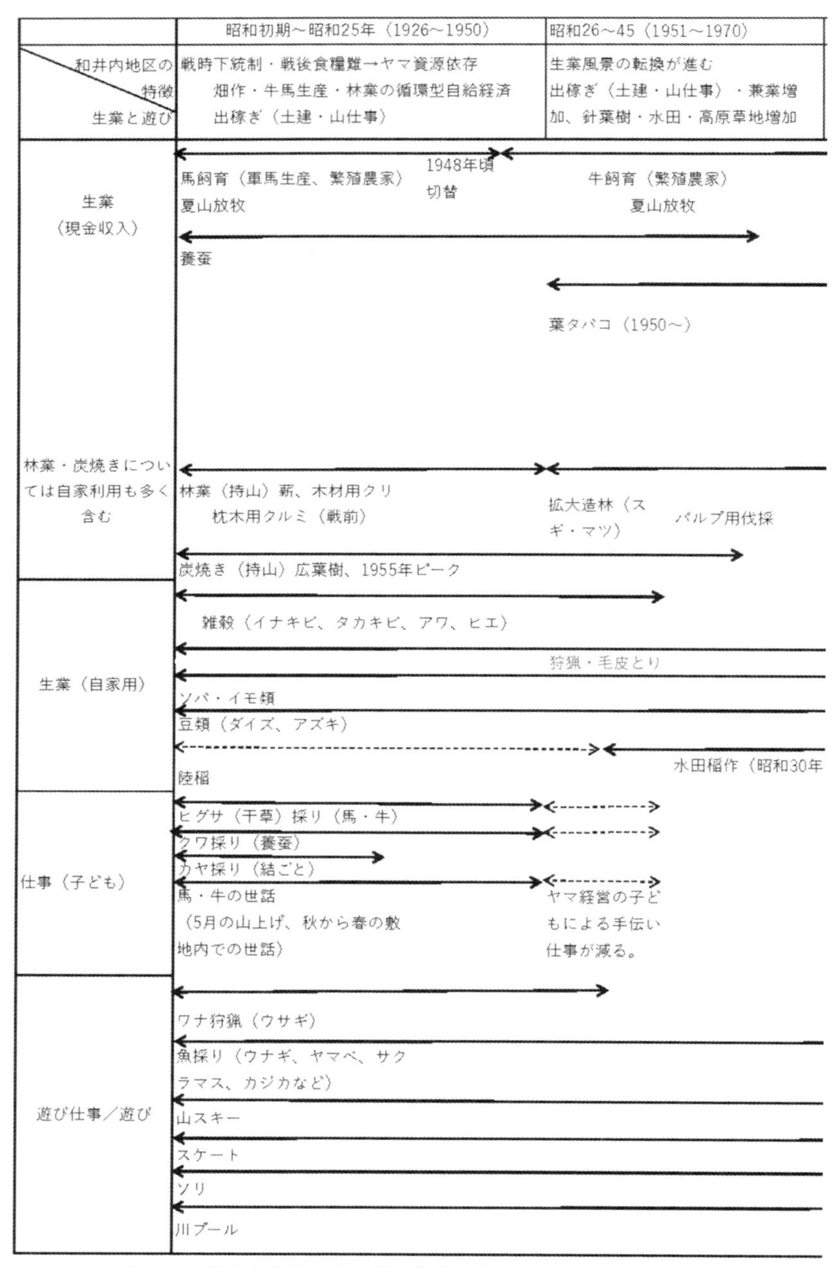

図 2.1　和井内地区生業時代変遷および遊び仕事／遊び変遷（著者作成）

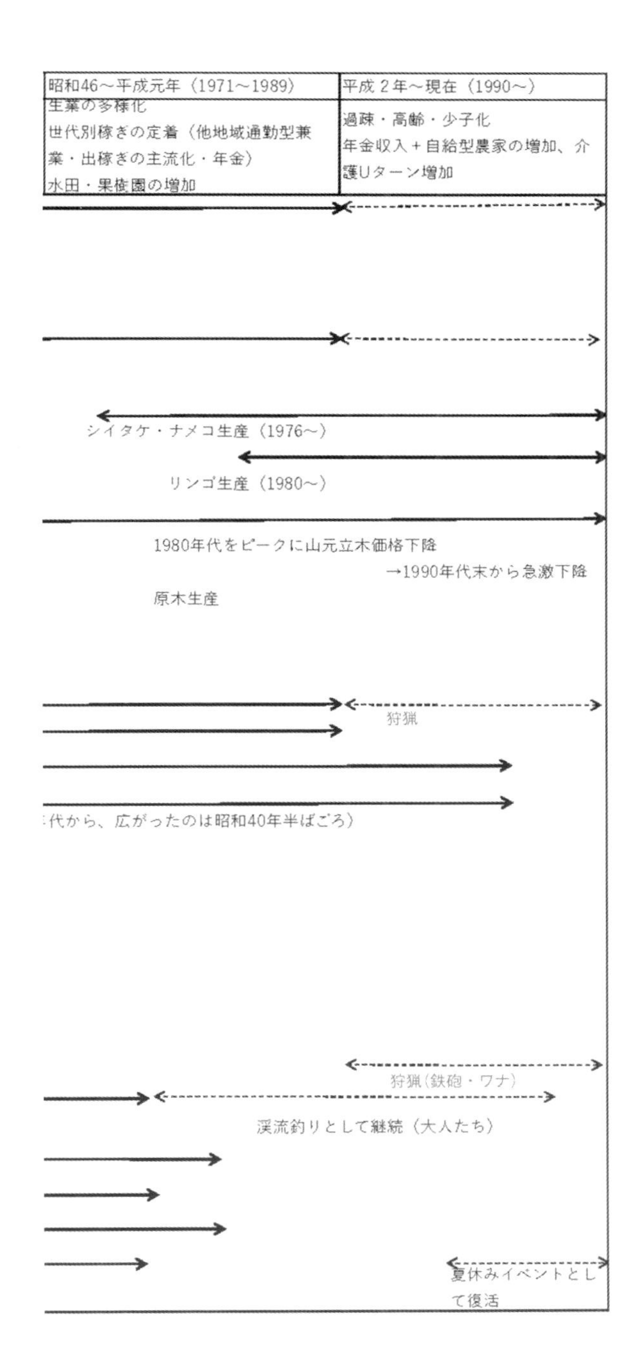

昭和46～平成元年（1971～1989）
平成２年～現在（1990～）
生業の多様化
世代別稼ぎの定着（他地域通勤型兼業・出稼ぎの主流化・年金）
水田・果樹園の増加
過疎・高齢・少子化
年金収入＋自給型農家の増加、介護Uターン増加
シイタケ・ナメコ生産（1976～）
リンゴ生産（1980～）
1980年代をピークに山元立木価格下降
→1990年代末から急激下降
原木生産
狩猟
代から、広がったのは昭和40年半ばごろ）
狩猟（鉄砲・ワナ）
渓流釣りとして継続（大人たち）
夏休みイベントとして復活

生きるためにはそうやってやらなきゃならない。

この「生きる」ことを支えてくれるヤマを，国有林にせずに住民たちがそれぞれ経営してきたということは，古舘さんにとって重要なこの地区の特徴かつ価値として語られる。昭和一桁世代にとっては，ちょうど幼少期は子どもが重要な労働力であったこともあり，生業としてのヤマ経営の中に生涯があった。また，時代の条件に応じて経営内容は変えてきたし，ヤマの特徴に併せて複数の生業をいつも行ってきた。本書では，和井内の昭和初期から現在までを，大まかに4つの時代区分にわけよう[3)]。図2.1には，関連する遊び仕事と遊びも含めて変遷がわかるようにしてある。

昭和初期～昭和25年（1926～1950）は，戦時下統制および戦後食糧難の時代で，畑作・牛馬生産・林業・養蚕の循環型自給経済のヤマ経営が行われていた時期にあたる。子どももヤマ経営全般において重要な労働力として仕事を担っていた。畑作は雑穀・麦類・豆類・ソバなどが主食を支える自給用として作られていた。畑作生産は戦前の軍馬生産，戦後の牛飼育（乳牛飼育・繁殖農家）とつながっており，夏山放牧と冬里飼育により飼料も自給していた。

昭和26～45年（1951～1970）は，生業風景の転換が進んだ時期となる。林業生産の中でも炭焼が盛んになり，他地域からも炭焼き業者（焼子）が地区に入っていた。ヤマを持っている人はそれぞれ家ごとに炭焼き窯を持ち，子どもが窯の中に入る労働力として重宝された。炭は刈屋川と閉伊川が合流し，山田線と岩泉線が合流する茂市地区に集められ，国鉄山田線で都市へ運搬されたため，茂市は活気のある物流・交通拠点として栄えた。他方，里の風景は畑作しかなかった風景から少しずつ変わっていく。昭和30年代から水田開発が始まって，少しずつ刈屋川周辺で増加していった。昭和40年代に入るとエネルギー源としての需要減少と市場価格の下落もあり，炭焼きは衰退した。他方，同時期には国有林でのヤマ仕事や国道・林道整備などの土木建設作業従事者が増え，出稼ぎ労働者も数多くなっていった。昭和40年代からは木材価格が値上がりし，ヤマ経営を支えていくことになる。

昭和46～平成元年（1971～1989）には，出稼ぎ（土建・ヤマ仕事）がさらに増加した他，宮古へ通勤するサラリーマン家庭も増えた。ヤマ経営は高い木材価格に支えられていた他，牛の繁殖飼育に加えて，葉タバコ，リンゴ，シイタケなど生業自体の種類が増え，各戸ごとに生産内容が異なる度合いが大きくなった。もっとも，この時期，養蚕は集落の生業ではなくなった。子どもたちの遊び仕事・遊びもあまり野外で行われなくなり，また世代をまたがった子どもの集団形成も子ども会以外は少なくなった。

平成２年～現在（1990～）の特徴は，出稼ぎ（土建・ヤマ仕事）と通勤型サラリーマンが生計維持の主流となり，過疎・高齢・少子化が集落で進んできたこと，また，年金収入を生計の柱としながら，畑作・水田を自給のために続ける高齢世帯が増加したことにある。平成初期は木材価格の高値が続いていたが，平成10年前後には木材価格の急速な下落が始まり，ヤマ経営はいっそうの苦境に立たされている。シイタケ生産やそのための原木生産，リンゴなどの果樹がヤマ経営の生計を支えている。

このような変容を把握しながら，あらためて人びとの聴き取りの中に出てきた遊び仕事と遊びについて捉えてみよう。遊び仕事と遊びについて，関連して想起される知識や当時の風景に関するものも含めて在来知として抽出したのが表2.1だ。流域の在来知の中でも，流域環境に関する知識について，流域の地理的特徴，流域の生物相・生物の特徴，季節・天候の３つを抽出している。また，流域と社会の関わりを管理する具体的な社会制度，組織に関する知識も含めて，道具／技の知識，集落の生業に関する知識，ライフライン（水・道・薪炭エネルギーなど）に関する知識，資源管理手法／制度に関する知識，社会関係資本形成／強化の機能の５つを抽出している。それらを踏まえて，在来知のネットワークについて，在来知のある空間同士のつながりに関する知識と，五感による景観認識についてまとめて抽出し，そして現在との比較／変化時期についても語りの中から抜き出した。表2.1に掲載した遊び仕事と遊びがすべてではもちろんなく，この他にも数多くの遊び仕事と遊びがある。また，図2.1にあるとおり，これらの遊びは，時代的に変容し，なくなったり，あるいは時には川プールのようにイベントとして復活したりしたものもある。表2.1のように分類してみることで，一つの遊び仕事・遊びと共に語られる知識が，生業や他の遊び仕事・遊びなどと結びつきながら存在することがわかる。それらの中には，遊び仕事・遊びの中で獲得されるものもあれば，遊び仕事・遊びを成り立たせる外部条件となっているものもある。

表2.1の中のソリ遊びについて，表の分類にしたがって考えてみよう。図2.2に記したとおり，ソリ遊びは，ソリでよくすべれる草地，自宅周囲の斜面などの流域の地理的特徴の知識があってこその，そして同時にその知識を蓄積でき

表 2.1　和井内地区昭和 40 年代ぐらいまでの遊び／遊び仕事（著者作成）

遊び仕事／遊び場所区分	遊びにより獲得する知識／ものの見方 具体的な遊び仕事／遊び	流域環境			流域と社会	
		流域の地理的特徴	流域の生物相・生物の特徴	季節・天候	道具／技の知識	集落の生業に関す 知識
カワ遊び	魚採り（ウナギ）	ウナギのオキバリ・ウナギドウを仕掛ける場所の把握→カワの中の浅瀬・深瀬・流れなどを把握。	ウナギ：夜に活動する。流域にいる他の魚種の知識（ヤマメ，アユ，カジカ，ゴリ，スナヤツメ，イトヨ）。	5月ごろ，ノバラが咲くとウナギとアユの目安。11月ごろまでだが一年中獲れる。	オキバリ：夜かけて朝早く獲る。 ウナギドウ	・カワ漁師で食べいる人が何人かいて5月頃から漁を始めいた。
	カワプール（和井内地区）	カワの浅瀬・深瀬，流れの早さ，水温変化の把握。石と砂礫の特徴。	カニ，水生昆虫（石をひっくり返すといる）。	7月ごろから8月いっぱい。	・毎年同じ深瀬の場所を確かめてから石で流れをせき止めてプールを作る。 ・親たちが総出で石を手で動かす→ユンボを使って動かす。	・木材をカワで流す
カワ・イケ遊び	スケート	・イケ，畑，水田，カワなどつながっている水系の把握。凍りやすい場所の把握。 ・イケ，堰き止めやすく凍りやすいカワの場所の把握。 ・刈屋から標高が高くなる（200㍍）。		・1月2月ごろに氷がもっとも厚くなる。 ・雪も刈屋あたりから和井内方面が多く積もる。 ・昭和10年代はマイナス10度になるのも珍しくなかった。	・イケ・カワの一部を効率よく凍らすための工夫。 ・長靴に縄で金具をつけたスケート靴を手作り（昭和30年～40年代はじめ）。	・炭焼き小屋の炭木材の運搬を凍っイケやカワの上をらせていた。
ヤマ遊び	スキー	・家の周囲の斜面（初夏から秋のヤマ利用・ヤマ遊びと知識が重なる）。	竹	・11月末に雪が積もる。雪質の知識に詳しくなる。 ・スキーもスケートもソリもするしヤマの手伝いもする。遊び回っているところについてはよく知っている。	・竹スキーを自作。火をあてて節のところで曲げ，あとはまっすぐになるように工夫。	
	ソリ	・家の周囲の斜面（初夏から秋のヤマ利用・ヤマ遊びと知識が重なる）。	オノオレカンバ（ソリ用の木材，地方名アンサ／アンタ）	・11月末に雪が積もる。雪質の知識に詳しくなる。 ・斜面と雪のふきだまり方や「いい場所」について，普段も遊び回っているところについてはよく知っている。	・ソリは木材業者や家族・親戚から使い古した木材運搬用のソリをもらうか，壊れて捨ててあるソリを拾ってくる。そこからは家族，近隣，木材業者の助けをもらったり自分たちで工夫したりして手を加えて自前のソリにする。 ・ハンドルをつけたり，木で方向転換補助器をつける。	・家から仕事を請負っている木材業が集落内で操業。 ・家のヤマ経営の部としての林業。
ヤマの遊び仕事	ワナ（ウサギ）	・獣道の把握（集落は超える）。 ・地理感覚は夏山放牧・旧道・サワ伝いの集落内外を結ぶ道，家族や親戚の炭焼き小屋で行き来して広がっている。	ノウサギ，バンドリ（ムササビ），アオ／アオシシ（ニホンカモシカ），ヤマドリ，キジ	・通年	・ワナを自作。	・マタギ（ヤマドなどをわけてもら ・毛皮商 ・小動物市

			在来知ネットワーク		流域の変化に関する認識
イフライン（水・・薪炭エネルギーな）に関する知識	資源管理手法／制度に関する知識	社会関係資本形成／強化の機能	在来知のある空間同士のつながりに関する知識	五感による景観認識	現在との比較／変化時期
車，洗い場，各家の用するサワ（サワに前）。カワには家となどを行き来するたの多くの木の橋がかっていた。	・獲りすぎるなど考えなくていいぐらい，たくさんいた。 ・漁業権管理もゆるいが，周囲の大人たちはカフ漁の権利を持っていた。	・集落内の知識伝達のネットワーク。 ・うまい人の見よう見まね，教えてはくれない。うまい人は一目置かれる。親戚，近所，年齢はさまざま。	・ウナギの生活史に関わる空間の理解（刈屋カワ・閉伊カワ）。 ・他の魚種の行き来する空間の知識。 ・サワに関する知識。 ・行商。	・カワの匂いとにごり，水温，水の早さ。 ・カワの中の植生。 ・水車の音，カワの音。	昔ほどではないが今もかなり獲れる。獲る人はいなくなった（刈屋カワ上流）。少なくなった。カワに入らなくなったのは昭和50年前後生まれの世代から。よく遊んでいた最後の世代が昭和30年代生まれ。
車，洗い場，各家の用するサワ（サワに前）。カワには家となどを行き来するたの多くの木の橋がかっていた。	・集落毎に夏に河床整備。	・信頼と知識伝達のネットワーク。 ・集落内の信頼関係。 ・親で作る，誰かの親あるいは集落の誰かが監督。集落の成員同士のつながりと，子どもたちの世代をまたがる交流（小学生から中学生まで）。	・水の冷たさや流れなどを介したカワの上流や下流に関する知識やカワのサワ・ヤマとのつながりの知識。	・平地はずっと畑地，家からカワまでのあいだの畑でイモなどをもらってカワでゆでる。 ・カワの匂いとにごり水温，水の早さ。 ・子どもたちが集団でカワの中にいる夏の光景。	・プールが小学校にできてからカワプールはやめていた。 ・現在は年に一度地域社会の夏のイベントとして子ども会中心にカワプールを復活させている。
炭焼き，林業のため運搬林道，ヤマへの筋の把握。	・イケやカワの水管理。	・集落内の知識伝達のネットワーク。 ・集落内の信頼関係。 ・子どもたちの世代をまたがる交流（小学生から中学生まで）。集落内に頭領がいて仕切る。		・氷の厚さと寒さの比較認知。 ・牛の鳴き声（南部曲がり屋のため，各家の敷地内に牛がいる。夏山放牧なので夏はいない）。	・最近は寒くない。イケやカワも凍らなくなった。 ・温暖化のせい。
出入りする木材業者家のヤマに入るため林道の把握。	・ヤマ経営。	・集落内の知識伝達のネットワーク。 ・集落内の信頼関係。 ・集落の子どもたち（年はばらばら）で集団になって遊ぶ。 ・竹スキーの作り方は家族，親戚，近所の上世代から，あとは競って自分で工夫。	・炭焼き・林業など生業が行われている場所の認識と道に関する知識。	・雪の深さ。 ・雪のある景観。 ・牛の鳴き声（南部曲がり屋のため，各家の敷地内に牛がいる。夏山放牧なので夏はいない）。	・雪が積もらなくなったのでスキーができない。
出入りする木材業者家のヤマに入るため林道の把握。	・ヤマ経営。	・集落内の知識伝達のネットワーク。 ・集落内の信頼関係。 ・ソリは集落の子どもたちで集団で作る，あるいは家族や親戚，周囲の大人との関わりの中で作る。	・炭焼き・林業など生業が行われている場所の認識と道に関する知識。	・雪の深さ。 ・雪のある景観。 ・牛の鳴き声（南部曲がり屋のため，各家の敷地内に牛がいる。夏山放牧なので夏はいない）。	・雪が積もらなくなったのでソリができない。
林道以外の獣道・サ谷いの道の把握。	・ヤマ経営。 ・マタギ。		・炭焼き・林業など生業が行われている場所の認識と道に関する知識。 ・小動物市や毛皮商，マタギなど他の地域を行き来する人びとからの話による空間認識の広がり。		・貴重なタンパク源だったが，今はワナを仕掛ける人は数えるほどに減った。 ・毛皮も使わない。 ・獲ってはいけない動物も増えた。

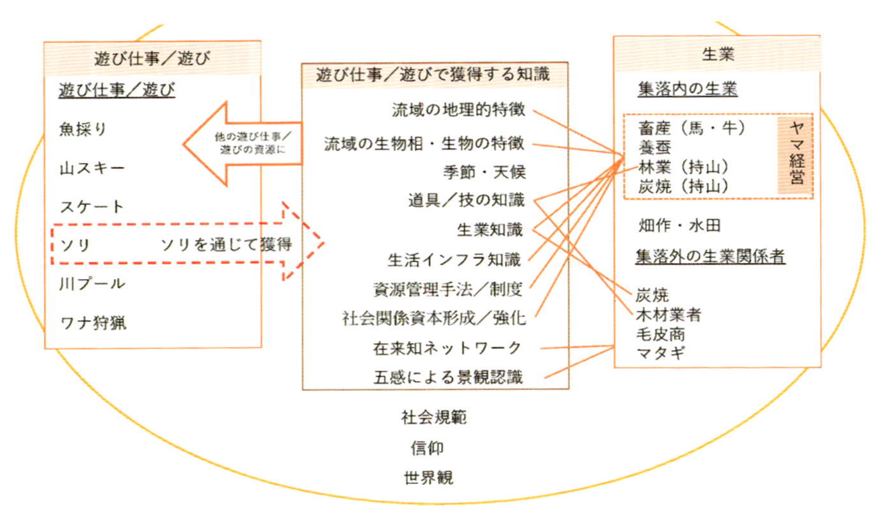

図 2.2 流域の在来知と生業ネットワーク（著者作成）

る遊びだ。実際に地図を示しながら話してもらうと，桑採りなどの仕事や，スキー，スケート，鬼ごっこなど他の遊びと関連して，ソリ遊びをする斜面についてよく把握している。ソリ自体が生業としての林業で用いられていたものだ。ソリを作るオノオレカンバは，和井内の地区名でアンサと呼ばれるが，非常に堅い木で岩山に生えることや，集落の中で生える場所などの生態知識を当時の子どもたちは知っていた。その知識は，周囲の林業従事者や，炭焼をしていた大人たちとの会話や，仕事の手伝いでヤマに入ったときに教えてもらったり，自分で発見したりして得られた。季節と天候については，雪が積もる時期について，そしてどこに雪が積もりやすいか，ふきだまるか，滑るに「良い場所」となるのはいつか，などについて，よく知っているから判断できたし，ソリで遊びながらまた知識をためていった。

関連して，ソリを作る道具／技の知識は，林業でソリを使っている周囲の大人たちが，子どもたちに壊れたものや古いものを与えたり，直し方を教えたりして得たものだ。あるいは，大人たちが作ったり直したりしているのを見よう見まねで覚えたものだ。また，林業従事者・炭焼きが周囲にいたことから，当時の集落の生業に関する知識を得る機会でもあり，その知識があるからこそ廃棄されたソリを探して持って帰ることもできた。同様に，炭焼きがどのような燃料として使われていたのか，あるいは林業従事者や炭焼きの人たちが使っている林道や山道など，ライフライン（水・道・薪炭エネルギーなど）に関する知識を蓄える機会にもなっていた。そして，ヤマ経営を大人たちがどのように行っているのかについて，ヤマ資源の種類も含めて，資源管理手法／制度に関する知識を経験的に得る機会にもなっていた。そして，ソリを多年代の子どもたちのグループで，家族や親戚，近隣の人びと関わりながら修理したり，作ったりすることは，知識や信頼のネットワークなど，社会関係資本形成／強化につながっていた。

もちろんソリという遊びだけがこれらを構成するのではない。在来知は，季節と天候に関する知識がそのようなものと振り返られているように，スケート，スキーなど他の同じ季節の遊びや，生業と関連しながら得られている。普段からヤマを遊び仕事や遊びのために，あるいは生業の手伝いなどで歩き回っているからこそ，ソリ遊びに必要な得られる知識として人びとは認識している。季節の異なる川遊びなど，さまざまな遊び仕事や遊びが互いに連関しながら，生業も含めた認識，行為，知識のネットワークを形成していたのだ。そのようなネットワークの中で，遊びが知識を生産し，知識の上に遊びが成り立つ。

ネットワークの中にある以外に，人びとの語りからみえてくる在来知のもう一つの特徴は，在来知が時空間をまたがるネットワークの中にあることだ。在来知は異なる年代のあいだで共有され引き継がれ，時間をこえてネットワークがつながっている。そして，在来知は違う空間で蓄積される在来知同士が人びとの中で結び合わされ，連続する空間として認識されている。たとえば，夏のカワ遊びの空間と，ヤマの空間，子どもたちは二つの空間を行き来するし，祭事などの出来事，食料などのモノや，行商や日雇い林業作業者など人の行き来は，流域内外の他の特徴をもって再帰的に自分の向き合う環境を理解する重要な契機を生み出す。

4．「在来」であることを獲得するための仕掛けづくりへ

図2.1にあるように，生業も移り変わり，遊び仕事や遊びも変わる。多様なネットワークの中で「今現在」まで維持されてきた遊び仕事や遊びも，その形態や内容は変容する。あるいは，魚採りに顕著なように，世代を超えて受け継がれることもある一方で，ある特定の年齢層の人びとが幼少時のころの営みを継続し続けているだけで，次の世代には引き継がれていなかったり，そのものがなくなったりする。

科学知と在来知という二項対立の中で現場の在来知を考えてしまうと，在来知が「場所に関するわざ」である意味合いを誤解することになろう。在来知は，冒頭に述べたように，その土地で生きていくために人びとが作り上げる日々の生活の知恵，知識，技術のかたまりだ。そして，在来知にどのような機能を期待し，どのようなものとして維持し続けようとするかは，人びとが何を第一義の目的として自然と人の関わりをデザインしようとするか，それに依拠する。そして，冒頭に確認したとおり何が「在来」なのかもまた，そのデザインの中に今や含まれるべきものとなっている。

そもそも，和井内地区の在来知は，既に紹介した古舘里志さんの言葉にあるように，ヤマの資源を利用して「生きていく」ために，生活資源をできるだけ数多く，なおかつ多角的に利用できるようにするための工夫から生まれた。この場で資源を使って生きていくこと，次世代につなぐことが目的だった。

他方，昭和30年前後の大きな生活構造の変化により，生計それ自体をヤマやカワで立てることの重要性は相対的に下がり，また，遊び仕事や遊びも変わってきた。その中にあって，在来知を局所的に切り出し，科学知の機能補完のために用いようとしても，何か現在に役立たせたい在来知を一つだけ抜き出して維持しようとしても，それではネットワークの中にある在来知は継続できない。そして実際に喪失してきた。

問題は，つよくしなやかな社会をわたしたちが目指すにあたり，どのような現実の生活設計を念頭に，関連するネットワークごと在来知をどのように新たにデザインできるかだろう。科学知との接合についても含め，ここから先を考えるのは第４章にゆずりたい。

注

1）観天望気のエピソードについては，2014年から2016年夏にかけて季節毎に行ったフィールドワークの中で，沿岸の記憶に関する半構造化インタビュー（総数32人，各１～2.5時間，できるだけ各人２回以上）から漁師経験者および漁師経験者を家族に持つ人びとに共通するものをまとめた。

2）和井内地区の在来知の聴き取りをまとめるにあたっては，地区内の５つの集落の特徴もさることながら，各家が持つヤマの条件によって，生業の割合などの特徴はそれぞれ異なることに留意する必要がある。本章の表に記した遊び仕事と遊びの分析は，和井内地区の15人の半構造化インタビュー（できるだけ各人２回以上，１時間～1.5時間）に基づいている。本章の目的のため，被調査者の集落，年代，在来知に詳しいことが周囲から承認・評価されていることを基準としてあらかじめ被調査者を選定した。また，個人の在来知と共に，ある程度共有されている在来知を聞き取るために，複数人のインタビューを同時に行った。平成28年市統計によると，和井内地区の人口は363人を数える。

3）この時代区分については，和井内地区と近い岩泉町安家地区を生態人類学的に研究した岡恵介の区分を参考にしている。詳細は岡（2008）を参照のこと。

引用文献

岡恵介（2008）『視えざる森の暮らし』大河書房.

鬼頭秀一（1996）『自然保護を問い直す』ちくま新書.

佐藤哲（2016）『フィールドサイエンティスト』東京大学出版会.

篠原徹編（1998）『民俗の技術』朝倉書店.

菅豊（2013）『「新しい野の学問」の時代へ』岩波書店.

松井健（2000）『自然観の人類学』榕樹書林.

Berkes, F. (1999) *Sacred Ecology*. Philadelphia and London: Taylor and Francis.

Berkes, Fikret, Johan Colding, and Carl Folke (2000). Rediscovery of Traditional Ecological Knowledge as Adaptive Management. *Ecological Applications*, 10(5): 1251-1262.

Berkes, Fikret et al. (2003) *Navigating Social-Ecological System*. Cambridge: Cambridge University Press. 1995263413439

Brokensha, D., D. Warren and O. Werner eds. (1980) *Indigenous Knowledge Systems and Development*. Lanham: University Press of America.

Geertz, C. (1983) *Local Knowledge: Further Essays in Interpretive Anthropology*. New York: Basic. ((邦訳：1999，梶原景昭訳)『ローカルナレッジ：解釈人類学集』岩波モダンクラシックス)

Hobbs, Richard J., Eric Higgs and James A. Harris (2009) Novel Ecosystems: Implications for Conservation and Restoration. *Trends in Ecology and Evolution*, 24(11): 599-605.

Warren, D. M., L. J. Silkerveer and D.Brokensha, eds. (1993) *The Cultural Dimension of Development*. London: Intermediate Technology Publications.

Warren, D. M. (1995) Comments on article by Arun Agrawal. *Indigenous Knowledge and Development Monitor*, 4(1): 13.

第3章

在来知と環境教育

佐々木　剛

1．はじめに

2011年3月11日に発生した東日本大震災による巨大津波は，東北地方太平洋沿岸部に未曾有の被害をもたらした。多くの家屋が流出あるいは焼失し，数多くの尊い人命が奪われた。

大震災のちょうど一ヶ月前の2011年2月11日に，「水辺環境フォーラム」が開催された。このフォーラムは，三陸沿岸の各地域で長年取り組まれてきた環境教育プログラムをもとにして，環境教育ネットワークを形成しようとするものだった。このようなネットワークづくりは，三陸地域では初めての試みだった。宮古からは閉伊川大学校の取り組みが紹介され，大槌からは大槌川・小槌川での蛍の観察会と水質調査，釜石からは遊覧船を使った水辺の環境学習会，陸前高田からは30年間続けられた古川沼の清掃活動についての事例発表がなされた。それぞれの発表の後に行われたパネルディスカッションでは，一般市民の水辺環境に対する関心の低さが指摘され，今後の方向性として，三陸沿岸域での環境教育ネットワーク構築によって市民の環境への関心を高めよう，との思いが確認された。初めての試みに，参加者一同は胸を高鳴らせた。

ところが，始まったばかりのネットワーク構築は，その一ヶ月後に発生した東日本大震災によって，中断を余儀なくされた。三陸地域が一丸となって力を合わせ，環境教育を盛り上げようとしていた矢先だった。三陸沿岸で環境教育を盛り上げようとする私たちの宣言は，間違いだったのか。水圏環境を遠ざけるべきだったのか。関係者は，大きな衝撃を受けた。

そして，震災から半年後にあたる2011年9月4日に，遠野市で「三陸エコビジョン・プレフォーラム～海と人との持続可能な共存を求めて～」（佐々木，

2011a）が開催された。被災地復興にはどのような環境の知識や経験が必要なのか。また，環境教育を行うに当たってどのような連携体制を構築すべきなのか。実践から取り組んできた三陸環境教育ネットワークのメンバーは，方向性を探り始めた。フォーラムでの各々の事例発表の後，フリーディスカッションが行われ，大規模な自然災害を未然に防ぐために，水圏環境から目を背けるのではなく，むしろ水圏環境の知識や経験を身につける環境教育こそ必要ではないか，との結論に至った。そして，メンバーがたどりついたのは，環境教育によって，「一人一人が身近な水圏環境を観察し，議論をし，身近な水圏環境の理解を深め，地域資源を最大限に活用しながら持続的に，内発的，創造的に発展しうる地域全体の能力」すなわち「地域住民力」を育成することが，レジリエントで持続可能な津波被災地の再興につながるという，将来に向けた構想だった。

このフォーラムは，さまざまな点で，その後の水圏環境教育活動の原点となった。フォーラムの後，環境教育が津波被災地の復興にどのように貢献するのかという視点での試みが始まった。

筆者は，このような震災後の環境教育の歩みを踏まえて，被災地復興のための環境教育を明確に位置づける必要があると考えた。本章では，環境教育はどのような目的のもとにスタートし，どのように歩んできたのか，そして，今後どのような展開が求められるかについて，国内外における環境教育のこれまでの経緯と現状をふりかえる。その上で，被災地復興を念頭に入れた環境教育の方向性を探りたい。

2．環境教育のこれまでの経緯と現状

2.1　人間環境宣言における「環境問題の教育」

1972年，国際連合（以下，国連）人間環境会議がストックホルムで開催され，「人間環境宣言」が採択された。この宣言文では，人間環境の向上と保全に関して，世界の人々を喚起し導くための共通の見解と原則が示されている。

宣言文は，「人は環境の創造物であると同時に，環境の形成者である。環境は人間の生存を支えるとともに，知的，道徳的，社会的，精神的な成長の機会を与えている」として，人間は自然環境からの寄与を受けるだけでなく，環境の形成者である点を強調した。「人間は環境の形成者」と明示したことは，自然の征服を目指して発達してきた文明の歴史を考えるならば，歴史的な転換点

だった。

宣言文では，自然環境の保全と向上を目指すために，世界の人々が取り組むべき７つの宣言が示された。ここでは，宣言６と宣言７を提示する。

宣言６は，「我々は世界中で，環境への影響に一層の思慮深い注意を払いながら，行動をしなければならない。無知，無関心であるならば，我々は，我々の生命と福祉が依存する地球上の環境に対し，重大かつ取り返しのつかない害を与えることになる」と警告する。宣言７は，「市民及び社会，企業及び団体が，すべてのレベルで責任を引き受け，共通な努力を公平に分担することが必要である。あらゆる身分の個人も，すべての分野の組織体も，それぞれの行動の質と量によって，将来の世界の環境を形成することになろう」と主張する。これらの宣言文では，全体として，思慮深い注意と行動，そしてすべての人々が等しく責任を持ち，行動することを求めている。

さらに，宣言文では，７つの宣言をもとに，具体的な26項目の原則が示された。そのうちの第19項目では，「若い世代と成人に対する環境問題についての教育は，個人，企業及び地域社会が環境を保護向上するよう，その考え方を啓発し，責任ある行動を取るための基盤を拡げるのに必須のものである」としている。若い世代と成人に対する「環境問題の教育」の必要性を強調するとともに，個人，企業，地域社会が積極的に関わるよう求めている。

「人間環境宣言」は，人間は環境の形成者であると述べた上で，すべての人々に対し必須の課題として環境問題の教育を位置づけた，画期的な宣言である。この宣言を契機に，世界的に環境教育への関心が高まっていくこととなる。

2.2　ベオグラード憲章

上記の「人間環境宣言」によって，環境教育に対する世界的な関心が高まっていった。1975年には，国連環境計画（UNEP）が設置された。同年1975年には，国連教育科学文化機関（ユネスコ）と国連環境計画の共同で，「国際環境教育ワークショップ」（いわゆるベオグラード会議）が旧ユーゴスラビアの首都ベオグラードで開催された。この会議には，環境教育の専門家96名が60ヶ国から集まり，幅広い議論を行った。

この会議での大きな成果の一つは，「ベオグラード憲章」の採択だった。ベオグラード憲章は，全地球的レベルで取り組む環境教育のフレームワークとして，現在に大きな影響を与えている。この憲章では，「環境やそれに関わる諸問題に気づき，関心を持つとともに，現在の問題の解決と新しい問題の未然防止に向けて，個人的，集団的に活動する上で必要な知識，価値，態度，参加，技能を身につけた人々を世界中で育成すること」が目的として掲げられた。憲章の目標には，関心，知識，態度，技能，評価能力，参加の 6 項目が挙げられている。さらに，具体的な行動目標として，環境を包括的に考察すること，学校内外において生涯教育として行うこと，学際的アプローチを採用すること，環境問題の解決や未然防止への参加を積極的に促すことなどの 8 項目が挙げられている。

2.3　トビリシ宣言

この会議が起点となり，1977年に，「環境教育の政策に関する政府代表者が参加する会議」が，旧ソビエト連邦グルジア共和国（現在のジョージア）の首都トビリシで開催された。この会合は，ユネスコが初めて主催した環境教育の政府間会合だった。この会合では，ベオグラード憲章をもとにしてトビリシ勧告とトビリシ宣言が採択された。このトビリシ勧告では，「都市や地方における経済的，社会的，政治的，生態学的相互依存関係に対する関心や明確な意識を促進し，すべての人々に，環境の保護と改善に必要な知識，価値観，態度，実行力，技能を獲得する機会を与えること。個人，集団，社会全体の環境に対する新しい行動パターンを創出すること」が目的とされた。

この会議を通し，個人及び社会集団が具体的に身につけ，実際に行動を起こすために必要な目標として，「関心」「知識」「態度」「技能」「参加」の 5 項目が提起された。各項目は，以下のように定義される。

関心：社会や個人がすべての環境と関連する問題に対し気づき，感じるように促す。

知識：社会や個人が，環境やそれに関連する問題についての様々な経験や基本的な理解を身につけるように促す。

態度：社会や個人が，環境の改善と保護に関する活動的な参加への動機と環境への配慮や価値を身につけるように促す。

技能：社会や個人が環境の問題を認識し解決するためのスキルを身につけるように促す。

参加：社会や個人が環境の問題の解決に向けて行動する上ですべての人々が活動的に関わる機会を提供する。

これらの項目は，国際的な環境教育・環境学習の目標の基底に据えられた。特に，トビリシ宣言の勧告10では，「環境教育は，国家間の責任と連帯の精神を助長し，経済的，政治的，生態学的な面から，近代的世界における相互依存性に対する関心を助長するのに役立つものでなければならない」と述べる。勧告11では，「それは当然，学際的でなくてはならない。環境教育は環境について（about）学ぶことではなく，環境から（through）学ぶことを意味する。このことは教育方法について，特に学校教育において，完成された方法を変更することをも要請する。（中略）学際的性質から，教育は，環境と生命の理解を助ける目的を持ち，そのゆえにも，環境教育は教育組織の革新に重要な役割を果たすものである」としている。

2.4　世界環境保全戦略とブルントラント委員会最終報告

1980年には，「世界環境保全戦略」において国際自然保護連盟（IUCN），国連環境計画および世界自然保護基金（WWF）の共同執筆によって，「持続可能な開発」（sustainable development; SD）がはじめて提起された。1987年にはブルントラント・ノルウェー首相を委員長とした国連の「環境と開発に関する世界委員会」（ブルントラント委員会）において，「我ら共有の未来」として「持続可能性」（sustainability）の概念が発信され「自らの暮らしや生産活動，社会活動のあり方」を見直す必要性が提唱された。これらの提言では，「持続可能性」を高めるために，社会を構成する市民，事業者，行政などすべてのセクターが環境教育に参画することを求めた。

2.5　国連環境開発会議におけるリオ宣言とアジェンダ 21

1992年のリオデジャネイロ「国連環境開発会議」では，「環境と開発に関するリオ宣言」と「アジェンダ21（持続可能な開発のための行動計画）」が採択された。「環境と開発に関するリオ宣言」の第10原則では，「環境問題は，それぞれのレベルで，関心のあるすべての市民が参加することにより最も適切に扱われる。国は，各個人が，公共機関が有している環境関連情報（有害物質や地域社会における活動の情報も含む）を適切に入手し，そして意思決定過程に参加する機会を提供しなくてはならない。各国は，情報を広く行き渡らせることにより，国民の啓発と参加を促進し，かつ奨励しなくてはならない」としている。

さらに,「アジェンダ21」の第５章「人口動態と持続可能性」,第10章「陸上資源の計画管理のための統合的アプローチ」,第11章「砂漠化との戦い」,第12章「砂漠化と干ばつとの戦い」,第13章「脆弱な生態系の管理：持続可能な山の開発」,第17章「海洋と生物資源の保護」においては,持続可能な発展に資するためには,科学的認識のみならず,地域特有の伝統的生態学的知識が重要であることが指摘された。また,第36章「教育,意識啓発および訓練の推進」では,「教育は持続可能な開発を推進し,環境と開発の問題に対処する市民の能力を高めるうえで重要である。教育が効果的なものとなるためには環境と開発に関する教育が物理的,生物学的,社会経済的な環境と,人類(精神的な面を含む)の発展の両面の変遷過程を扱い,これらがあらゆる分野で一体化され,伝達手段として公式,非公式な方法および効果的な手段が用いられるべきである」と表明され,さまざまな分野の包括的なアプローチによる市民の能力の向上を図ることが目指されている。

2.6 テサロニキ宣言

1997年にギリシャのテサロニキで開催された「環境と社会に関する国際会議」(テサロニキ国際会議)では,「環境と社会：持続可能性のための教育および意識啓発」について,「テサロニキ宣言」が出された。宣言の第10項目では「持続可能性に向けた教育の全体的変革は,すべての国における全段階のフォーマル・ノンフォーマル・インフォーマル教育を含むものである。持続可能性の概念は単に環境だけではなく,貧困,人口,健康,食料の確保,民主主義,人権や平和を全て包括する。持続可能性とは,究極的には文化的多様性や伝統的知識を重んじる道徳的・倫理的義務である」と指摘した。

また,宣言11では「環境教育は,トビリシ環境教育政府間会議の勧告の枠内で発展し,進化し,アジェンダ21や主要な国連会議で議論されるグローバルな問題の中で幅広く取り上げられてきたが,それは同時に,持続可能性のための教育として扱われ続けてきた」としている。ここには,「環境教育」を「環境と持続可能性のための教育」とみなす視点がうかがわれる。このようにして,国際的にも,環境教育が,環境保全のための教育から環境を含んだ社会の持続可能性を高めるための教育という位置づけに変化してきた。

2.7　第二次環境基本計画

世界的な環境教育の流れの中で，日本では，環境を含んだ社会の持続可能性を高めるための教育という文脈の中で，1999年「これからの環境教育・環境学習―持続可能な社会を目指して―」が取りまとめられ，第二次環境基本計画へ反映された。そこでは，環境教育の進め方として，以下の７点が強調された。

1．環境問題は様々な分野と密接に関連しているので，ものごとを相互連関的かつ多角的にとらえていく総合的な視点が不可欠であること。
2．すべての世代において，多様な場において連携をとりながら総合的に行われること。
3．活動の具体的な目標を明確にしながら進め，活動自体を自己目的化しないこと。
4．環境問題の現状や原因を単に知識として知っているということだけではなく，実際の行動に結びつけていくこと。
5．そのためには課題発見，分析，情報収集・活用などの能力が求められるので，学習者が自ら体験し，感じ，わかるというプロセスを取り込んでいくこと。
6．日々の生活の場の多様性を持った地域の素材や人材，ネットワークなどの資源を掘り起こし，活用していくこと。
7．地域の伝統文化や歴史，先人の知恵を環境教育に生かしていくこと。

また，教育の具体的な教育内容としては，下記の４点が記された。

1．自然の仕組み（自然生態系，天然資源及びその管理）。
2．人間の活動が環境に及ぼす影響（人間による自然の仕組みの改変）。
3．人間と環境のかかわり方（環境に対する人間の役割・責任・文化）。
4．人間と環境のかかわり方の歴史・文化を系統性と順次性を視野に入れて展開していく必要性。

これらの基本計画の流れを継承して，日本からの提言によって，国連による「持続可能な開発のための教育の10年」が位置づけられることになった。

2.8「持続可能な開発のための教育（ESD）の10年」

2002年に開催されたヨハネスブルグ・サミット（持続可能な開発に関する世界首脳会議）において，日本が提案した「持続可能な開発のための教育（Education for Sustainable Development; 以下 ESD）の10年」が盛り込まれた。

さらに，同年の第57回国連総会では，2005年からの10年間を，「国連 ESD の10年」とする決議案が満場一致で採択された。2003年の第58回国連総会，2004年の第59回国連総会においても，「国連 ESD の10年」を推進するための決議案が日本によって提出され，満場一致で採択された。これらの国連総会決議をもとに，2005年３月，ニューヨークの国連本部にて，「国連 ESD の10年」開始記念式典が開催された。

2009年３月から４月には，ドイツのボンにて，「ESD 世界会議」が開催され，「ボン宣言」が採択された。「ボン宣言」では，さまざまな関係機関と連携を強化し，現代社会の諸課題の解決を視野に入れながら，世界各国が ESD をさらに前進させることを要請した。

2013年11月には，第37回ユネスコ総会において「国連 ESD の10年」の後継プログラムとして，グローバル・アクション・プログラム（Global Action Program; GAP）が採択された。グローバル・アクション・プログラムの全体目標として，持続可能な開発を促進するために，あらゆる分野で教育・学習の役割を強化することが盛り込まれた。とくに，優先行動分野として，ESD に対する政策的支援，ESD への組織包括的取組，ESD の実践教育者育成，ESD への若者参加支援，地域コミュニティ参加促進の５つを掲げている。

その翌年の2014年11月，「ESD に関するユネスコ会議」が愛知県名古屋市で開催され，愛知名古屋宣言が採択された。「愛知名古屋宣言」では，ESD のさらなる発展のために，グローバル・アクション・プログラムの５つの優先行動分野を目指すこと，「持続可能な開発目標」の達成に向けて ESD の取り組みの必要性などが確認された。

2.9 「持続可能な開発目標（SDGs）」

「持続可能な開発目標（SDGs）」は，2015年９月の国連総会で採択された『我々の世界を変革する：持続可能な開発のための2030アジェンダ』（Transforming our world: the 2030 Agenda for Sustainable Development）と題する成果文書で示された行動指針だ。これは，持続可能な開発のための17のグローバルな目標（ゴール）と169のターゲット（達成基準）からなる。具体的には，次のような目標からなっている（図3.1）。

目標１． あらゆる場所のあらゆる形態の貧困を終わらせる。

目標２． 飢餓を終わらせ，食料安全保障及び栄養改善を実現し，持続可能

図 3.1　持続可能な開発目標（SDGs）のロゴマーク（http://www.unic.or.jp/activities/economic_social_development/sustainable_development/2030agenda/sdgs_logo/）

な農業を促進する。

目標 3. あらゆる年齢のすべての人々の健康的な生活を確保し，福祉を促進する。

目標 4. すべての人に包摂的かつ公正な質の高い教育を確保し，生涯学習の機会を促進する。

目標 5. ジェンダー平等を達成し，すべての女性及び女児の能力強化を行う。

目標 6. すべての人々の水と衛生の利用可能性と持続可能な管理を確保する。

目標 7. すべての人々の，安価かつ信頼できる持続可能な近代的エネルギーへのアクセスを確保する。

目標 8. 包摂的かつ持続可能な経済成長及びすべての人々の完全かつ生産的な雇用と働きがいのある人間らしい雇用（ディーセント・ワーク）を促進する。

目標 9. 強靱（レジリエント）なインフラ構築，包摂的かつ持続可能な産業化の促進及びイノベーションの推進を図る。

目標10. 各国内及び各国間の不平等を是正する。

目標11. 包摂的で安全かつ強靱（レジリエント）で持続可能な都市及び人間居住を実現する。

目標12. 持続可能な生産消費形態を確保する。

目標13. 気候変動及びその影響を軽減するための緊急対策を講じる。

目標14. 持続可能な開発のために海洋・海洋資源を保全し，持続可能な形で利用する。

目標15. 陸域生態系の保護，回復，持続可能な利用の推進，持続可能な森林の経営，砂漠化への対処，ならびに土地の劣化の阻止・回復及び生物多様性の損失を阻止する。

目標16. 持続可能な開発のための平和で包摂的な社会を促進し，すべての人々に司法へのアクセスを提供し，あらゆるレベルにおいて効果的で説明責任のある包摂的な制度を構築する。

目標17. 持続可能な開発のための実施手段を強化し，グローバル・パートナーシップを活性化する。

これら17の目標は，発展途上国ばかりでなく先進国の目標としても設定され，それぞれの目標は単独で存在するものではなく，関係性を保ちながら相補的に達成に向かうことが望ましいとされる。これらの目標は，加盟国196ヶ国すべての国々が2030年までに達成すべき目標として定められ，同時に，一人ひとりを啓発し社会を変容させる能力を向上させることによって達成すべき，とするESDのアプローチも強調されている。

3．環境教育の方向性

以上から明らかなように，ユネスコや世界各国の環境教育の潮流は，1972年の人間環境宣言で言及された「環境問題に関する教育」を起点として，環境と開発のための教育へと移行し，最終的に「ESD：持続可能な開発のための教育」へと発展した。マクロな視点からみれば，環境教育の目的は，環境問題を改善するための教育から，近年では，環境と人の関係の上に成り立つ人と人との関わり方や個人の人間の在り方を問い直す教育に移行したといえる。

今日の環境教育は，身近な環境問題解決だけでなく，その環境をベースとしながらも，未来に向けて環境と人，人と人に関するさまざまな問題と課題の総合的解決を目指す。つまり，すべての環境教育は，持続可能な発展を志向した，環境と人のつながりに関する包括的な教育を前提としている。

しかし，このような包括的な環境教育について，一斉授業型の教育体制で対応するには限界がある。2000年代の初頭から，モノを重視した工業化社会から知識・情報を中心とした知識基盤型社会に対応すべき教育の在り方が求められるようになった。その結果，アクティブ・ラーニングをはじめとした新しい学習観が導入され，時代に即した教育の改善が行われてきてはいるが，学校現場では未だ温度差がある。今日における学校教育の現状を踏まえれば，行うべき課題が山積みであり，体制の整備には，学校現場のみならず地域コミュニティ，自治体，政府の支援が必要だ。

さらに，ESDの実現には，アジェンダ21やグローバル・アクション・プログラムが示しているように，「すべての関係者が組織的計画的に実施」することも重要な課題となっている。すべての関係者が関わるような仕組みを構築するためには，ESDを推進するための組織の強化が求められる。すでに，韓国，台湾，フィリピンなど近隣諸国では，ESDを推進する国家的な組織が構築され，計画的に実施されている。しかし，日本では，組織的計画的な実施を進めていくために，どこが旗振り役となるのか，またどのように計画を立てるのかなど，検討すべき課題は多い。

日本では，ESDの基本的な概念が十分に定着しているとはいえず，個々の地域や人々の特性に対応した，組織的で計画的な環境教育の取り組みが求められる。もちろん，宮城県気仙沼市や福岡県大牟田市などの「ESD優良事例」があり，小中高大の連携によって，充実したESDが展開されている。日本における先駆的な事例を，他地域における事例とどのように連携を深めて，日本独自のESDを組織的・計画的に推進するかが，今後の大きな課題となっている。

さらに，「持続可能な開発目標（SDGs）」との関連の中で，具体的にESDをどのように盛り込んでいくのかが重要な課題である。先に示した通り，17の目標と169のターゲットを達成するために，具体的にどのような活動として落とし込むのかについては，世界の各国，各地域にゆだねられている。すでに，ライフスタイルの変革に結びつく商品開発が進んではいるものの，５つの優先行動分野の連携による具体的な取り組みは，まだスタートしたばかりである。

こうした中で，ユネスコ海洋科学委員会（UNESCO-IOC）は，オーシャンリテラシー・ツールキット（UNESCO-IOC，2017）を発行し，世界各地での活用を促した。オーシャンリテラシー・ツールキットは，海洋・水圏環境に関連する項目を中心とした「持続可能な開発目標」の課題解決を目指して，オーシャンリテラシー教育（海洋環境と人間との関わりについての素養を身につける教育）を中心とした取り組みを全世界で実施するための，いわばガイドブックだ。このツールキットには，オーシャンリテラシーの概要と具体的な先行事例として，80テーマが掲載されている（図3.2）。これを活用することで，オーシャンリテラシーを枠組みとして海洋・水圏環境を意識化し，5つの優先行動分野の連携を世界的に実施することが可能になる。

オーシャンリテラシーの概念は，2006年にカレッジ・オブ・エクスポラレーションという世界的な学習ネットワークと，アメリカ海洋大気庁，アメリカ海洋教育学会などに所属する海洋研究者，海洋教育者らによって開発・公開された。海洋と人間の相互作用の理解を基本概念として，7つの基本原則と44の具体的内容を盛り込んでいる（Ocean Literacy Network，2015）。オーシャンリテラシーの基本的な考え方は，海を中心とする水圏環境を総合的に理解する能力，すなわち，水圏環境が私たちに与える影響と私たちが水圏環境に与える影響の両者を理解する能力を高めることだ。

このツールキットでは，アメリカをはじめとして，日本，韓国，台湾，バングラデシュ等の世界各国ですでに実施されてきた，オーシャンリテラシー教育の先行事例を紹介している。これらの事例の多くは，ノンフォーマルないしインフォーマル教育と呼ばれるものだ。ノンフォーマル教育とは，スイミングクラブ，地域スポーツクラブ，会話形式のセミナー，ボーイスカウトやガールスカウト運動，地域成人教育，スポーツクラブ等における教育活動をさす。一方，インフォーマル教育は，労働，家族，レジャーなどの日常活動の結果としての学習を意味する。さらに，台湾での学校教育（フォーマル教育）に導入された例も報告されている。

今回のユネスコ海洋科学委員会の発表によって，ユネスコに関連する教育機関にも，オーシャンリテラシーの考え方が周知されることになる。特に，世界中に9500以上あるユネスコスクールを中心として，世界各国で，教育課題として，オーシャンリテラシー教育が推進されていくことが予想される。日本でも，ユネスコスクールの公式ウェブサイトで，オーシャンリテラシー・ツールキットが紹介されている。

なお，80の先行事例の中には，筆者らの閉伊川流域での取り組みである「サ

Regional
Bureau
for Science
and Culture
in Europe

図 3.2　ユネスコ海洋科学委員会（UNESCO-IOC）発行の「オーシャンリテラシー・ツールキット」（http://unesdoc.unesco.org/images/0026/002607/260721E.pdf）

クラマス MANABI プロジェクト」（本書第５章参照）も取り上げられている。このプロジェクトでは，流域を単位とした森，川，海とそのつながりの理解を深めることを大きな柱としている。

「サクラマス MANABI プロジェクト」では，オーシャンリテラシー教育で取り上げられた科学的な知識だけでなく，在来知や伝統的生態学的知識を取り入れた，水圏環境リテラシー（水圏環境と人間との関わりについての素養）が新たに定義されている（佐々木，2011b）。日本発祥の ESD として，森，川，海とそのつながりを理解し，持続可能な社会を目指す包括的な環境教育として注目されている（中西・佐藤，2017）。

日本では，古来より森を重視する思想が根付いている（梅原，1990）。あわせて，森，川，海とそのつながりの概念は，日本以外にもハワイやフィジーなどの島嶼でも伝統的生態学的知識として知られているものの，諸外国において，森，川，海とそのつながりを取り入れた ESD の先例は少ない。今後の展開が期待される。

４．在来知を取り入れた環境教育の意義

日本では，第二次世界大戦後の高度経済成長以降，科学技術と経済活動の発展によって，それまでの自然との共生の価値観が低下する時代が到来した。この変化によって，確かに，科学技術と国の経済は発展した。しかし，それは，一方で地方と都市部の格差を生み出し，人口の偏在による過疎高齢化や農山漁村の崩壊とさまざまな環境問題を生み出した。

これらの問題が生じた大きな理由として，科学が細分化され全体像がみえなくなったこと，全体像を見渡す科学的な素養が活かされていない事があげられる。日本学術会議（2010）は，『日本の展望―学術からの提言2010―』において，「21世紀の人類社会の課題解決のためには，諸科学の総合としての学術の一体的取組みが不可欠」とし，「人類の生存基盤の再構築」や「知の再構築」等を課題としてあげている。

環境破壊を防ぎ，自然と人間が共生するあり方を希求するためには，統合的に自然環境を理解する必要がある。環境と人間は，長い年月にわたって密接な関わりを持ってきた。その関わりには，文化的な蓄積と歴史的な蓄積が備わっている。それらには，自然環境に配慮した生活習慣や思想，自然災害への対処方法など，科学的素養のみでは到達できない要素が含まれている。このような

文化的・歴史的蓄積の総体が，人間の生活の中に知識，技能，知恵として内在化されたものが，いわゆる在来知と呼ばれるものである。

在来知を理解することは，自然と人間との共生のあり方を再認識することにつながる。高度経済成長以前の自然環境と人々との関わりがどのようなものであったのか，また高度経済成長後にどのように自然環境と人々との関わりが変容していったのかを明らかにすることによって，自然環境との今後の関わり方を時間軸の中に落とし込んで理解することが可能となる。

在来知を明らかにすることは，自然環境と人々との関わり方を再評価することにつながる。地域の住民にとって，在来知は，科学技術が発達した現代社会において，必ずしも評価対象となるとは限らない。他の地域や知見と比較し，再検証しない限り，在来知の価値が明らかにならない場合もある。在来知を明らかにするプロセスにおいて，他地域から介入し人々との関わりが構築されることで住民の有能感が高まり，地域全体が活性化する例もみられる（青木，2010）。

科学は時に，環境破壊を引き起こす。それでも，環境に関する科学は，事象を客観的に捉え，個々の事象をつなぎ合わせて在来知の有効性を明らかにする上で，有効な手段である。知識，技能，知恵である在来知が内在化されている状態を科学知によって顕在化することは，これまで評価されることがなかった伝統や風習の意味を再発見することにもつながる。

地球上にある自然環境は一律のものではなく，人間は流域や沿岸域に集中し，地域ごとに多様性を持っている。その結果として，それぞれの地域における持続可能な社会のあり方は異なってくる。したがって，世界の各地において，伝統を含む在来知に基づいた環境教育の実践研究が何よりも必要となる。

日本の環境教育は，これまで欧米の影響を強く受けてきた。しかし，日本には，伝統的に，環境との付きあい方に関する知見が豊富だ。これからは，日本の風土や伝統的文化を踏まえ，森，川，海とそのつながりを基調とした流域独自の自然観など環境に対する考え方，思想，文化，伝統についても解明し，それらを環境教育に取り込む必要がある。そのことが，独自性のあるESDの活動として，世界へ発信するリソースとなっていくだろう。

本章の第1節で述べた2011年9月の「三陸エコビジョン・プレフォーラム」では，身近な水圏環境の理解を深めることによって地域住民力を育成することが，レジリエントで持続可能な津波被災地の再興につながるという，将来への構想があった。ここでの重要なポイントは，「身近な水圏環境の理解を深める」という言葉だ。この言葉には，流域独自の文化と伝統に関する「在来知」と，事象を客観的に捉える環境に関する「科学知」の両方が示されている。

「三陸エコビジョン・プレフォーラム」で示された将来への構想を踏まえて，筆者らは，「閉伊川サクラマスMANABIプロジェクト」を立ち上げて，地域の仲間とともにプロジェクトを進めた。このプロジェクトにおいて，科学知と在来知がどのように解析され，そして融合し具体的な環境教育としてどうプログラムされ実践されているのかについては，第５章で紹介することとする。

引用文献

青木辰司（2010）「進化するグリーン・ツーリズム―体験交流型観光から協働・協発型活性化への展開―」『農業と経済』76巻９号，5-17頁.

梅原猛（1990）『森の思想は人類を救う』小学館.

佐々木剛（2011a）「みんなで観察し，考え，行動しよう，閉伊川大学校～子どもたちの明日ために～の事例から」，『三陸エコビジョンフォーラム要旨集』8-12頁.

佐々木剛（2011b）『水圏環境教育の理論と実践』成山堂書店.

中西一成，佐藤裕司（2017）「アユの目から見た環境教育プログラムの深化」日本環境教育学会発表要旨，23頁.

日本学術会議（2010）「日本の展望―学術からの提言2010―」http://www.scj.go.jp/ja/info/kohyo/pdf/kohyo-21-tsoukai.pdf（2018年２月４日アクセス）

Ocean Literacy Network (2015) Ocean literacy: understanding the ocean's influences on you and your influences on the ocean. http://oceanliteracy.wp2.coexploration.org（2018年２月４日アクセス）

UNESCO-IOC（2017）*Ocean Literacy for All: A Tool Kit*. IOC MANUALS and GUIDES, 80. United Nations Educational, Scientific and Cultural Organizaion, Paris. http://unesdoc.unesco.org/images/0026/002607/260721E.pdf（2018年２月４日アクセス）

第２部

閉伊川流域のやま・かわ・うみにおける 在来知と新しい試み

第4章

須賀の絵解き地図を描く

―風景の「上書き」を超えて―

福永　真弓

1．環境の潜在可能性を維持し，豊穣化させる必要性

本章の目的は，生きものとその生きものがいた風景に関する人びとの記憶から，人びとの前にあった環境を描写することにより，環境の潜在可能性の幅を地域の人びとと見いだす手法を探索することにある。それは，環境が「上書き」されていくダイナミズムを，価値の構造化と生成のダイナミズムと共に解明する手法だ。同時に，自然環境との相互作用でもたらされる価値やサービス，資源などの維持や将来的にそれらが得られるという期待をもって，自然環境を自律ある他者として見なし，その潜在可能性を育んでいくための実践ともなりうる手法だ。まずは，価値の構造化と生成のダイナミズムを解明すること，自然環境の潜在可能性を育む実践開発がなぜ重要なのかについて説明しておこう。

環境の潜在可能性を探る実践はなぜ必要なのだろうか。まずはそのことについて考えてみよう。しなやかでつよい持続可能な社会を作ろうとするとき，一般的には，災害があったあとに人びとが生活を再建できるよう動き出し，自分の居場所となる社会を再び得られることが，しなやかさ（レジリエンス），すなわち弾力性をもつ社会と考えられている。日本では1995年の阪神淡路大震災以降，世界的には2004年のスマトラ島沖地震や2005年のハリケーン・カトリーナ被害以降，特に防災・減災のための社会設計が喫緊の課題とされてきた。気候変動による大規模な嵐や豪雨などの増加もあり，2011年の東日本大震災の経験をもとに，日本政府は防災・減災のための「国土強靱化」を目指したハードインフラ設計・建設を進めてきた。また，人びとの信頼や防災・減災へのリテラシー構築などソフトインフラと呼ばれる，人材育成，社会的関係資本の構築，社会制度設計も，災害後のコミュニティ形成の試みと共に試みられるように

なってきた。

並行して，生態系がもつ防災・減災の機能にも着目が集まってきた。従来の人工構造物による防災・減災のインフラ整備をグレイ・インフラだとすると，この生態系がもつ防災・減災の仕組みを生かす新たなインフラ整備については，グリーン・インフラと呼ばれる。地域経済の活性化や，人口減少下の社会資本整備にも寄与する多機能型の新しいインフラとして近年国内外で着目されている（西田・岩佐，2015）。だが，このグリーン・インフラの議論で見逃されがちなのが，災害後に人びとの生活資源や生業を支える自然環境をいかに再生できるか，そして，災害前からその再生を人間社会が促す仕組みを防災・減災の取り組みの中でどのように備えておくか，というもう一つの重要な問いだ。

この点について議論が少ない理由は，長期的視点と事業化が必要となることがあげられよう。災害後はもちろん，さしあたりの生活再建や，生命の保護やリスク回避のためのハードインフラ設計・建設が急がれる。平生の政策や事業では，1年から5年の短期的な目標設定が必要となる。だが，自然環境の潜在可能性を増幅させるような取り組みには，長期的かつ包括的に，人間と自然の関わりを見直してのぞましい資源利用のヴィジョンを描く必要がある。そして，順応的管理を念頭に，長期的な事業化も必要となる。現在ではそれが現実的に難しいこと，短期的な利害関係がぶつかるステークホルダーとの折衝が容易ではない上に，長期的な対費用効果を踏まえた事業化が難しいことなどが，議論が政策の中で少ない最大の理由だろう。

それにもかかわらず，現実はすでにわたしたちの先を行っている。災害後には，人びとの大規模移転や，環境条件の変化による生業の転換が必要となることも多い。具体的には，地震と津波の後，地盤が沈下したことで，水害のリスクが増大したり塩害の被害が拡大したりすることから，従来のコミュニティの所在地からの移転が求められる，といった場合だ。しかも，かつては経済・市場活動の外側におかれていたこのような課題は，国連による2015年の「持続可能な開発目標（SDGs）」発表以降，開発途上国のみならず，先進国や多様な企業が課題解決に向かう「市場化」が進み，官民ファンドの流入先としても大きなビジネスになりつつある。つまり，これまでと状況が変わり，長期的かつ広大な時空間の占有を必要とする，新たなこの手の必要に対して，具体的な事業化が求められている。

では，新たな自然資源を用いて第一次産業や自然エネルギーなどの生業を興したり，生活資源として周囲の環境を再編したり，そのように新たに人びとが生活を始められるだけの条件と環境の潜在可能性を担保しておくことはどのように可能なのだろうか。そもそも，人びとが環境のもつ潜在可能性について想像し，そこから新たに資源利用を始められる認識の作法は，どのように得られるのか。

この問いに理論的・実践的に答えようとしてきた先行研究について，「資源化」という過程に着目して社会制度・ガバナンスを整えようとする議論と，自然環境の潜在可能性を育むべく，資源を生み出す可能性のある空間をその未来性も含めて管理＝ケアする地域ガバナンスと実践設計に重きをおく議論の２つを紹介しておこう。

資源学の佐藤仁は，資源化するという人びとの能力が発揮され，人びとが複眼的にその環境のもつ潜在可能性の束を見いだせることを，「資源を見る眼をもつ」と表現し，その重要性を論じた（佐藤，2008)。佐藤の「資源を見る眼」議論は，資源化するという能力を複眼的に人びとがもつことの重要性について，アマルティア・センのケイパビリティ・アプローチを念頭に，人びとの可能性をあらかじめどのように縮減しないことが重要か，に着目した議論だ。センのケイパビリティ・アプローチは，厚生経済学にとどまらず，広く現代社会の幸福や基本的人権概念に大きく影響を与えている。ケイパビリティとは，人びとが何かしら価値を見いだしてある状態を実現したり何かを為したりする「機能」の集合のことだ。平たくいえば，人びとが自律的にみずからの生を生きるための資源調達能力群と，生きようとする意志のもとでみずから選択肢をつかんで生を切り開けることを指す（セン，2011)。潜在能力と翻訳されることもある。佐藤の議論は，このセンのケイパビリティ・アプローチで言われる「機能」集合の一つを，「資源化」過程として捉え，「資源化」過程を理論および実証的に展開することで，センの議論を敷衍して可能性を広げようとしている。特に，資源を自在に想像して見いだし，使えるようにする「資源化」を可能にする個々の人間と人間社会の仕組みをどのように設計するかに重点がおかれている。

他方，学融合的アプローチとしての地域研究を続けてきた石川智士と渡辺一生は，地域社会と自然環境の相互作用を，地域資源，人的資源，ローカルナレッジや科学知の融合する場としての地域社会の観点からひもとき，経済と社会の持続的な存立がどのように可能かを論じている。特に，地域資源と個人／

集団としての人間が相互作用の中でもつケイパビリティについて，エリア・ケイパビリティと名付け，地域資源を人間がケアすることによって地域資源自体の潜在可能性を増幅させる重要性について論じた（石川・渡辺，2017）。特徴的なのは，「ケア」という言葉に込められている，人間側から資源を提供する自然環境への働きかけの重視だ。すなわち，人間側が地域資源を利用し続けられること，新しい資源利用の可能性とそれらを可能にする人間社会と自然環境，双方の潜在可能性を保持し，豊穣化をはかるための人間側の働きかけとはどのようなものかが議論されている。

簡単にまとめれば，佐藤仁が資源化過程における，人間側の「資源とそれを見なす，見いだす」認識過程の豊穣性と創発性に重きを置いているのに対し，石川・渡辺は，自然環境側の潜在可能性を維持・さらに増幅させる実践の設計に重きがある。両者は相互補完的に，資源を複眼的に見いだせる「人」の育成とそれを可能にする社会条件を整備する取り組み，そしてそのような育成をしながら自然環境を「ケア」する取り組みの必要性を論じている。

この両者の必要性を踏まえ，どちらの働きかけも可能にする方法として，環境の「上書き」のダイナミズムから価値構造・生成のダイナミズムを捉え，環境の潜在可能性を地域の人びとが共に見いだせるような仕組みを考えてみよう。

2．環境の「上書き」のダイナミズムから捉える価値の生成・構造化のダイナミズム

わたしたちの環境は，長い歴史の中で人間活動との相互作用のもと，大きくその様相を変えてきた。閉伊川流域の変化の中では，河口域と宮古湾の埋立てによる砂地や河床の変容はその代表的な変化の一つだ。もちろん，水力発電ダムの建設による水量コントロールとカワの物理的な変容，国道106号の建設・整備に伴う河川改修，治水を目的とする砂防ダム建設や川幅の変更など，下流域の大きな変化も，カワに大きな変容を与えてきた。生物相の変化について，複雑に錯綜する攪乱要因がどのように影響しているのかを明らかにするのは，容易いことではない。特に，閉伊川と宮古湾もそうだが，河口域および湾・沿岸の環境変化とカワの生態系の変容の関係性については，遡河性魚類をはじめとして研究はずいぶん進んできたが，全体像については今後の研究の展開が望まれる。

他方，すでに第２章で言及してきたように，現代は純粋な自然をすでに人間

—自然の二項対立の片方に設定できず，社会—生態システムの中から「自然」を想像し，デザインする時代となっている。そこで人びとが目の前の環境をどのように価値づけるか，という価値の構造とその生成過程が，自然科学的調査にもとづくデータと同じぐらい重要となる。というのも個々の，あるいは社会において共有される価値こそが，デザインの目的やそのイメージを支えるからだ。「しなやかでつよい持続可能な社会」として描写される社会は複数あり，民主的だ，とか，正義より自由を重視する，などといった他の諸価値群と関連する倫理規範によって多様に描写しうる。

自然に関する過去および現在の価値の構造と，現在の価値の生成過程を把握するためには，人びとの過去の環境のリアルな認識とそこに映し出される価値の所在を明らかにすることがまず必要となろう。そしてそれを想起する過程で明らかになる，現在の価値づけと価値創造の仕組みを観察し，同時に公共的に設計する手法も必要とされよう。

日常の中で「上書き」されてみえなくなってしまった環境について，日々思い出すことは少ない。しかも，「上書き」されたものは，世代が過ぎれば記憶も失われていくために，過去の環境について，あるいは過去の人びとのリアルな環境との関わりについて，それらを記すモノや五感を通じて想起を促すきっかけもわたしたちの前から消えていく。

たとえば，初夏のカワで，青いウリのような，スイカのような匂いがするアユの匂いをかげば，小さい頃父親とバケツ一杯にアユを釣った思い出と共に，その当時のカワの様子を思い出すだろう。あるいは，カワのまだ冷たい水に腿までつかり，そのカワの幅にあわせて竹で作った竿をもって，アユを釣った思い出は，足裏の岩場や水面による羽虫，流れる水の音に彩られているだろう。しかしいったん，そのカワからアユがいなくなってしまえば，匂いをかぐことがなくなってしまえば，そのような思い出のセットは，風景として想起されなくなる。もっとも，遊びに使われなくなり，単なる自転車通学時の背景となったカワはそれでも，季節毎の水の色や匂いで人びとに新しく記憶される風景の一部では在り続ける。そうして変容した環境は，人びとの五感が感じた別のものとしてアユのいたカワの思い出の風景に「上書き」されていき，そうして「上書き」された環境は，いつしか人びとの記憶から抜け落ちていく。

この「上書き」のダイナミズムの中で，継続されていく価値，変容していく価値，序列をつけられていく価値，消えていく価値，新しく生まれていく価値と，価値の構造化と生成が行われる。たとえばマダケはかつて，竿だけでなく，さまざまなワナや魚ビク，他のカワ遊びや生業のための道具を作る身近な資源だった。しかし現在では，マダケは手入れのために人出が必要で，しかも生息地が広がっていく厄介者としての側面ばかりが強調される。そうして風景の中でマダケの価値は「上書き」される。ゆえに現在の風景の中では，広がって行く厄介者として価値づけされて位置づけられた生物となっている。このように環境の「上書き」のダイナミズムを観察すると，価値の構造化と生成のダイナミズムがほどける。

ゆえに，本章では，そのように「上書き」されてしまったかつての環境を人びとの記憶のものがたりから描写し，その当時の環境から推し量れる潜在可能性を人びとと共に見いだす方法を模索する。特に，今現在のわたしたちの前に可視化する作業を絵地図として作る実践を地域の人びとと共に行うことによって，「上書き」された複数の環境を絵地図におこし，そこから未来の環境について考える実践方法について論じよう。

3．五感が記憶する風景から環境の「上書き」のダイナミズムをおこす

3.1　須賀の風景の聴き取りを支える材料を作る

人と自然の関わりについて，その履歴を描く過程が地域の集団で共有されることによって，現在の人と自然の関わりや人と人同士の関わりの再構築の過程にもなることはよく議論されてきた。たとえば，水俣病事件ののちの地域社会の分断と地域・環境再生をのりこえることを目的に，「あるものさがし」の地域調査を行う地元学（吉本，2008），日本自然保護協会を中心に，地域実践として行われてきた五感を利用して人と自然の関わりを聴き取るふれあい調査（NACS-J, 2010；富田，2015）などがある。両者ともに，よそ者，地元の人びと（といってももちろん多様な来歴をもつ），専門家など，関わる人びとの多様性と，それによる環境認識の枠組みが複眼的になること，異質なもののみえ方がすりあわされることによって，これまでみえなかった地域の魅力や資源の再発見が核になっている。

これらの先行研究を念頭に行った，五感に残る風景の記憶の聴き取りを軸に，環境の「上書き」のダイナミズムを解明し，描写する実践についてまとめておこう。

実践研究の対象としたのは，岩手県宮古市の宮古湾沿岸だ。特に，近現代の

中でもっとも姿を変えてきた閉伊川河口域をはさんだ南西岸地区にあたる，藤原・磯鶏の須賀と呼ばれるハマを中心に聴き取りを行った。閉伊川流域の中で，特にこの地区を対象にした理由は，河口域，宮古湾の変化についてプレ調査として半構造化インタビューを行ったとき，大きく変わった風景として真っ先にあがったのが，地域の第一の地形的特徴であり，人びとの誇りでもあった須賀の風景であったことが直接の理由だ。また，第一次産業の中でも特に水産業にとって，砂浜，藻場も含む浅瀬，干潟は，磯焼けや稚魚のゆりかごとなることから，資源管理上，重要な環境の構成要素とされている。その沿岸の空間は，閉伊川河口域の南西から湾の西側，津軽石川河口域から東岸の赤前地区まで広がっていた広大な砂浜と，遠浅の干潟，湾岸から広がる砂州について，そしてハマを沿うようにして生えていた松林まで含む。

表4.1に，東日本大震災以前の宮古湾の埋立てに関する簡易年表をまとめた。近世から物流の要であった宮古湾は，近代に入ると，急速に漁港かつ物流の拠点としての開発が進むようになった。現在の築地，光岸地，鍬ヶ崎の閉伊川の北側において，先に埋立てと市街地化が進んだ。藤原・磯鶏は昭和35年のチリ地震津波以降，国道45号線の改修と共に昭和38年から急速に埠頭開発などのための埋立ておよび堤防建設が進んだ。

上記をもとに，空中写真のデータと照合し，聴き取りのグループを主に昭和ひとけた生まれ，昭和30年代生まれ，それ以降のグループにわけた。須賀の変化が壮年期以降に訪れた人びと，幼少期から須賀の変化と共にあった人びと，須賀が現在の状況にほぼ近くなった，あるいはそれ以降になった人びとのグループに対応する。聴き取りは個人聴き取りとグループでの聴き取りと両方を行い，年代も時に混ぜることとした。この点についてはのちほど，また言及したい。

3.2　五感から風景をおこす

空中写真を1948年時点のもの，1977年のもの２葉用意し，まずは風景としての視覚的特徴を主に，以下に着目して聴き取りを行った。①地形的特徴と名称，②生きものの具体的な写真をもとにした生きものの名前と関わりの詳細，③建造物や船などの人工物，④自分たちが行っていた遊び仕事や遊び，家族の生業，自分がしていたその手伝いについて，⑤季節毎の資源利用と須賀への関わりの仕方，⑥季節毎の生活と衣食住，⑦須賀周辺の生業とそれに従事していた人び

表 4.1　宮古湾埋立てに関する簡易年表（著者作成）

1999	リアスハーバー宮古完成。
1982	磯鶏住民，代替漁港を八木沢川口とすることについて宮古漁協と覚書簡印。
1977	磯鶏公民館で，宮古湾埋立反対漁民決起大会。
1976	宮古港物流拠点が藤原埠頭中心に移る。
1974	閉伊川河口域，日本電工シアン排水汚染。
1973	閉伊川河口域，ラサ工場排水でアユ稚魚死亡（硫酸排水）。 埠頭工事で藤原・磯鶏海水浴場消滅。
1970	いわて国体（夏，宮古はヨット会場に）。
1969	藤原埠頭に4万トン級岸壁完成。
1968	藤原埠頭の漁業補償運輸省との閉で覚書調印。
1966	藤原津波防波堤完工。
1965	国道四十五号，磯鶏 - 豊間根間で改修。
1963	国道四十五号線石崎 - 磯鶏入口間切替工事完了。 神林木材港・日立浜物揚場・藤原地区埠頭決定。
1960	チリ地震津浪，高浜小学校全壊，磯鶏，津軽石間不通，被害十億円。
1953	宮古港総合整備計聞計画大綱決定，藤原埋立等。
1951	第二期築港計画策定。
1937	出崎埠頭完成。
1933	昭和8年三陸大津波（ハマ側の鰯油粕水産加工場移転・廃業）。
1927	第二種重要港湾指定。
1921	宮古港築港運動開始。
1917	鍬ヶ崎前埋立て完了，鍬ヶ崎市街地完成。
1912	新川町運河を埋立て市街地化。
1880	宮古湾埋立て開始（築地地区，船着き場）。

との様子，道具など，⑧生業，遊び仕事，遊びなどに関わる組織，人的ネットワーク，人の移動。これらを，音，触覚，匂い，味覚についてそれぞれいっしょに聴き取りながら，⑨今でも感じると須賀に関連したことを思い出す引き金となるものごとやできごと，思い出す契機，⑩現在の風景との違いやそのことに関する感情などを，①から⑧までにまたがって聴き取りをしていった（図4.1）。

その際には，空中写真のほか，地域の人びとが撮りためていた風景や生活写真を提供してもらい，それらをもとにグループでの聴き取りを含めて，再び聴き取った。生活風景の写真を用いた聴き取りは，琵琶湖博物館による調査が示すように（滋賀県立琵琶湖博物館，1997）生活変化を聴き取る上で非常に有用だ。しかしながら，本調査の肝は空中写真にあった。空中写真を示すことによって，それぞれに物理的に共通していた風景の土台が提供できる。なぜならば，本調査で見いだしたいのは「上書き」される環境だからだ。

空中写真上記の項目によってみえてくるのは，人びとが環境と自己との相互作用の中で実在のモノとして認識していた風景だ。良いもの・ことであれ，悪いもの・ことであれ，環境はそれ自体が人びとに働きかけ，その行為，感情，意志を引き出す価値と意味をもっている。主観的な認識の中で個人それぞれが脳内で風景を作っているのではなく，物理的現象や事物がのっぺりと誰からみても同じようにみえるものとしてそこにあるわけではない。風景は，それぞれの人びとが環境からの，そして自分からの環境への働きかけの双方向性のかんけいせいの中で，知覚される[1)]。①から⑩の項目について聴き取りを進めると，ある時期の環境が，「上書き」されて変わっていくことがわかる。

たとえば，藤原・磯鶏の須賀にずっと続いていた松原のことを聞くとき，松原のところでは波の音がよく聞こえた，という音の話から，当時の風景を思い出すと，昭和30年代生まれの女性の松原の，まつばら道路と呼ばれた辺りの語りは次のようになる。

> 松原のところにいくと，ささーっ，ささーっ，って波の音がいつもしてたね。
>
> （松原道路は）砂浜も長くて，車とおるのぐらいわけない，余裕だった。
>
> マツのあいだから海がみえててね。波の音しかしない。お父ちゃんの自転車の後ろに乗って，金浜に潮干狩りに行くときに，そこを通ったね。ささーっ，ささーっって，波の音だけするの[2)]。

昭和ひとけた世代になると，戦前の同じ場所の語りは次のようになる。

> 松原道路だね。ここは細い道路だったの。真っ暗だね。磯鶏小学校の頃に，宿直している先生のところに遊びに行ってね，そして肝試しするの。小学校からイッサキ（石崎）にある役場まで行って戻ってくることにするんだけど，役場のあたりまで行って戻ってくる生徒は珍しかった。それだけ寂しい道路だった[3)]。

後の世代，道路が広がって明るさをました松原の様子は，世代が異なるとまったく違っている。ちなみに現在はこの松原のマツが数本残っているのみで，道路は埋立てによりさらに拡張された。その道路まで沿岸からは埋立地や戸建て住宅を挟んで距離があり，道路自体も大幅に拡張された幹線道路となっている。かつての面影は残っていない。二つの異なる風景は「上書き」されてどちらも消えている。

もちろん，須賀の様子もまったく違っている。昭和30年代生まれは，１年，２年の生まれの違いが，埋立ての進み具合を直接反映する世代だ。２年違うと，物心ついた頃に砂浜であった場所が，すでに２年後に生まれた人には砂浜ではない。また，全体として，昭和ひとけた世代に比べると，外遊びとして沿岸域で海水浴，釣りなどで湾を利用して遊んでいたものの，砂浜と砂浜で遊んだ遊びの多様性は少ない。もっとも違う特徴は，防潮堤や木材港の岸壁など，人工物の記述が自然の砂浜や岩の代わりに遊びの風景の中に数多く環境を構成要素として言及されるようになる。

須賀でみられた生業の様子も当然ながら時代によって違うが，昭和30年代生まれは風景としても須賀の生業の記憶をぐっと少なくなる。ひとけた世代の戦後の風景の中は多種多様な生業の営みで占められている。小さな個人経営の塩田がいくつもあった，鍬ヶ崎のほうからも漁師がワカメやコンブなどを須賀に干しにきていてずらりと須賀に干されていた，イワシの油をとる油かす工場があって，小山田や田代など，閉伊川の中流域から下流域のあたりの農家の女性が出稼ぎに来ていた，など，昭和ひとけた生まれの人びとが覚えている須賀と生業の話は多種多様だ。また，塩漬けのイワシが沿岸から働き手や行商を介して山間部にもたらされていたように，モノに加えて人の移動も頻繁になされていた。もっとも，もう少し湾南部の金浜，高浜地区のほうは漁師が多く，圧倒的に生業の場としての風景は記述が多い。藤原，磯鶏は海水浴場，余暇の場としての位置づけが昭和ひとけた世代から根づいている。

他方，昭和30年代生まれ以降は，主要な稼ぎ手の稼ぎが賃労働となっていることが，工場や会社などが肉親の勤め場所として言及され，通勤していた肉親の姿が須賀を背景に語られるようになる。昭和ひとけた世代の記述に，須賀の近辺で行われる第一次産業に関するものが多かったり，生業の手伝いの記述が多くなったりするのとは対照的だ。

特に環境の潜在可能性を考えようとするとき，生きもの相についての聴き取りはとても重要だ。個人差があることも念頭に置き，個人毎に表1のようにまとめていくと，季節毎の生きもの相が人の数を重ねた分だけ，地域の特徴も併せて変化が明らかになる。

さて，そのような変化から，「上書き」された風景について聴き取った後生きものも含めて同じ図面の中にイラストやエピソードとして配置したものを，図4.2に示す。

3.3　絵解き地図が示す複数の風景―環境の「上書き」のダイナミズム

図4.2に示した「絵解き地図」では，多様な世代から出てきた資源利用を，わざと同じ平面上に配置している。「絵解き地図」と絵地図を名付けたのは，この地図をみた人がそれぞれ，そこに書かれているエピソードやそこには二つの目的があった。まず一つは，同じ平面上に並べることにより，「上書き」された別の人の過去の風景が，自分にとっての風景の上に，時に複数の誰かの風景が重なってみえることになる。これらの変化を，昭和ひとけた世代はすべてを経験したかというとそうでもない。たとえば須賀で遊んで隅から隅まで把握していたのは，中学が終わるまで，そこから上の学校にあがったり，職についたりすると，遊びや遊び仕事からは一端離れる。今度は子ども連れで須賀にやってくるか，孫をつれてかつての須賀だったところを訪れるか，同じ人の中にも人の生のタイミングによって風景は異なる。そのため，同じ1963年の須賀をそれぞれの人生のタイミングで同じように共有していても，その人が実在する風景として記憶しているものは，他の人とはずいぶん違っていたりする。「上書き」されたものを一律に並べた絵解き地図は，そのようにして，他の世代の風景と異なること，共通することを絵地図の中で発見したり，聴き取りの中で発見したりすることを可能にする。

もう一つは，記憶の中で語ると，個々のエピソードの間の空間的な広がりや連続性がみえにくいが，絵地図におとすと，それぞれのエピソードにつながりがみえることだ。砂浜であった須賀がどのように利用されていたか，それが水産業とどのような関わりがあって，砂浜にどのような人びとが集い，どのように生活資源が調達されていたのか。戦前，戦後の食料がなかった時代にも，魚貝でもなんでも調達して，何か食べられた。だから，「貧しくともひもじくはなかった」，という昭和ひとけた世代が語るリアルが，今の世代でも想像できる範疇に入ってくる。

このように，絵地図は，個人／集団の記憶の風景の中に実在した構成要素，生きもの，それらと人びとの関わり，資源利用のための組織・社会の仕組みなどについて，知らないうちに自分が記憶として知っている風景と比較することが可能だ。もちろん，複数の過去の風景を比較するのみならず，現在の須賀だったところとかつての須賀についても，その風景を比較できる。現在も変わらずにそこに実在するものの，価値づけがまるでちがうものになってしまった事物，新しく意味が与えられた人工物などもまた，今後の新しい須賀を作っていく上で重要な要素となる。

同時に，それは，何が「上書き」されてみえなくなったのか，いったいどのような価値とその順序づけがなされてきたのか，あるときの社会の決断を，現在問題となっていること共に再び比べられる機会を提供する。

藤原・磯鶏須賀をめぐっては，1975年頃から宮古漁協など漁業に関係ある人びとや地域住民，自然保護を訴える人びとたちによる反対運動が始まった。もともと，藤原については港湾開発計画（1953年）以降港湾整備の対象になってきたが，1962年に藤原埠頭の建設が，日立浜の物揚場，神林の貯木・木材港建設と共に行われてきた。この埋立て・港湾開発の動きは，1972年に当時の田中角栄首相が列島改造論を唱えた影響もあり，藤原埠頭一帯の港湾開発と共に，工場誘致を見込んだ磯鶏須賀の埋立て計画に続いた。地域を分断しながら，最終的に現在の藤の川浜だけが残った。藤の川浜は現在でこそ，夏の遊泳に使われているが，藤原・磯鶏須賀があった頃は，泳ぎに向かない浜として認識されており，その理由も幽霊出没から深さや波についてなどさまざまだった。

埋立て後，磯鶏須賀だった埋立地は，市外からの工場誘致が結局うまくいかず，有効利用されることがなかった。工場誘致を見込んだ埋め立て計画推進派と，埋立て反対運動の争いが長期にわたったことから，地域社会の中にしこりが残ってもいる一方，東日本大震災時に結果として津波の市街への到達を遅らせることが可能となった，と埋立地を評価する声も地元住民にはある。

ゆえに，須賀であった頃に提供していたさまざまな価値，地域にしこりが残ったという反価値，埋立て後，結局利用されない埋立地としての反価値，大型船が着く港湾の一部としての価値，津波のバッファーゾーンとなったという住民たちによる実感にもとづく価値，現在の生態学や水産学で明らかにされてきた，砂浜や干潟の再生対象としての価値など，多様な価値・反価値を，現在の磯鶏の埋立地はまとっている。

これらの価値・反価値が生まれるようになった，しこりの残った，須賀は守れなかった，という社会的な負の経験と，津波来襲時に結果的に救われた人もいる，という事実の多重性が，未来の沿岸を考えることを「簡単にはいえない」「解けない」問題にしてしまってはいないか。そして日常の生活が，人びとを「上書き」された環境の記憶から遠ざけるのではないか。

　昔のことになってしまったから，もう若い人にとっては須賀はね，わからないんだね。
　それは仕方がないかもしれないが，もう消えていくんだなあ。
　おれたちも思い出さないものね。ただ，孫遊びにつれてくとこ考えたり，なんだりするときに，もうマエハマねえんだなあ，って思うことはあるども。
　なかなか，もう新しいことは考えられないかもしれないし，いろいろあるから，うっかりしたことは言えないけれど，これでいいのかな，とは思う[4)]。

日々の暮らしの中で「上書き」されることによっておこるのは，多様に存在する価値と意味が，現在の日々の暮らしの中に必要な価値と意味と比較して「忘れられても良い」ものと位置づけられ，結果として「消えていく」という価値の構造化だ。

絵解き地図は，そうして忘れられるかもしれない「上書き」されたものをもう一度拾い上げ，そこから，未来に向けて，寸分違わないものは無理だが，自分たちが良いと思ったもの，素晴らしいと思った価値を，再び別のかたちで地域社会にもたらす術を考えるための参考資料となりうる。

4．環境の潜在可能性を育むために

藤原・磯鶏須賀の絵解き地図を披露する機会を作ったとき，往年の昭和ひとけたから30年代生まれの子どもたちまで，かたちを変えたり，広がりの幅を変えたりしながら（かつてはみんな，最後は限られたよく砂浜で遊んだグループだけ）続いてきた「かまこやき」を実演したいとわたしたちは考えた。

「かまこやき」は，夏のお墓のお供え物として捧げられていた生米や野菜を，子どもたちが須賀にかまどを作って煮炊きしてたべたものだ。「かまこやき」

をよく知っている方に再現について相談したときだった。

そのままの再現は，今の人たちには響かないでしょう。
だからやり方を変えましょう。わくわくした気持ち，美味しかった気持ち，作っていると楽しい気持ち，そういうのは同じようにできるかな[5)]。

「上書き」された風景からみえる，現在とは異なる生きもの相，地形，天候や気候，人びとの遊び仕事や遊び，生業の多様性と生業の中で培われた知識や知恵，人びとのあいだの信頼をつないでくれる行事や出来事，それらを「再生」することはできない。

藤原・磯鶏須賀の現在の姿を念頭に，そこで新たに行われている海と人との新しいつながり，たとえばマリンスポーツ，限られた場所ではあるものの，続けられている砂浜での遊び，ヒジキやノリを獲ったり，魚を岸壁から釣ったり，人びとの生活の中には営みがまだ続いている。それらを，「上書き」された風景からひもとける価値やその多様な遊び仕事，遊び，生業の履歴とあわせながら，どうやって新しい藤原・磯鶏の沿岸を地域で作り上げていくか。「気持ちを同じに」という彼の言葉は，同じことをするのではなく，人びとの日常の生の豊かさをどのようにわたしたちがこれからデザインし，実現することができるか，ということの重要性を指摘する言葉だ。

冒頭に述べてきたように，わたしたちは改めて，自然環境を「ケア」し，防災・減災も含めて地域社会の生活，その中での生の充実をどのように行えるかをデザインする時代の節目にいる。環境の潜在可能性とは何か。それは単に過去の生きもの相から生態系のもつ可能性の幅を示すことではない。環境が人に働きかけ，人が環境に働きかける相互作用の中で，どのような種類の関わりや，それに付随する価値，意味，それらが集合した「風景」がどのようなものでありうるか，そのことを意味する・

藤原・磯鶏須賀はかつて，「藤原・磯鶏らしさ」という地域らしさを体現する価値をまとっていた空間だ。「上書き」された環境から，「わくわくした気持ち」や「美味しかった気持ち」を共有できる，新しい「らしさ」を彩る価値や営みを，どのように想像することができるだろうか。

絵解き地図がその端緒となるよう，さらなる実践手法の開発が必要とされよう。

注

1）環境について，その実在と知覚の関係性についてはもちろん数多くの著作がある。特に代表的な，生物学者ヤコブ・フォン・ユクスキュルによるそれぞれの動物が主体的に生きる「環世界」は参照すべき概念だ。また，心理学者ジェームス・J・ギブソンによる，動物との関係によって規定され，価値と反価値をあらかじめ持ち，動物に行為するよう働きかける生態学的環境の特性，「アフォーダンス」も同様だ。本稿では紙幅の都合上これ以上論じられないが，風景の実在とその知覚について，人間が環境へ働きかけるのと同様に，環境から人間側への働きかけがあり，その双方向性の関係性の中で，実在すると認識されたものや事柄によって風景は構成されると考える。

2）昭和36年生まれ，女性。小山田で生まれ育って，藤原小学校まで通っていた。2015年12月15日。

3）昭和 6 年生まれ，男性。磯鶏生まれ，磯鶏育ち。2015年 8 月 4 日。

4）昭和 9 年生まれ，藤原地区育ちの男性。反対運動には当時参加しなかった。2015年 8 月 2 日。

5）注 3 と同じ男性。2016年 5 月 8 日。

引用文献

石川智士・渡辺一生（2017）『地域と対話するサイエンス：エリアケイパビリティー論』勉誠出版.

佐藤仁（2008）『資源を見る眼：現場からの分配論』東信堂.

セン，アマルティア（2011）池本幸生訳『正義のアイデア』明石書店.

富田涼都（2015）「どうすれば自然に対する多様な価値を環境保全に活かせるのか―宮崎県綾町の「人と自然のふれあい調査」にみる地域固有の価値の掘り起しが環境保全に果たす役割」宮内泰介編『どうすれば環境保全はうまくいくのか―現場から考える「順応的ガバナンス」の進め方』新泉者：278-302頁.

NACS-J ふれあい調査委員会，2010『人と自然のふれあい調査はんどぶっく』日本自然保護協会.

西田貴明・岩佐有記（2015）「わが国のグリーンインフラストラクチャーの展開に向けて：生態系を活用した防災・減災，社会資本整備，国土管理」『季刊政策・経営研究』：46-55頁.

滋賀県立琵琶湖博物館（1997）『私とあなたの琵琶湖アルバム』滋賀県立琵琶湖博物館.

吉本哲郎（2008）『地元学をはじめよう』岩波ジュニア新書.

第5章

川のサクラマスがつなぐ山と海

―子供たちと一緒に考える科学知と在来知―

佐々木　剛

1．なぜ，川のサクラマスか

1.1　「森川海のつながり」を基調とした内発的発展のための地域づくり教育の可能性

日本は，有人島418を含め大小6852の島嶼からなる。四方を海に囲まれ，多くの山々と河川を有し，「森・川・海とそのつながり」（以下，「森川海のつながり」）の中で生物多様性を育む。人々はこうした自然の恵みを活用し，省資源，循環型の生業を営みつつ，多様な歴史・文化を形作ってきた（佐々木，2011）。

しかし，高度経済成長以降，仕事，利便性を求めて，人々は地方から都市へと移動した。その結果，農山漁村の過疎高齢化，小規模経済活動の縮小，自然環境破壊等様々な問題が生じるとともに，「森川海のつながり」に対する認識を低下させた。

そうした中で，1990年前後から「森川海のつながり」を再認識しようとする「森は海の恋人運動」等漁業者を中心とした住民主体の取り組みが実施されるようになった。2000年以降になると，この取り組みが広く認識され，市民団体，民間企業，学校，自治体等，様々な関係者による「森川海のつながり」の保全活動や教育活動を推進する条例，「森川海のつながり」を一体的に捉えた沿岸域総合管理に関連する法律が施行されるようになった。さらに，環境省は，「森里川海プロジェクト」をスタートさせ，「森里川海とそのつながりを引き出し，上流下流域，農山漁村と都市とがしっかり結び，多様な世代や組織がそれを支え合う個性的で内発性の高い社会」の構築を目指している。

「森川海のつながり」を基調とした内発的な地域づくりを目指す取り組みは，

持続可能な社会構築を目指す観点から，「流域思考」と方向性が一致する。「流域思考」とは，地球環境問題が深刻化する中，流域を単位とした学習創造コミュニティの構築によって，省資源，循環型社会を確立しようとする考え方である（岸，2002）。とりわけ，流域が数多く存在する日本列島では，流域を中心とした「地域資源を有効に活用した多様な主体が支え合う仕組みの構築（新海，2013)」や，「地域住民の内発的な発達のための地域づくり教育（鈴木，1998)」が，省資源，循環型の持続可能な社会の構築に大いに貢献すると考える。本章では，筆者がこれまで取り組んできた，東日本大震災後の内発的復興を視野に入れた，「森川海のつながり」を基調とした内発的発展のための地域づくり教育について，取り組みを紹介する。

1.2　東日本大震災後の内発的復興のために

被災地に未曽有の災禍と悲劇をもたらした東日本大震災から，７年が経過した。その間，人々は言葉を失うような衝撃からたくましく立ち上がってきた。漁業者，加工業者，小売業者をはじめ，多くの水産業関係者は，復旧・復興活動に懸命に取り組んだ。平成28年１月時点での水揚げ量は，岩手・宮城・福島の３県全体で，震災前に比べ８割近くまで回復した。

しかし，復興計画の進捗状況は，未だ道半ばの状態であり，農林水産物の風評被害，過疎高齢化，政策と住民意思との乖離等，数多くの問題が山積している。ハード面だけなく，人間復興を基本に据えた地域再生が求められている（星，2014)。

津波被災地域は，北上山地の山々を背景にして数多くの清冽な河川水が海に注ぎ込む，「森川海」の自然環境に恵まれた地域だ。このような地域で，「森川海のつながり」を基調とした「地域づくり教育」を実施することによって，流域（源流域～河口域，海域も含む）の内発的発展が可能となり，ひいては沿岸被災地の内発的復興につながるのではないかと考え，内発的復興を目指した環境教育プログラムを開発し実践が試みられた。

1.3　「環境教育プログラム」の開発会議

「森川海のつながり」を基調とした「地域づくり教育」を目指し，宮古市の市民団体「さんりくESD閉伊川大学校」，盛岡市のNPO法人「もりおか中津川を守る会」に所属するメンバー，東京海洋大学水圏環境教育学研究室および

図 5.1　宮古市全図と 240 本の支流を持つ閉伊川

東京海洋大学水圏環境リテラシー教育推進プログラム（Sasaki, 2012）で養成した水圏環境教育推進リーダーが集い，2013年１～４月まで，環境教育プログラムの開発会議が実施された。水圏環境教育プログラムは，岩手県宮古市を東流する「閉伊川」（流路延長75.7 km）流域を対象とした。岩手県宮古市は本州の最東端に位置し，北上山地最高峰「早池峰山」（1914 m），三陸復興国立公園の中心をなす景勝地「浄土ヶ浜」を「閉伊川」がつなぐ，豊かな「森川海のつながり」の自然環境を持つ人口約５万6000人の自治体だ（図5.1）。

宮古市は，復興に向けた取り組みと共に，「『森・川・海』と人が共生する安らぎのまち」を市民憲章に掲げ，環境保全やひとづくり，産業振興等あらゆる施策で，森・川・海の豊かな自然資源を生かしたまちづくりを進めている（宮古市ホームページ，2018）。

本開発会議では，水圏環境教育学研究室と水圏環境教育推進リーダー（以下リーダー組織とする）が「ファシリテーター」の役割を担った。具体的には，「対等性」を基盤とした「対話」によって，「互恵性」と「創造性」を育む「協働的コミュニケーション」（池田・舘岡，2007）を促進し，お互いに尊重し合いながら協働的に話し合いに参加するよう促す「ファシリテーション」を行いながら，会議を進めた。

1.4 プログラム決定の会議プロセス

2013年1月の第1回盛岡開発会議では，「被災地復興は，外部にゆだねるのではなく，主体は自分たちであり」，「その主体と主体をつなぐ連携が重要である」との，「もりおか中津川を守る会」の高橋大さんからの提案がなされた。この提案は，一連の開発会議を貫く言説として位置づけられた。

同年1月の第1回宮古開発会議では，盛岡での提案を受け，地元の自然を大切にしようとする思い，震災後の街を復興させようとする思いが確認された。その中で，宮古市は縄文時代からサケ科魚類との関わりが深く，「サケのごとく力強く活動するまち，心の豊かさやゆとりを実感できるまちを築くことを決意し，平成19年1月1日に全市全域をサーモンランド」と宣言している。サクラマス（Cherry Salmon，*Oncorhynchus masou masou*）は，シロザケ（Chum Salmon，*Oncorhynchus keta*）と同様サケ属魚類であり，サーモンランド宮古における学習会の対象としてふさわしいとする意見が出された。さらに，閉伊川の各支流には春から夏にかけてサクラマスの河川型であるヤマメが多数確認されること，夏に海に下ったサクラマスが川に遡上する春には釣りの対象として，また春の訪れを告げる食材としても親しまれていることが語られた。

第2回盛岡開発会議（同年2月）では，第1回宮古開発会議での「サクラマスを題材とするアイデア」について，話し合いが持たれた。「もりおか中津川の会」の活動拠点である中津川でもサクラマスの遡上が確認されており，サクラマスは両地において馴染み深く，教材として親しみやすく理解が得られやすい魚であるとの結論に至った。

第3回盛岡開発会議（同年3月）では，サクラマス釣りの専門家から，「はたしてサクラマスは閉伊川で取り上げるべき意義があるのか」との意見が提示された。「資源を管理しつつ食料資源として利用するか，あるいはキャッチアンドリリースか，といった二項対立の立場が存在し，難しい問題を抱えている」事も，釣り人の意見として紹介された。「なぜサクラマスか」との投げかけは，サクラマスの扱うことについて改めて深く考えるきっかけとなった。

第4回盛岡開発会議（同年3月）では，河川上流部での産卵場減少の危惧を訴える映像がふたつ紹介された。一つは，サクラマスが産卵のため河口から200 km上流まで遡上するものの，河川上流部はダム湖となって遡上が妨げら

表 5.1　世界サクラマスサミット in IWATE（2013 年 5 月）の全体スケジュール

1　日　時	サクラマスが遡上する5月上旬
2　場　所	区界高原　ウォーキングセンター
3　対　象	小学生と保護者30組
4　内　容	源流探検，サクラマスの喫食，サクラマスの学習会，振り返り

れている状況，もう一つはダム建設によって河川が分断化され，サクラマスが好む適度な粒径の砂利が減少し，産卵が難しくなっている状況を伝える映像だった。参加者一同は，映像の視聴を通して，河川の環境悪化の状況を理解し，サクラマス保全をテーマにした環境教育プログラムが必要との意見で一致した。参加者の一人である元編集者は，話題提供として，取材のために訪れたN県K川でも，河川環境の悪化によって魚類資源が激減する問題に直面していることを紹介した。これらの議論を通じてサクラマス資源の保全のためには，河川環境の現状を理解し，歴史的文化的なつながりを維持し，河川に対する興味関心を向上させることが重要であり，そのためには河川環境の現状を議論・理解・記録・伝達する場が必要だ，との結論に至った。

最終的に，同年 4 月に，宮古と盛岡合同による開発会議が行われ，サクラマスをテーマとする水圏環境教育プログラムの開発と実施が決定された。

1.5　サクラマスサミットの開催

以上の開発会議での検討を経て，水圏環境教育プログラム「世界サクラマスサミット in IWATE」が開発され，2013年 5 月に宮古市区界(くざかい)高原を会場に，児童生徒約30名の参加を得て，プログラムが成功裏に実施された。作成された水圏環境教育プログラムを，表5.1に示す。

参加者からは，サクラマスの喫食をして美味しかったとの感想が多く寄せられた。「サクラマスの採集調査を実施したい，実際に潜って観察したい。地元の人のお話を聞きたい」と，実際に自分で体験し見聞きしたい，とする意見も多く寄せられた。サクラマスサミットを機に，「森川海のつながり」を基調とした「地域づくり教育」として，サクラマスを活用した水圏環境教育プログラムの開発がスタートすることとなった。

２．水圏環境教育プログラムとは？

この節では，「森川海のつながり」を基調とした「地域づくり教育」を行う環境教育プログラムのための基礎的理論として，水圏環境リテラシー基本原則，水圏環境教育，ラーニング・サイクル理論，自己決定理論について概説する。

2.1　水圏環境リテラシー基本原則

「日本列島」に住む私たちは，「海」と密接な関わりを持ちながら生活を営んできた。海に囲まれた地形は，高温多湿で森林や水源にも恵まれ，豊かな水産資源をもたらした。その結果，全国各地で，水産物を利用した多種多様な魚食文化が発達した。一方で，高度経済成長以降，海岸や干潟の埋め立て，水産資源の減少，化学肥料による地下水汚染，地下水の枯渇，下水道処理水の問題，太平洋上でのプラスチックゴミの集積，森林の伐採による保水力の低下など，水圏環境の様々な問題が深刻化している。

水圏環境に関する総合的な知識を活用する能力は，「水圏環境リテラシー」と定義される。「水圏環境リテラシーを身につける」とは，われわれ人類が海洋から受ける影響と，われわれ人類が海洋に与える影響を理解し行動することだ。水圏環境との関わりを再認識し，水圏環境問題を改善するために，できるだけ多くの人々が水圏環境リテラシーを身につけ，責任ある決定や行動をとることが求められる。

水圏環境リテラシーとして身につけるべき知識や考え方として，水圏環境リテラシー基本原則を定めた。これには，水圏環境の科学的な知見と日本の伝統・文化等が盛り込まれている。具体的には，８つの大原則と66の小項目の，水圏環境に関する総合的な知識から構成される（佐々木，2011）。

「水圏環境リテラシー基本原則」が作成されたことで，水圏に関する学問分野の横断的な理解が可能となり，また学習指導要領と水圏に関する学問の関連づけが明確になり，学校教育と地域での社会教育活動とがより円滑に連携できるようになった。それだけでなく，国際的なつながりを生み出し，世界各国の海洋教育団体やユネスコと連携を深めることが可能となった。

2.2　水圏環境教育の目標とは？

さらに，水圏環境リテラシーを身につけた人材を育成するために，水圏環境教育の目標が定められた。水圏環境教育とは，「身近な水圏環境を科学的に“観察し”，水圏環境に関する諸問題について人々とともに“考え”，総合的知識である水圏環境リテラシー基本原則を“理解し”，広い見識に基づいた責任ある“決定や行動”をとり，それらをより多くの人々に分かりやすく“伝える”ことができる」人材を育成することを目標としている。水圏環境の問題を解決するためには，日常生活において，できる限り多くの人々が水圏環境を観察し，問題解決のために様々なアイデアや意見を交換し，より良い方策を考えて行動していくことが求められる。また，水圏環境の問題を考えるにあたって，できるだけ多くの人々が，水圏環境の総合的な知識である水圏環境リテラシー基本原則を理解することも欠かせない。身近な水圏環境を観察し，その問題を考え，水圏環境リテラシー基本原則を理解することで，水圏環境の諸問題に対して責任ある決定や行動をとり，それらのことを人々にわかりやすく伝達することが可能となる。なお，水圏環境教育プログラムの開発にあたっては，対象や流域住民の在来知など地域の特性を良く理解し，水圏環境リテラシー基本原則を適用する必要がある。

2.3　ラーニング・サイクル理論と水圏環境教育

ラーニング・サイクル理論は，学習者の学びに対応した学習を進めるための理論だ。1960年代にカルフォルニア大学バークレー校の物理学教授であり，ローレンス科学館副館長を長い間務めたロバート・カープラス博士によって開発・提唱された。このラーニング・サイクル理論を用いることにより，学習者の自主的な学習が促され，主体的な学びが可能となる。

ラーニング・サイクル理論は，学習者の認識・理解の段階を，導入，探究，概念の確信，応用，振り返りの５つの段階に分け，これら５つの段階を経ることで，学習者が自らの理解に応じて理解や知識を深めていくことができる。以下にそれぞれの５つの段階の内容を示す。

導入：学習者の興味を引き出す。観察や詳細な記述に焦点を絞る。過去の経験と学習の目的を結びつける。

探究：学習者に新しい教材の探究を促す。

概念の確信：生徒を新しい理解に導く。

応用：学習者が考え，分析することを促す。新しい考えや結論を生み出す。本物の問題解決の状況や批判的な考えの中に身を置く。

振り返り：導入から応用までを振り返り，次の学習のラーニング・サイクルにつなげる。

ラーニング・サイクル理論の5つのフェーズに対応させて，水圏環境教育の目標が設定された。

〈導入〉・・・身近な水圏環境を科学的に観察し
〈探究〉・・・水圏環境に関する諸問題について人々とともに考え
〈概念の確信〉・・・総合的知識である水圏環境リテラシー基本原則を理解し
〈応用〉・・・広い見識に基づいた責任ある決定や行動をとり
〈振り返り〉・・・それらをより多くの人々に分かりやすく伝える

ラーニング・サイクルを用いた学習教材は，児童の水圏環境に対する意識を向上させ，小中学生の水圏環境への理解の深まりと科学的な思考力を醸成させる，などの成果が報告されている。

水圏環境リテラシー基本原則とラーニング・サイクル理論に基づいた水圏環境教育によって，水圏環境への深い理解を持つ一般市民が育ち，流域全体として水圏環境に対する理解が深まることが期待される。ラーニング・サイクル理論に基づいた水圏環境教育は，新学習指導要領でも取り上げられている「主体的で対話的な深い学び」を推進する。学校教育や社会教育のみならず様々な教育の場面においても，水圏環境教育の展開が期待される。

2.4　自己決定理論

自己決定理論は，「人間は積極的に環境に関わろうとし，発達しようとする傾向を持つものであり，内発的動機づけによって発展の可能性が高まる」とする理論だ（Deci and Ryan, 1985）。内発的な動機づけとは，課題や活動それ自体が誘因であるという動機づけを指す。内発的な動機づけを高めるためには，次のような3つの心理的欲求を満たすことが必要とされる。第1が「**関係性**」であり，「周囲に大事にされている感情」，「共有すること」，「ある社会に対する帰属意識」を指す。第2が「**有能感**」であり，「効力感」，「自信」を指す。第3が「**自律性**」であり，「普遍的価値，自らの興味関心のもとに行動すること」と定義される。この自己決定理論に基づいた教育を実施することによって，一人ひとりの「**関係性**」，「**有能感**」，「**自律性**」を高めることで内発的に動機づけられ，一人の社会的人間として能力を発揮できるようになり，自らの生得的，後天的に獲得した能力を最大限に活用できるようになる。

3．川のサクラマスの生活史

サクラマスを活用した「森川海のつながり」を基調とした地域づくり教育を目指し，流域独自の水圏環境リテラシー基本原則を作成するためには，サクラマスの生態を理解する必要がある。本節では，これまでの調査で明らかになった，サクラマスの生態について概説する

3.1 サクラマスの生活史

岩手県沿岸部の河川には，サクラマス（*Oncorhynchus masou masou*）が遡上する。サクラマスはサケ科魚類であり，一般的には秋期に河川の上流域で産卵し孵化した仔魚はヤマメとして川で約１年半成長する。２年目の春期に一部の個体にパーマーク（体側にできる小判状の模様）が消えて銀色の体色に変わるスモルト化（銀化）が起こり，海へ下る降海型が出現する。この降海型を，サクラマスと呼ぶ。

サクラマスは沿岸域を北上，夏はオホーツク海まで回遊し，冬になると日本近海まで南下する。多くの個体は，３年目の春に生まれた川に遡上する。川に遡上したサクラマスは，成熟が進むにつれて餌をとることが少なくなり，秋に体色が鮮やかな朱色となって産卵を行い，産卵を終えると息絶える。一方，ヤマメは銀化せず海へ下らない。

サクラマスはサケに比べて高脂質であることに加え，サケの品薄の春期に沿岸漁獲の対象となるため市場価値が高く，また富山県では「ますの寿司」が名産品として珍重されるなど，古くから日本の重要な水産魚種となっている。しかし，日本海側では漁獲量の減少が著しく，環境省は2014年に準絶滅危惧種に指定した。岩手県水産技術センター（2017）の漁獲量データによれば，岩手県の漁獲量は40～80 t で安定的に推移している（平成26年度は61 t）。

3.2 サクラマスの研究手法

サクラマスの生活史を明らかにする方法として，耳石による回遊履歴の解析がある。魚類の耳石は，炭酸カルシウムを主成分とするアラゴナイト結晶で，代謝がほとんどないことから，一度沈着した元素は再吸収されることはなく，一生保持される。耳石には，カルシウム（Ca）以外にストロンチウム（Sr）が多く含まれるが，耳石中のストロンチウムは，生息環境中のストロンチウム濃

度を反映して変化することが知られる。海水中には，淡水中と比較して400倍ものストロンチウムが含まれ，その濃度差を反映して，魚類の海洋生活期間中にはより多くのストロンチウムが耳石に取り込まれる。このことから，耳石中に含まれるカルシウムに対するストロンチウム濃度比を指標として，海－川間の回遊履歴の推定が，多くの通し回遊魚（アユ，サケ，ウナギなど川と海を行き来する魚）で行われている。サクラマスに関しては，新潟県加治川において耳石のSr：Ca比から回遊履歴の推定を試みた報告がある（Arai and Tsukamoto, 1998）ものの，岩手県沿岸部での報告はない。

3.3 明らかになってきた宮古のサクラマスの生態

岩手県の宮古湾周辺で捕獲され，宮古魚市場に水揚げされたサクラマスについて耳石中のSr:Ca比の孵化から漁獲されるまでの変化を調べ，各個体の降海時期や降海後の移動パターンなどの生活史を探ることとなった。

サクラマスの耳石Sr：Ca比の耳石成長に伴う変化を調べてみると，大半の耳石のSr:Ca比の変化は3段階に分割できた。

第1段階は，耳石核から耳石半径の中央部付近（1000 μm前後）まで低いSr：Ca比で推移する。第2段階として耳石半径の中央部付近（1000～1100 μm）で急激に上昇する。そして，第3段階として，上昇後（1100 μm以降）はそのまま高い値を維持する（図5.2）。

これはどのような生活の変化を意味しているのであろうか。このパターンを説明するためには，サクラマスの生活史と比較すると分かりやすい。図5.3にサクラマスの生活史を示した。この図は，これまで標識放流などから明らかにされた結果を基に作成された。まず，第1段階は，図5.3のふ化（図右下）から2年目までの春（中央下）を指し，ちょうど淡水域で生活を送っている時期を指す。約1年半，ヤマメとして河川で過ごす。そして第2段階は，2年目の春に川から海に下る瞬間である。第3段階は，海で過ごしている期間で産卵回遊のために河口域に戻って来るまでの期間を示している。今回の分析は，一般的なサクラマスの生活史パターンと一致する結果となった。

つまり，Sr：Ca比の変化のパターンを追いかけることによって，サクラマスがいつ河川を降下し海に出て，また再び河川に戻ってくるのかを明らかにすることができるのだ。この手法を用いれば，個々のサクラマスの生活史の違いを明らかにすることが可能となる。例えば，遡上のタイミングである。通常，

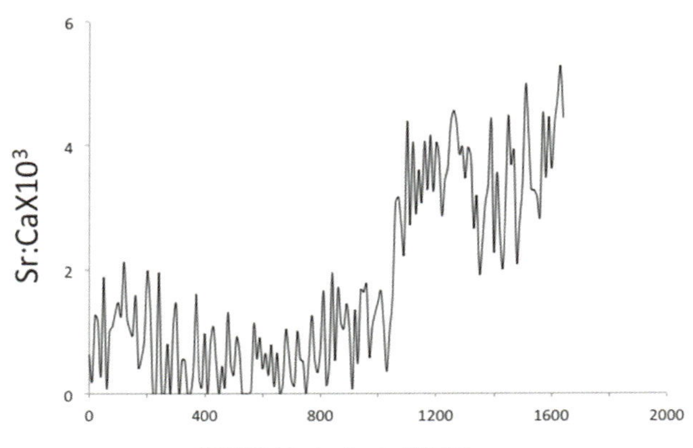

図 5.2　サクラマスの耳石のストロンチウム（Sr）：カルシウム（Ca）比の変化

図 5.3　サクラマスの生活史（イラスト和木美玲）

淡水域で生まれるサクラマスは，耳石核の Sr：Ca 比は低い値を示すはずだが，高い値を示す個体も存在する。これは，産卵の直前まで海域で成熟した可能性を示す。つまり，一般的に，親魚の河川遡上は春といわれてきたが，今回の分析によって産卵の直前である秋に遡上する個体が存在する可能性が示唆された。

また，降海のタイミングにも多様性があるようだ。一般的に，ヤマメとして淡水域で生活した後，降海直前にスモルト化（体表が銀色になる）したのち海へと下る。しかし，今回の分析から３つのパターンが存在することが分かった。

すなわち，淡水域から直ちに海域に入る個体，淡水域から汽水域に留まり，ある一定の期間を経てから海域へと下る個体，そして淡水域から汽水域に入り，一度海域に出た後，汽水域と海域を何度か行き来する個体である。

このようにサクラマスは，個体によって生活史にバリエーションがある事が明らかになってきた。そもそも，サクラマスは，サツキマス，ビワマス，タイワンマスなど亜種レベルで多様性があるだけでなく，サクラマス自身がヤマメとして一生を送り，また陸封湖でもサクラマスに成長するなど，多様な生活史を繰り広げる。三陸地域は切り立った断崖に数多くの小河川が存在し，海底湧水も多いという環境であり，こうした変化に富んだ三陸沿岸の環境が生活史の多様性を生み出しているのかも知れない。また，秋遡上のサクラマスについては，地元の方々の聞き取り調査からも指摘されていた。サクラマスの生活史や三陸沿岸の自然環境に関する科学的な調査結果と聞き取り調査による在来知とを重ね合わせることによって，自然環境と人々との共存の在り方についての示唆を得ることができるだろう。

4．閉伊川流域の生きる知恵「在来知」

川と海を行き来するサケ科魚類の中で，サクラマスは河川で生活する期間が長い。ヤマメとして河川に留まることもでき，淡水湖があれば，海に下らなくても体色が銀化しサクラマスとなる事ができる。

支流を240本以上持つ，北上山地の山々から溢れ出る閉伊川の清冽な水は，流域に生物の多様性を育む。このような水圏環境は，サクラマスにとっても好適な産卵場，成育場となる。同時に，流域に暮らす人々にとっても，水圏環境は憩いの場所であるとともに，恵みをもたらす生活の場所でもある。だが，恵みの河川は台風や大雨など猛威をふるい，人々に大きな損害を与える時がある。流域の人々は，このような恵みと災害をもたらす河川と密接に関わり合って生きてきた。

では，人々は，恵みと災害をもたらす閉伊川の流域と，どのような関わり合いを持って生きてきたのだろうか。人々の思い出に含まれる在来知，すなわち先祖から受け継いだ閉伊川流域との関わり方には，持続可能な社会の構築になくてはならない在来知が存在しているのではなかろうか。そのヒントを探るため，平成27～28年にかけて，流域住民を対象として人々と川との関わりについて，インタビューを行った。

4.1 インタビューに見る「森川海のつながり」と人とのつながり

4.1.1 滝をジャンプするサクラマスを捕らえた記憶

川内地区に住む佐々木冨治さんから始めよう。佐々木さんは，閉伊川の中流域にある宮古市川内地区（旧川井村川内，それ以前は川内村）に，何世代にもわたって生活し，農業を営んでいる。94歳（2017年当時）になる佐々木さんにとって川の存在はどのような意味を持っているのだろうか。佐々木さんにお会いして閉伊川の思い出を尋ねた。

Q「子どもの頃について，どのような思い出がありますか」

佐々木さん「小さい頃は，よく川で遊びました。また，川の上流から水を引いて田んぼを作りました。農業を営む上では欠かせない大切な存在です」

川は遊び場としても，また農業にも欠かせない環境，との認識だったようだ。

Q「サクラマスの思い出はありますか？」

佐々木さん「下流にある蟹岡滝では，毎年サクラマスがジャンプする姿を見ることができます（筆者も2016年に確認)。ジャンプの時を狙って，おじさんが網で捕まえてくれました。ちょうど9歳の時だったと思います。その瞬間はとても感動したことを今でも覚えています」

中流域に住む佐々木さんにとって，サクラマスは，幼少の頃の思い出の中に鮮明に記憶されるほど忘れられない存在のようだ。ここでは，サクラマスの存在は，単なる食物ではなく，思い出の中にある人と自然との快適な関わり，自然に対する感謝の念，自然に対する畏敬の念，ふるさとの自然に対する愛着を育むものとなっている。流域住民にとって，サクラマスはそこに住むことのインセンティブにもなっているに違いない。「サクラマス」が上ってくることは，地元の人々にとって毎年繰り広げられる夏の楽しみなのだ。

4.1.2 源流付近までサクラマスの遡上を目撃した

宮古市去石にお住まいの去石利雄さん（2017年当時83歳)。去石地区は，閉伊川の源流域にある区界より下流側にある地区である。川幅は5m前後。本州で2番目に寒い場所といわれ，県外からの移住者によって開拓されたという。

Q「どのような思い出がありますか」

去石さん「夏は川かまし（川遊び）をしていました。カジカ，イワナ，マスがいました。マスは下流から上がってきていました。澄川まで戻ってきたことを記憶しています」

澄川とは閉伊川の上流部に注ぐ支流のうちで，最上流部に位置する。川幅は2 m，水深は20 cm 程度，河口からは70 km 以上離れている。60 cm を超えるサクラマスの姿は，上流に住む子どもたちに驚きをもって迎えられたことであろう。

Q「川の様子はどのようでしたか」

去石さん「水もきれいでした。昔は，マスがのぼって卵をうんと産（な）しました。マスの子も多かったですね。釣りもよくやりました。半分以上はヤマメでした。天然ヤマメは放流魚と比較すると体の模様が鮮やかですね。ヤマメはある程度大きくなると下流へ下がっていきました。ヤマメやマス釣りは，本当に楽しみでした。農作業の合間に，お昼を食べて1時30分から2時までで10匹は釣れました。釣りには，自前の毛針を使っていました。夕方になると，うんと（たくさん）はねていました。農作業が終わった後も，1時間ぐらいでまた10匹は釣れました。タンパク源には困らなかったのです。40年前は，イワナが大峠の淵で大きくなっていました。40 cm のイワナを釣ったこともあります。楽しみでした。本当に良い思い出です。本当によく釣れました。水もきれいでした」

サクラマスが河川を遡上して産卵したこと，ふ化してヤマメが数多く生息したことを懐かしく語って頂いた。現在は，本流にダムがあり，昭和40年頃からサクラマスの遡上は遮られ，この地域で天然のヤマメを見かけることは珍しくなった。また，このダムができる前は，エド（イトウ）が生息していたとの情報もある。

Q「今の川はどのような状況ですか」

去石さん「上流も汚くなりました。滑って歩けないです。カジカもいなくなりました。ヤマメも住めなくなりました。今は，（魚は）はねないですね。原因は家庭排水です。洗剤は，昔は使わなかったのです。雑排水が流れ込み，魚が住めない状態になりました。大事な自然を失ってしまいました」

このように，現状と過去の思い出を比較すると，せっかくの農作業の合間の楽しみであったヤマメ釣りができなくなり，ダムの建設によってサクラマスの遡上が妨げられたことがわかる。そればかりでなく，環境の悪化によって，天然のヤマメが住めなくなったとの残念な気持ちを表現していた。また，「私の子供も釣りはしない。孫も釣りをしない」と，魚の減少，環境の悪化によって，今や，子供や孫達にとってはなじみある川とはいえない状態に変わってしまった事を嘆いていた。

4.1.3　ダム，生活排水が川を悪くした

同じく閉伊川の上流域で，農業を営むAさん（2016年当時74歳）。子どもの頃の思い出を語って頂いた。

Q「子どもの頃の思い出を教えて下さい」

Aさん「今では空き家が多くなりましたが，以前は人が多く住んでいました。イワナ，ヤマメ，マス（サクラマス）が釣れました。ダムを作ってからマスが来なくなりました。マスがのぼるように魚道を作りたいですね」

「閉伊川，特に上流域をきれいにしたいですね。今の子供達は川に入りません。昔は置きバリをして釣りを楽しみました。カジカを捕っていましたが，カジカがいなくなりました。くみ取りトレイは川に優しいですね。やはり，水洗トイレと洗剤が川に悪いと思います。川が汚いと人は住まなくなります」

Aさんは，ダムの建設，河川環境の悪化によって魚類が減少し，川に親しむことができなくなったために，人々の意識が川から離れ，川への誇りを失い，過疎に繋がっているのではないかと考えている。河川環境とそこに住むサクラマスをはじめとした魚類は，地域の愛着や誇りを育む重要な要素だ。このような環境と生物の存在が消えていくことは，地域にとって大きな痛手である。Aさんは，魚道の設置と環境改善を望み，再び川遊びができることを願っている。河川環境と人間生活を区別するのではなく，生活の一部として捉えることが地域の愛着や誇りを取り戻すことに繋がると考えている。

4.1.4　置きバリでウナギ，マスを釣り上げた

箱石地区に住む山崎武志さんは，2017年現在95歳で農業を営む。盛岡の農業高校を卒業後，農協に就職し養蚕の指導を行った。退職後は，家業を継ぎ農業を営んでいる。

Q「閉伊川での思い出について教えて下さい」

山崎氏「魚が多くいました。夏は川で泳いでいました。箱石に淵が2つあって，子供たちが集まりました。寒くなると大きい石に抱きつきました。唇は紫色になりました」

「2時頃になると馬鈴薯を持ってきて煮て食べました。魚は大きい石の下に入っていました。潜るとイワナ，クキがよくいたものです。マスも

いました。カツカ（カジカ）もいました。置きバリをやると，ウナギ，マスが釣れました。梁（やな）を作ったこともあります。お寺の真ん前に島があって，そこに梁を仕掛けました。マス，アユが捕れました。アユ，ヤマメは河原で捕って，河原であぶって食べました。カワイズミという猫のような魚もいました。大きさも猫と同じぐらいです。『しらっこ』と言う特別な仕掛けでとっていた。友釣り（アユ釣りの一方法）は，専門の人のみ。農業は大人のみで，子どもはやりませんでした」

Q「今後，どのような課題を解決していけばよろしいですか」

山崎さん「定住者が少なくなりました。人口減が問題です。若い人がいないのです。人口が減る一方です。地元の自然を生かした新しい仕事をみつけることが，大切ではないかと思います」

過疎高齢化が進み，若者が町を離れていることを大きな課題と捉えている。そして，新しい仕事を見つけることが解決策の一つだとする。

4.1.5 川遊びの鮮明な記憶

箱石地区にお住まいの向口正喜さんは2017年現在，88歳。箱石で生まれ育ち，長きにわたり小学校の先生として奉職され，地元をこよなく愛し，歴史や文化に造詣が深い。数多くの民俗資料を北上山地資料館に提供されている。箱石の子ども時代の貴重な思い出をご自宅で聞かせていただいた。

Q「子どもの頃の思い出を教えて下さい」

向口さん「川の思い出といえば川の水泳場ですね。夏が近づくと大人達は石を拾ったりガラスを拾ったりして会場の整備をしていました。昭和40年前半生まれの子供たちの頃です。土曜日は水泳の日で，ちょうど橋の下に深みの場所があり親がついて見守っていました」（写真5.1）

向口さん「川遊びでは子ども達で芋煮会をやりました。焚き火をたいて泳いだ後に，暖を取りながらお芋を食べました。川遊びでは流れがどのようになっているのか，どこが危ないのか等，いろいろなことを学びました。鬼ごっこやおんぶをして，遊び水の怖さを学びました。水の事故のテレビを見る度に，昔のような川での習いごとがあれば良いと思います」

Q「どんなものを食べていましたか」

向口さん「玄米の７分つきや，白米を食べていましたが，お米の飯は買わないと満足に食べられませんでした。当時，小国に田んぼがありましたが，それでも足りませんでした。麦とヒエが主体でした。『おづけばっと

写真 5.1 子どもたちが川で遊ぶ様子（昭和40年代）（向口正喜氏提供）

う』を食べました。『ばっとう』とは麦でつくったうどんのようなもので，『おづけ』とは魚ダシのお汁です。特にカジカは美味しいダシが出たんですよ」

Q「海とのつながりを感じることはありましたか」

向口さん「そうですね。『カネダイ』という水産物の行商の方が，盛岡に海産物を運んでいました。よくお昼頃に立ち寄り，また盛岡からの帰りには一泊していました。シオマス等の塩蔵品を購入して食べたものです。昭和19年には，水産学校に入学し，汽車で通っていました。朝6時半，川内駅始発の汽車で通勤する人が多かったですね。カネダイさんに下宿した時もあります。水産学校では，塩づくりをしましてね。金浜には塩田があり，塩水と乾燥した砂混じりの塩を更に煮て，濃い煮汁を取り出したりしましたよ」

Q「最後に，川遊びのことを詳しく教えて下さい」

向口さん「箱石には，太田淵という大きな淵がありました。今でも太田淵はありますが，淵のなかには大きなオゲイ（ウグイ）やマスがひそんでいました。」

写真 5.2　当地方で伝わる民具「弁慶」(宮古市北上山地民俗資料館提供)

「小学校４年生の時，村中日照りが続き『子ども達集まれ，音がするものは何でもたたけ』と太田淵の前に集まり一斗缶をたたいて雨乞いをしたことを鮮明に記憶しています。なんと次の日に雨が降ったのです。」
「小学校５，６年生の時にはアユかけをしたものです。本当にたくさんのアユがいました。ある日，お爺さんに『アユもいいがカジカを捕ってこい』と言われて，カジカを捕ってきたところ，大変褒められた記憶があります。矢田川にはカジカがたくさんいました。主にタモ網やヤスで突いていました。カジカはダシが良く出るのでいろりで焼いた後，ベンケイ（写真5.2）に刺して乾燥させ必要なときに使いました。ベンケイとは弁慶が背負っていた袋の形をし，わらで編んだ縄で作ったものです。いろりのある天井にぶら下がっており，魚は煙でいぶされて保存食となり１年中魚を食べることができました。ウナギもいました。置きバリにすると大きなウナギが釣れました。またハリウナギと言って30 cm ぐらいの細長いウナギも狭い水路を上っていました。『ハリウナギは捕ってはいけない。大きくなってから取りなさい』と大人に指導を受けていましたよ」

4.1.6　循環型農業と川遊びについて語る

川内にお住まいの川内勝司さんは，2017年現在，96歳。盛岡の農業高校を卒業後，獣医師として地域の畜産業，養蚕業の発展のために尽力した方だ。

Q「どのようなお仕事に取り組んでいますか」

川内さん「養蚕・畜産を盛り上げるために『畜蚕』とした。牛をどんどん拡大しました。牛を飼って，それを人間に提供するのが一番。牛がフンをして，それを肥料に，米・野菜・さいろ（冬期飼料）を育て，牛に与えるという循環がいいですね」

Q「どのような思い出をお持ちですか」

川内さん「家が農家で手伝いをしていました。昔は子供も働いていました。８人兄弟だったので，子供が戦力だったのです。牛，馬，鶏，豚を飼っていて，牛乳を絞って近所に配達しに行ったり，養蚕では桑を取ってきて蚕に食べさせたりしていました。川での思い出は，魚捕りです。魚を突いて捕っていました。捕れた魚種はウナギ，イワナ，ヤマメ，カジカ，ウグイ。イワナは特に捕るのが大変でした。魚捕りは食べるためにやっていたようなものだった。遊びが生活に直結していました」

4.1.7　森と海のつながりの重要性を語るカキ養殖業者

閉伊川の河口域に広がる宮古湾で，カキ養殖業を営む山根幸伸さん（2017年現在61歳）。宮古湾産ニシン，花見カキの商品開発等に積極的に取り組み，干潟の藻場を考える会の会長を務め，15年以上地元の子どもたちに「森川海のつながり」の重要性を伝えている。

Q「どのような思い出をお持ちですか」

山根さん「前浜が思い出の場所。生まれ育ったところの湾が一番身近に感じています。私たちの時代は，海で遊んだり潜ったりしていたから，海の中がどうなっているかわかっていました。港ができたくらいで，昔と環境は変わっていません。海の中の環境もそんなに変わっていません。漁業の手伝いもしていました」

Q「どのようなことを後世に残すべきでしょうか？」

山根さん「豊かな海を子供たちに残したいですね。今の子供は，海で遊んだりしない。だから，市内の小学校・中学校に出向いたり，ここに来てもらって体験してもらったりして，もう15年くらい，子供たちにこの海の豊かさを伝えてきました。小さい時の楽しいことが，思い出になります。

月日が経っても，自然と触れたことを思い出すはず。今の子供は，忙しかったり，危険だと思って，自然に触れない。ふるさと感が薄いのです。だから，学校行事などでもいいから，自然と触れてふるさとの思い出を作って欲しい。それで将来，思い出としてふるさとの記憶を持つ。自分の成長とともに体験することで，だんだん思い出となるのです」

Q「カキ養殖にとって大切なことはどのようなことですか」

山根さん「カキを育てるにあたっては，湾内の環境が重要です。海だけじゃだめで，豊かな海は豊かな森から始まります。宮古湾にはいくつかの川が注ぎ，中でも閉伊川は，かなり上の方から，多くのミネラルなどを運んできてくれます。カキも，ほかの地域のものより，宮古湾産は大きく育ちます。うちは，残ったカキ殻を，山の人たちに肥料として使ってもらい，栄養を循環させています。これは，10年以上前からやっている活動です」

4.2　思い出と願いや想いとの関係

以上のインタビューをまとめると，次の４つの特徴が浮かび上がった。１つ目は，地域の思い出の場所が，閉伊川流域が有する自然資源である「早池峰山」や「閉伊川」,「宮古湾」などに集約され，さらに，思い出の内容は,「山登り」や「水産生物採集」,「泳ぎ」など,「身近な自然環境との接触の思い出」となっていることだ。【結果①】

２つ目は，地域の思い出と地域への願いや想いについて，場所や内容に共通性が確認されることだ。たとえば，川での思い出を語った発話者は，川への願いや想いについて語り，海での思い出を語った発話者は，海への願いや想いについて語り,「思い出の場所と，将来の願いや想いの場所が一致」していた。【結果②】

３つ目として，地域への願いや想いに関する発話の内容には,「排水などの影響で，カジカもいないし，イワナも住めなくなってしまった。洗剤は，昔使っていなかった」など，環境の「悪化」や「変遷」に関する発話が多く見られた。【結果③】

４つ目は,「きれいな川がないとカキが育たない。だからカキ殻を森に持って行き肥料として使ってもらっている」,「牛がフンをして，それを肥料に米・野菜・デントコーンを育て，牛に与えるという循環がいい」といった「森川海

の流域全体の循環」を語った発話者は，同時に，地域の思い出の発話で，家業の手伝いについても語っていた。【結果④】

以上のように，思い出は身近な自然環境との接触によって形成され【結果①】，地域への願いや想いに影響を与え【結果②】，環境の「悪化」など変遷に対する思い【結果③】を形成していた。

さらに，「森川海の流域全体の循環」【結果④】に言及した発話者は，地域の思い出として「家業の手伝い」に言及していた。幼少期の家事・家業の手伝いは，責任感，自律心，家庭人として必要な生活技術，家庭や他人に役立つ生き方を自分の喜びや生きがいとする態度，などを育成するといわれる（新井，1993）。また，子供の頃の郷土料理の伝承や，近所との付き合い，年中行事の支度，家業の手伝いなどの家での経験は，組織活動との関連性が強く，地域運営に対する価値観の形成に影響を与えるという（井橋ほか，2006）。すなわち，幼少期において，両親，祖父母，叔父叔母，兄弟との「関わり」を基に「生業」に従事した経験が，責任感や自律心，他に役立つ生き方への主体的態度を養い，それが，「地域への願いや想いの発話」の中で「資源や環境を意識した循環」に関する発話につながったものと考えられる。

「森川海の流域全体の循環」とは，単なる「水」や「水」を媒介として移動する無機物や有機体の循環だけではなく，「森」，「川」，「海」の「時間的」および「空間的」なつながりを意味している。「空間的」とは「森川海のつながり」を指し，「時間的」とは古来より続いている生業に裏打ちされた伝統，文化，風習，習慣など，精神的なつながりを指す。このような森川海の時・空間的なつながりの中に人間を配置した場合，森川海の自然環境と人，人と人との間に関わりが生じ，人々の思考や行動のパターンに影響を与え，それらの発話に反映される（佐々木・三浦，2018）

4.3　教材開発の方向性

発話内容【結果①～④】を，自己決定理論の内発的動機づけを高める心理的３欲求に当てはめてみる。身近な自然環境への接触により【結果①】，自信や効力感などの「有能感」が育まれるとともに，地域の自然環境や地域の人々との地域愛着を持ち【結果②】，「関係性」を構築することによって，自然配慮行動，地域の子供への関心・関わり，連帯意識，地域活動への積極的参加意志【結果③】など普遍的な価値の基に行動しようとする「自律性」に関する地域への願いや想いへとつながっていったものと捉えることができる。【結果④】については，「生業」の手伝いにより「有能感」を育み，地域の自然環境，地域の人々や家族との「関係性」が構築され，環境に配慮した行動を主体的に行う「自律性」に関する地域への願いや想いへとつながったと捉えることができる。

すなわち，身近な地域における「思い出」すなわち「在来知」を基にした流域独自の水圏環境教育プログラムが，「関係性」や「有能感」を育み，「自然配慮行動」や「地域の子供への関心・関わり」，「連帯感」，「地域活動への積極的参加意志」などの「自律性」を醸成し，「内発的動機づけ」を高めることにつながるものと考えられる。家族，地域社会と連携し，源流から河口域までの流域全体を俯瞰する水圏環境教育プログラムの実施によって，家族，地域社会，流域環境との強固な「関係性」を構築し，「森川海のつながり」意識を育むことが可能になる，と考えられる。これらの成果を活かし，具体的な流域独自の水圏環境教育プログラムを開発・実践することで，「森川海の時空間的なつながり意識」が高まり，地域住民力の向上が図られ，内発的復興につながるものと期待する。

5．閉伊川サクラマス MANABI プロジェクトの開発（図5.3）

先述した「世界サクラマスサミット in IWATE」では，「サクラマスの採集調査を実施したい，実際に潜って観察したい。地元の人のお話を聞きたい」と，実際に自分で体験し見聞きしたい，とする意見も多く寄せられた。このサクラマスサミットを機に，「閉伊川サクラマス MANABI プロジェクト」（以下，「サクラマス MANABI プロジェクト」）として，水圏環境教育プログラムを開発・運用していく方向性が定まった。

「サクラマス MANABI プロジェクト」では，サクラマスが生まれてから産卵に至るまでの生活史を学ぶために，以下のような，周年にわたる５つのアクティビティが開発され，毎年継続して実施されている。

1）閉伊川の源流探索と閉伊川河口で捕獲された天然サクラマスの喫食，サクラマスの産卵生態についてのビデオ学習，サクラマスと人との関わりを語り合う「世界サクラマスサミット in IWATE」（５月）

2）川流れ体験とヤマメの喫食を行う「わくわく自然塾」（８月）

3）サクラマスの人工授精とヤマメとサクラマスの関係を理解する「ヤマメ

図 5.3 「サクラマス MANABI プロジェクト」

の採卵・サクラマスの不思議」（11月）

4）1年前に人工授精したヤマメに標識を付ける「ヤマメ標識づけ」（12月）

5）標識付けしたヤマメを放流する「ヤマメの放流会」（4月）

本プロジェクトでは，地元宮古市の閉伊川上流域から下流域（海岸域も含む）の住民と，東京都品川区，港区，大田区，神奈川県横浜市，平塚市など他地域に住む人々の両者を参加者とすることによって，地域間・世代間の交流を深めている（写真5.4）。

また，東京海洋大学が養成した水圏環境教育推進リーダーは，「サクラマス MANABI プロジェクト」に参画し，地元の市民団体と共にアクティビティの運用支援にあたっている。このプロジェクトは，閉伊川の源流域から河口域（宮古湾を含む）までの健全な自然環境をフィールド対象とし，食文化を育む「森川海のつながり」意識を高める上で効果的だ。このような豊かな森川海の自然環境を背景にして，自然の恵みで生活を営む人々と交流することによって，都市部ではできない，自然と人との関わり方を学ぶことができる。日本の人口の半数以上が都市に住む今日において，全国各地にある豊かな森川海の自然環

写真 5.4　川流れ体験を楽しむ参加児童生徒と保護者とスタッフ

境の中で，地元の人々や子どもたちと対等に対話して学び合う水圏環境教育を積極的に推進することは，自然と人間が共存を図り，持続可能な社会構築を進める上で必要不可欠な取り組みと考えている。

6．「サクラマス MANABI プロジェクト」がもたらす認識の変容

6.1　児童生徒の認識の変容

閉伊川における「サクラマス MANABI プロジェクト」は，「森川海のつながり意識」の向上を目指して取り組まれている。本節では，2017年８月に２日間にかけて実施した源流探検と中流域での川流れ体験について，参加児童生徒の「森川海のつながり」意識の変容について記述する。参加者は児童生徒10名，保護者10名，合計20名を数えた。

１日目は，１時間半かけて，閉伊川の源流へと沢のぼりを行った。沢のぼりの前に，「森川海とどのようなつながりを感じているか」について，６（大変そう思う）～１（全くそう思わない）の６段階で回答を求めた。沢登りを経験する前は，「森川海のつながり」はあまり感じていなかった（平均値６点中３

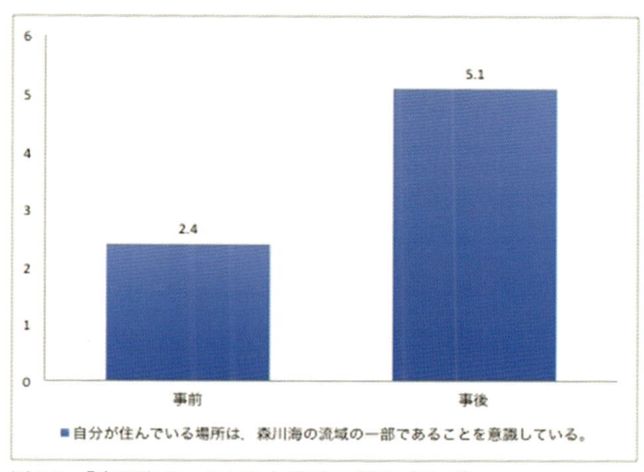

図 5.5 「森川海のつながり」意識の変容（N＝6）

点以下）が，終了後は，つながりを強く感じるようになっていた（平均値6点中5点以上）（図5.5）。

また，感想としては，次のような回答があった。

・「源流に行くことを通して，森川海が続いていることを改めて知らされた上で，人間の手が自然に大いに影響していることを覚えました」，「自分たちの生活では，森川海のつながりがとても大事だということがわかった」などの回答があった。源流から水は流れ海への流れる過程で，人間が自然から寄与を受けていること，そしていかに人間が自然に影響を与えているのかを感じたようだ。

・「僕らの身の回りは，魚やえびなどを食べることで，つながっているのかなと思いました」，「自分は，自然の食べ物をいっぱいたべている事に気づいた」などの答えは，食を通して森川海とのつながりを理解している様子を示した言葉と解釈できる。

・「サクラマスはとてもすごい魚だったということ」「むやみに木を切ったりしないこと，そうすればサクラマスがふえそう」などの答えもあった。これらは，具体的な事象に言及し，サクラマスの生活史上，「森川海のつながり」の重要性を理解し，表現したものと思われる。

以上のように，1日目のアクティビティによって，学習会の大きな狙いであった，食材としての「魚（**さかな**：「な」は食べ物という意味がある）」を理解するだけではなく，生物としてのサクラマスの生活史を理解し，森川海との時空間的なつながり意識を高めている様子がうかがえた。

2日目は，源流から約30 km 下流にある中流域の箱石で，川流れ体験と水生生物採集・観察を，児童生徒6名を対象に実施した。

川流れ体験の前に，事前調査として地元の方々にインタビューを行い思い出を尋ねた。地元の多くの方々の幼少の頃の思い出は，山に登ったこと，そして，何よりも川遊びだった。この地域では，昭和30年代まで，学校にはプールはなく，川を水泳場にしていた。しかし，昭和40年代以降になると，全国各地の小学校にプールが完成すると，せっかくの海や川があっても，以前のように泳ぐことがなくなった。今回の会場である箱石地区も，本流と支流から豊富な水が流れる場所で，川流れには最適の場所だ。しかし，学校プールができて以来，川での授業は行われなくなり，次第に川から子どもたちの声が少なくなっていった。経済発展と共に人口が大きく減少し，川遊びをはじめとした自然体験活動が減少することによって，自然環境への愛着も減少し，経済が優先され故郷を離れることに繋がったのではないかと考える方もいた。

今回，参加児童が体験する場所は，地元の方々の川の遊びの思い出の場所だ。当初，地元の方々は安全性を危惧していたが，ウェットスーツとライフジャケットを身につけること，専門家・大学生のバックアップ体制を整えることで了解して頂いた。むしろ，スラロープ（救助用ロープ）の使い方や川流れ方法などの安全教育をほどこしたことから，事故を未然に防ぐことに繋がる活動と評価された。何よりも，地元の方々は，子どもたちが楽しそうに泳いでいる姿をほほえましく見守ってくれた。子どもたちが川で元気に泳ぐことによって，地域の人々も活気づいたようだ。

子どもたちは，専門家の指導のもと，川流れの術を身につけ安全に川流れを楽しんでいた様子だ。活き活きと主体的，能動的に取り組んでいる様子がうかがえた。川流れ体験の後は，水生生物観察・採集に取り組み，一人ひとりが，観察・採集に没頭していた。イワナやヤマメの遊泳する姿を目で確かめ，カジカ，ウグイ，水生昆虫を捕まえることができた。

子どもたちの感想をここに示す。「川には，様々な動植物が生活しており，それらの生物は，食物連鎖などで川の生態系が維持されているのが分かった」

「小さな魚は木のかげの流れがゆるやかな場所でくらしている。なぜか流れの強いところにたくさんいた」

これらの感想からは，水中をよく観察することによって生物と環境との関わり，水生生物の性質，食物連鎖の形成について，自分達人間も同じ生態系の一部であることを体験を通して理解を深めている様子がうかがえた。

昼食には，焼きたてのヤマメ（サクラマスの陸封型）が登場した。一人で4本も食べた児童もいた。きれいな水質で育ったヤマメであり，おいしい理由は水質にある事を理解した様子だ。きれいな水質を維持することは，魚にとっても，そして人間にも重要であること，環境を良い状態に保つことが美味しい食物を頂く大前提である。また，焼き方には川魚特有の工夫がある。地元漁業協同組合の組合長に教えを請い，水圏環境教育推進リーダーが3日前から練習を重ねた。参加者に喜んでもらい，リーダー達はホッとしていた。

2日目の午後は，ヤマメの形態観察，特に耳石について学んだ。山登り，川流れ，生物採集を体験し，ヤマメを喫食し，十分に自然環境に溶け込んだ子どもたちは，サクラマス（ヤマメ）の学習にも，深い興味関心を寄せていた。

「午後のかいぼうで耳石について深く学べたことがうれしいです。実際に耳石を取り出す作業も楽しかったです」

「耳石のこと，思ったよりも小さくおどろきました」

「耳石の線で何日生きたかが分かったり，魚の種類で耳石の大きさや形が違うのが分かった。魚に耳があるのも」

耳石を用いた分析は，様々な魚類で行われ，魚の生態と「森川海のつながり」を理解する上で，なくてはならない手法だ。先ほど示した，耳石による解析結果から新しい生活史が明らかになっていることなどを説明すると，自ら文献を調べ，自由研究として発表した生徒もいた。

2日間にわたって得られた成果は，参加者の「森川海のつながり」意識が高まったこと，そのことを誰かに伝えたいという意識が子どもたちに芽生えたことだ。東京都心から参加した児童は，「まず私の近所の川をきれいにしなくてはいけない」と決意を語ってくれた。「森川海のつながり」意識を持つことは，持続可能な地球環境を構築する上でなくてはならない。引き続き，身近な流域を活用した森川海の学び合いの実践を継続していきたい。

今回の「サクラマスMANABIプロジェクト」の取り組みによって，「森川海のつながり」意識が，どのようにして深まっているのかモニタリングできた。「森川海のつながり」意識が，どのような過程を経て，内発的復興に向かい，流域の持続可能性とレジリエンスを高めることにつながるのか，本プログラムをさらに発展させ，継続的に取り組んでいきたい。

6.2　流域住民の認識の変容

「森川海のつながり」を基調とした「地域づくり教育」に取り組んだ地元住民は，「サクラマス MANABI プロジェクト」をどのように認識しているのだろうか。川流れ体験を実施した箱石地区における地元住民の様子を記述したい。

これまでの取り組みによって感じることは，地元の森川海に対する，流域住民による再評価が生まれたことだ。インタビュー調査の結果から，高度経済成長以前の生活は，自然との関わりが強い中で営まれたのに対して，それ以降になると，河川は積極的に関わる対象ではなくなった。そのため，人々にとって，河川は単なる生活排水を流す場所となり，自然の浄化能力を超えた環境負荷によって河川環境が悪化し，自然環境は自信や誇りを持つ対象ではなくなっていった。

このような状態の中で，「森川海とそのつながりを基調とした地域づくり教育」として「サクラマス MANABI プロジェクト」を開催し，地元の人々にも参画して頂いた。子どもたちが，「環境が整った美しい河川で，満面の笑みを湛えて遊んでいる様子に，「子どもがここで遊んだのは何十年ぶりだろうか」「愛着のある思い出の川で，こうして子どもたちが活き活きと活動しているのは，うれしいこと」と感慨深い様子だった。故郷の河川での体験活動を実施することによって，高度経済成長以降遠ざかっていた河川との関わりが蘇った。環境に積極的に関わることにより，環境への認識がプラスとなり，よりよい環境にしていこうとする意欲が芽生える事が報告されている（金子・佐々木，2015）。今回の児童生徒の体験学習は，まだ故郷の河川とのつながりは生きていると，地元の人々の河川の再評価につながったと推察する。

また，地元の小学生も，川流れ体験に参加した。地元や学校で川遊びは奨励されていないため，はじめてだった。祖父母らが引率して会場に現れ，最初は不安な様子だったが，ウエットスーツ，ライフジャケットを着用し，いよいよ川流れをした瞬間，不安顔の子どもたちも，一気に笑顔へと変化した。祖父母はこの光景を遠くから眺め，孫の様子をほほえましく見守っていた。数十年ぶりで，川遊びが復活した。

「サクラマス MANABI プロジェクト」によって，流域住民が故郷の河川の思い出を蘇らせた。「良い子は川で遊ばない」と，自然豊かな場所でさえも川遊びは禁じられてきた。今回のように，安全に配慮したアクティビティは，地元の人々に安心感を与え，そして自信と誇りを取り戻すことにつながった。

地元住民にとって，この川流れ体験での取り組みは，自己決定理論にあてはめると，関係性と有能感を高める場となった。ここでいう関係性とは，自分の愛着ある閉伊川の環境において，他の地域からやってきた子どもたちを見守り世話をしている状態（大事にしようとする感情）を指す。

また，有能感は，子どもたちの歓喜溢れる姿を見守っている時に認められた。インタビューでも明らかなように，この地域では，かつては子どもたちが安全に活動できるように，川の管理を行っていた。今回も，地元の方は草刈りを行い，生活排水を配慮し，子どもたちが安全に安心して遊ぶことができるようにしていた。思い出深い閉伊川で，安全に子どもたちが活き活きと活動することが，なによりも地元の方々の有能感を高めたと思われる。

「サクラマス MANABI プロジェクト」によって，流域住民と大学生や小学生など訪問者との関係性が深まったことが，流域住民自身の積極的な活動にもつながったのではないか。インタビューにも対応し，川流れ体験を見守っていただいた向口正喜さん（2017年当時88歳）は，2017年に「方言集　川井のことば」（向口，2017）を上梓した。「何十年も出版しようとして言葉を整理していました。ようやく出版にこぎ着けることができました」と語っていた。この「方言集　川井のことば」には，幼少から生まれ育った箱石を中心とした旧川井村の方言が解説されている。言葉のみならず幼少の頃の風習なども合わせて記載されている，貴重な著作である。一つ紹介すれば，「ナノカビ」という項目がある。8月7日に，7回水浴びして7回ハットウ（手作りうどん）を食べる日。この日は朝早くからお墓の掃除をする日で，子どもたちは家の前の川で泳いで遊ぶ。その際，7回泳いだら7回アズキバットウを食べることになっていたという。このように，自然と人々との関わりの中で育まれた習慣の数々が，一冊の著作としてまとめられた。90歳近くになってもなお，地元を愛し地元を後世にも伝え残そうと努力されている姿に敬服する。

著者ご本人から，「学生達に方言を勉強させて下さい」と著作をお送り頂いた。「サクラマス MANABI プロジェクト」を契機として，地元を愛する方との絆，帰属意識などの「関係性」を深めることができた。これは，お互いの「有能感」を高め，「自律性」を育むことにつながったと思っている。このことは，流域の人々の内発的動機づけを高めることにつながる。これからも，サクラマス MANABI プロジェクトを通じて，故郷の言葉や習慣を伝えようとする流域住民の「思い」を支援できればと願う。

7．考察と展望―森川海の地域づくり教育による内発的復興の可能性―

以上見てきたように，筆者のグループは，「森川海」を基調とした内発的な地域づくりと内発的な復興を目指し，地元住民との連携によって，環境教育プログラム「サクラマス MANABI プロジェクト」を開発・実施した。「サクラマス MANABI プロジェクト」は，内発的復興，持続可能な社会づくりに貢献し，省資源，循環型社会の構築につながっていくものと考えている。「森川海のつながり」意識の向上が，今後，具体的にどのような過程を経て内発的復興につながり，そして流域レジリエンスが向上するのかについては，さらにこれからの成果を見守っていきたい。

まとめとして，「サクラマス MANABI プロジェクト」により促進される，参加者の「森川海のつながり」意識の向上と内発的動機づけ，流域の内発的発展との関連について考察する。

はじめに，鶴見・川田（1989）の内発的発展の定義を基に，内発的動機づけの向上と内発的発展との関わりについて自己決定理論の心理的３欲求の充足の観点から見ていくこととする。

鶴見・川田（1989）の示した内発的発展の定義を次のように述べている。「地球上のすべての人々および集団が，（中略）それぞれの個人の人としての可能性を十分に発現できる条件を創り出し，格差を生み出す構造に対し，人々が協力して変革し，それぞれの地域の人々および集団が固有の自然生態系に適合し，文化遺産（伝統）に基づいて，外来の知識・技術・制度等を照合しつつ，自律的に創出する」

ここで，「地球上のすべての人々および集団が，（中略）それぞれの個人の人としての可能性を十分に発現できる条件を創り出すこと」は，「有能感」にあてはまるものと考えられる。また，「格差を生み出す構造に対し，人々が協力して変革する」は，「関係性」に該当する。さらに，「それぞれの地域の人々および集団が固有の自然生態系に適合し，文化遺産（伝統）に基づいて，外来の知識・技術・制度等を照合しつつ，自律的に創出する」は，「自律性」に当てはまる。すなわち，地域住民が，周囲の人々と「関係性」を構築しながら，個人の可能性を発現し，「有能感」を高め，固有の自然生態系に適合し（自然との「関係性」），「自律性」を創出していく。これら一連の流れは，個人や集団が内発的に動機づけられていくプロセスを示している。つまり，地域住民の内発的に動機づけられた活動や行動は，地域の内発的発展へと続くと期待される。

次に，「サクラマス MANABI プロジェクト」によって育まれる，参加児童あるいは地元住民の，内発的動機づけと自己決定理論の心理的 3 欲求との関連について考察する。「サクラマス MANABI プロジェクト」では，流域住民等，多様な立場の人々の連携によって開発・実践・研究が行われることで，人と人との「関係性」が作られる。そして，「森川海のつながり」意識が高まることで，「森川海」への「帰属意識」が高まり，そのことが周囲の人々と「共有」され，その結果，自然と人との「関係性」が構築される。こうした「関係性」は，参加者一人ひとりが「森川海のつながり」の持つ可能性を十分に発現できる「自信」や，「森川海のつながり」への「誇り」を高める「有能感」を獲得することにつながる。これらの「有能感」は，参加者が「共感力」を高め，森川海に適合しながら持続可能な社会づくりに向けて主体的に行動していく「自律性」につながっていくと予想される。

「サクラマス MANABI プロジェクト」の持つ自己決定理論の心理的 3 欲求の充足のプロセスは，内発的発展論の目標の持つ一連のプロセスと共通する。自己決定理論の心理的 3 欲求が充足された「サクラマス MANABI プロジェクト」を実践することによって，参加者が「森川海のつながり」意識を向上させ，内発的動機づけを高め，流域住民と他の地域住民の協働することが，「森川海のつながり」における流域の内発的発展と内発的復興につながると考える。

引用文献

新井眞人（1993）「子どもの手伝いの変化と教育」『教育社会学研究』53巻，66-86頁.

池田玲子・舘岡洋子（2007）『ピア・ラーニング入門』ひつじ書房.

井橋朋子・藍澤宏・菅原麻衣子（2006）「地域社会生活の担い手育成の方法に関する研究」『農村計画学会誌』25（論文特集）巻，467-472頁.

岩手県水産技術センター（2017）「いわて大漁ナビ」http://www.suigi.pref.iwate.jp/shikyo（2017年 7 月12日アクセス）

金子実那美・佐々木剛（2015）「中学校『総合的な学習の時間』における自己決定理論に基づいた水質改善意識の分析」『臨床教科教育学会誌』15巻 2 号，17-24頁.

岸祐二（2002）「流域とは何か」小平勇吉編『流域環境の保全』朝倉書店，70-77頁.

佐々木剛（2011）『水圏環境教育の理論と実践』，成山堂書店.

佐々木剛・三浦亮平（2018）「流域の内発的発展を目指した水圏環境教育プログラム開発のための伝統的生態学的知識（TEK）の分析」『農村計画学会誌』印刷中

鈴木敏正（1998）『地域づくり教育の誕生』北海道大学図書刊行会.

新海英行（2013）「地域のエンパワーメントと住民の主体形成」『名古屋柳城短期大学研究紀要』35巻，1-13頁.

鶴見和子・川田侃編（1989）『内発的発展論』東京大学出版会.

星寛治（2014）「輝く農の時代へ」CSO ネットワーク編『地域の内発的復興・発展』CSO ネットワーク，5-14頁.

宮古市ホームページ　http://www.city.miyako.iwate.jp/kikaku/salmonland.html（2018年 3 月26日アクセス）

向口正喜（2017）『方言集　川井のことば（旧・川井村）』杜陵高速印刷出版部.

Arai T, and Tsukamoto K. (1998) Application of otolith Sr : Ca ratios to estimate the migratory history of masu salmon, *Oncorhynchus masou*. *Ichthyological Research*, 45: 309-313.

Deci, E. and Ryan, R. (1985) *Intrinsic Motivation and Self-determination in Human Behavior*. Springer Science & Business Media, New York.

Sasaki, T. (2012) Aquatic and Marine Environmental Literacy Education Program. *Journal of Aquatic Marine Environmental Education Research*, 5: 16-23.

第6章

主食の多様性，在来知とレジリエンス

―歴史生態学からみた北上山地旧川井村地区の文化景観―

真貝　理香・羽生　淳子

1．はじめに

この章では，岩手県宮古市閉伊川の上・中流地域，とくに旧川井村地区（図6.1）における民族学的な聞き取り調査の成果を紹介し，在来知に支えられたコミュニティのレジリエンス（弾力性・回復力）とその歴史的な変化について考える。具体的には，「小規模で多様な生産活動とそれを支える在来知は，地域社会の生態・社会システムのレジリエンスを保持し高める」とする仮説を立てて，その検証を試みた。

私たち（真貝・羽生）の専門は，実は民族学ではなく環境考古学だ。考古学では，過去の人々が残した遺物や遺構などのモノ（物質文化）の研究を通して，人々の暮らしや社会，そしてその背後にあった考え方を推測する。とくに，環境考古学では，環境が人々の暮らしに及ぼした影響と，人間の活動が環境に与えた影響の相互関係を重視する。そこで，今回の調査では，まず，環境と関わりの深い，食と生業（食料をはじめとする資源の獲得・生産活動）について，作業に使った道具についての質問も含めながら聞き取りを行った。そして，その後，食と生業に関連する暮らしのさまざまな側面について，徐々に聞き取りの範囲を広げていった。

聞き取りを行っていく過程で，この地域における食と生業の多様性とともに，生産された食物の保存と加工の技術，そしてその背後にある社会のネットワークが，地域の人々の日々の暮らしを支える上でとても重要だったことがわかった。さらに，より長期的な視点として，北上山地における近代から現代にかけての歴史的変化の一端が浮かび上がってきた。

今回の調査は，「ヤマ・カワ・ウミに生きる知恵と工夫」プロジェクトの

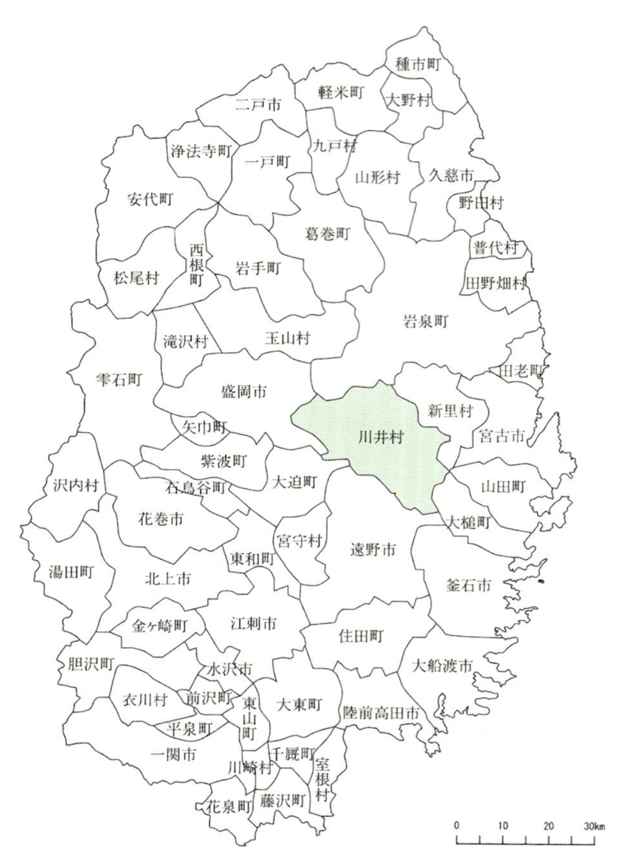

図 6.1　岩手県旧行政区（調査地域：旧川井村）

「ヤマ班」として，2014年10月から準備を開始した。本格的な聞き取り調査は2015年７月から開始し，その後，2016年８月まで聞き取りを続けた。プロジェクト終了間際の2016年７月29・31日には，「山は宝だ」と題して，北上山地における「食」を切り口とした写真展・交流会（以下，写真展）を宮古市内の二ヶ所で行った。また，「ヤマ・カワ・ウミに生きる知恵と工夫」プロジェクト終了後の2016年秋から2017年冬にかけては，総合地球環境学研究所の「地域に根ざした小規模経済活動と長期的持続可能性－歴史生態学からのアプローチ－」(研究番号14200084)，および人間文化研究機構の「日本列島における地域社会変貌・災害からの地域文化の再構築」と連携して，補足調査を行った。

2．調査地域の概要と先行研究

2.1　調査地域の概要

私たちが調査の対象としたのは，閉伊川中流域の旧川井村（現宮古市）のうち，川井・川内・鈴久名・小国・江繋地区にあたる山間域だ（口絵4参照）。旧川井村の大部分は林野で占められており，閉伊川とその支流沿いのわずかな平坦地や緩傾地に集落が点在する。

旧川井村を含む北上山地の自然は美しい。しかし，冬季の寒さは厳しく，夏も，ヤマセ（6月から8月に北日本の太平洋側で吹く，湿った北東風）による冷害の常襲地域として知られている。

この地域の人々は，第二次世界大戦後に水田稲作が本格化するまで，常畑に加えて，焼畑における輪作，多様な雑穀と豆・少量多種の野菜の栽培，山菜や堅果類の採集・保存，冬の寒さを利用した食品加工等により，通年の食料を確保してきた。現在でも，これらの知識の一部は地域の人々に受け継がれている。とくに，年配の方には，伝統的な農業形態や山の利用についての記憶をとどめている方が多い。

明治11年（1878，2003年複製版）に出版された『岩手県管轄地誌』には，岩手県下の税地となる田畑の利用状況別面積が，村ごとに記載されている（岩手県，2003：225-313）。当該地域の村々では，平坦地のある小国，江繋，箱石にはわずかに水田が存在したが，その他の地区では耕地のほとんどが畑となっている。さらに，切替畑と報告されている焼畑地が，多い村では5割近い面積となっていることが注目される（図6.2）。

旧川井村地域で水田稲作が本格化したのは，戦後の昭和26～28年（1951～53）あたりからという。小国と江繋に土地改良区が設置され，とくに江繋では当時の小国村村長が土地改良区の設立をよびかけ，水路，水門，サイフォン等を設置する4年間の開田事業を行った（『川井村郷土誌上巻』川井村郷土誌編纂委員会，1962：514, 549-557）。これによると，第二次世界大戦前の昭和14年の石単位の収量は，水稲（粳）348，水稲（糯）86，オオムギ1325，コムギ399，ダイズ1032，ヒエ2332，アワ234，キビ32，ソバ239石との記録があり，ヒエ，オオムギ，ダイズが卓越していたことがわかる。戦後になってからも，水田開発事業が行われる直前の昭和28（1953）年は，水稲151，陸稲1.2，オオムギ931.4，コムギ153.2，ヒエ780.2，アワ99.7，キビ9.5石と，まだコメよりもオオムギや

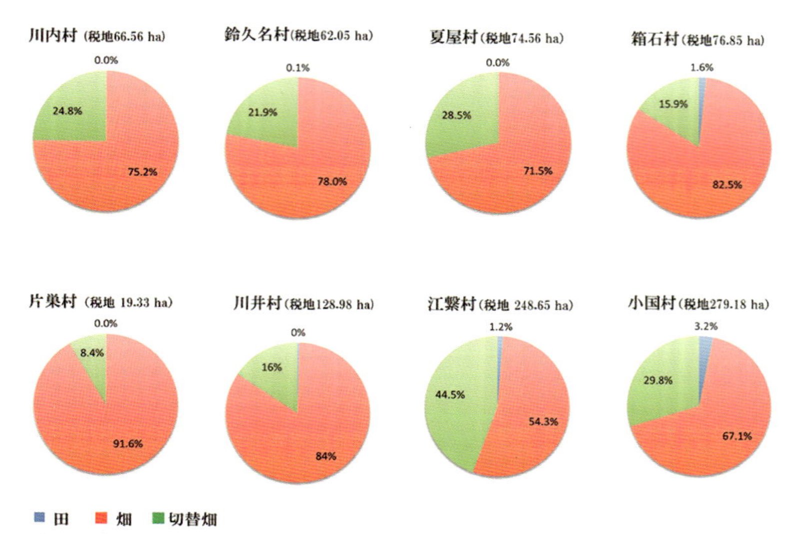

図 6.2 税地による土地区分（岩手県（2003）『岩手県管轄地誌』第 13 巻：明治 11 年報告のデータを基に作図）

ヒエのほうが，圧倒的に生産量が多かった。そして水稲栽培の収量は，水田開発事業が開始された翌年の昭和29（1954）年には774石，昭和32（1957）年には1653石と，数年間で急増している（川井村郷土誌編纂委員会，1962：514-516, 576-581）。

2.2 先行研究

北上山地の伝統的な生業，とくに農業・焼畑・堅果食，および民具等については，名久井文明・名久井芳枝（名久井・名久井，2001など）らによる先行研究がある。また，岡惠介（2001，2008，2016）は，岩手県下閉伊郡岩泉町安家をフィールドとして，生態人類学の視点から，北上山地における重層的な森林の利用に注目し，生業史から見た社会変容のダイナミズムを論じている。とくに，岡（2016）は，木の実食に代表される「ストックのある暮らし」に注目し，焼畑と牛飼養を含む生業の多様性と食料保存の技術が，伝統的な生存戦略の鍵として，歴史的変化を受けながらも現在まで生き続けていると指摘した（本書第10章も参照）。

旧川井村の伝統的な生業に関しては，『川井村北上山地民俗誌上巻』（川井村文化財調査委員会，2004）がある。これは，社会伝承と食生活を含む貴重な資料だ。さらに，宮古市北上山地民俗資料館が，民具の製作・使用法を含む聞き取り調査，民具収集と教育活動を積極的に行っている。

3．聞き取りから考えるヤマの暮らしとその変化

3.1　聞き取り調査の対象とその概要

これまでの民族誌史の先行研究をふまえて，私たちの聞き取り調査では，旧川井村地域における食と生業の多様性を含めた生業戦略と，それを支えた在来知と物質文化，さらに，気候不順にともなう凶作や災害への対応などについて，主として，在来知についての豊富な知識を持つ年配の方々（70～90歳代），およびその下の世代（50～60歳代）から聞き取りを行なった。調査の主目的は，民族事例の網羅ではなく，限られた数の方にゆっくりとお話を聞き，在来知と地域のレジリエンスについて，各人から，地域の暮らしや景観とその時間的変化に関するトータルな視点を聞き出すことにあった。とくに，川内在住の佐々木冨治さん・アキさん夫妻（コラム１），小国在住の道又邦彦さん，川井在住の佐々木ハルさん，鈴久名在住の神楽栄子さん（コラム２），江繋在住の嵯峨均・良子夫妻（コラム３）については，インタビューを録音した。また佐々木冨治さんによる自家出版の詳細な手記（佐々木冨治，2017）の元原稿と完成本の両者を拝読し，その内容も参考にした。

インタビューを行った方の数は決して多くはないので，本章の目的は，インタビューに基づいて，川井村地区の全体像を描くことではない。聞き取りでは，これまでの民族誌史の記録との対比でどの部分が確認できたか，どこが記録と異なるか，生業の季節性が人々の暮らしと景観にどのような影響を与えたか，さらに，個々人が過去数十年の歴史的変化についてどのような感想を持っているか，等に焦点をおいた。

調査に協力してくださった方々のうち，70～90歳代の方からは，昭和初期から現代にいたるまでの歴史的変化について，自己の体験に基づいた生き生きとした語りをうかがうことができた。これらの聞き取りからは，話し手の父母，さらに祖父母の代の暮らしについての断片も垣間見ることができた。

その下の世代としてお話を伺った50～60歳代の方々は，いずれも生産・流通活動の現役として活躍中の方々だ。戦後生まれのこの世代からの聞き取りでは，食と生業の多様性，貯蔵技術などの在来知が，前の世代から受け継がれている例が数多く聞かれた。

これらの個別の聞き取りとともに，私たちが2016年夏に行った「山は宝だ」写真展の来訪者による情報や，地域の会合や北上山地民俗資料館，やまびこ産直館などにお邪魔した際にお会いした方々とのインフォーマルな会話も参考にした。

水稲耕作が本格的に導入される昭和30年代以前についての聞き取り調査では，「昔は米を食べたのは盆と正月だけ」，「正月はモチ米がなかったのでアワ餅を作った」といった内容がたびたび話題となった。水稲耕作の本格的な導入については，「昭和29，30年あたりからみんなで田んぼを起こした」などと明確に覚えている方もおり，この時期が大きな転換点となったことがわかる。

米がとれず，ヒエとオオムギを中心とした雑穀が中心の食生活であったこと，そしてクリやトチ・クルミといった堅果類の利用が盛んで，時にはシタミと呼ばれるドングリ（コナラないしミズナラ）が食されたことは，聞き取りの中で時に，ためらいを持って語られることがあった。しかし，聞き取りの成果からは，限られた平地の中で各作物の性質を熟知して行われた農業と，後背地の山や草地を最大限に利用する在来知の積み重ねが巧みに関わりあって，冷害や食糧難の際にいかに有効に機能したかが明らかになった。

保存食の伝統は，ドングリだけでなく，山菜やキノコ類の塩蔵や乾燥，カブなどの漬物（写真6.2d），大豆の豆腐・味噌への加工はもちろんのこと，厳寒期の寒さを積極的に利用した凍み豆腐（写真6.1b）や凍み大根，凍みイモ（写真6.2a），大根の葉を乾燥させた「干し葉」など多岐にわたる。かつてはイワナ・ヤマメ・カジカなどの川魚も囲炉裏で焼き，囲炉裏の上のベンケイと呼ばれるわら筒に刺して，乾燥保存していた。こうした保存食は，周年の食料確保のために極めて重要だった。大豆製品や山菜の保存・加工技術の一部は，現代まで継承されている。

なお，民族誌史の記録との比較については，上記の川井村文化財調査委員会編（2004）による『川井村北上山地民俗誌上巻』を中心に，郷土誌の記録等を引用した。同時に，岩泉町安家地区に関する上記の岡（2008，2016など）の研究をはじめとする近隣地域の民族誌調査の記録との比較も試みた。

写真 6.1　佐々木冨治さん，アキさんからの聞き取り風景
a：金子信博さんに焼畑の説明をする佐々木冨治さん　b：手作りの凍み豆腐を持つ佐々木アキさん　c：長年オニグルミを割ってできた凹み　d：キビ（タカキビ）団子　(b, c, d：撮影：いろは写房・稲野彰子)

写真 6.2　神楽栄子さんからの聞き取り風景
a：凍みイモと凍みイモの粉で作った団子　b：ワラビ畑　c：赤カブの漬物と青豆入りおむすび　d：蔵の中に並ぶ味噌・漬物樽　(b：撮影：いろは写房・稲野彰子)

◇コラム１◇

在来知を次世代に伝える……………………………… 佐々木冨治さん・アキさん（農業）

佐々木冨治さんと佐々木アキさんのご夫妻に最初にお会いしたのは，2015年の夏だった。北上山地民俗資料館の紹介で，金子信博さん（本書７章参照），およびカリフォルニア大学バークレー校の大学院生４人とともに，焼畑のお話を伺いにお邪魔したのだ。４名の大学院生は，いずれも日本文学や日本考古学などを専攻していて，日本語が達者だ。

佐々木冨治さんは，戦後の食糧難の時期に開墾して焼畑をしたという山まで，自家用の軽トラックで案内してくださった（写真6.1a)。焼畑は夏に焼き，ソバをまいたこと，次の春にはアワやマメをまいたこと，肥料をかけないので４年くらいで「捨てた」（しばらくなにもしない）こと，そのあとは藪になったこと，焼畑のやり方は祖父から教わったこと，などを伺った。焼畑の話だけでなく，ヒエの直まき，ムギのまき方などについても教わった。帰り際には，ご自宅にお邪魔して，佐々木アキさんも一緒に皆で写真をとり，「またおでんせ」と言っていただいた。

その言葉に甘えて，私たちは，お二人のお宅をそれから８回も訪問した。お話を伺うにつれて，冨治さんの生業に関する知識と技術はもちろん，アキさんの伝統料理に関する知識の深さ，そして佐々木家でいただく食事のおいしさにも感嘆した（口絵２)。今回の研究で，在来知に関するジェンダーの違いを実感した最初だった。夏には季節の野菜，冬にはお二人の手作りの豆乳など，四季折々の旬のものをいただいた。調理の多くに，薪ストーブが活躍するのも実見した。収穫したタマネギやニンニクの干し方，電動薪割機の使い方などを実習させてもらったこともある。

お二人から昔のお話を伺ううちに，農業，林業，畜産業，養蚕といった，伝統的な生業が互いに独立した別個のものではなく，相互に連関し合って周年のサイクルと形成し，それが今日までにどのような変遷を遂げてきたのか，という全体像が少しずつ見えてきた。

冨治さんには，在来知の話だけでなく，戦争中の「満州」での軍隊生活のこともたくさん伺った。その一部は，自著の回想録に記されている（佐々木冨治，2017：99-167)。戦争中のさまざまな理不尽な経験から，戦争だけは絶対だめです，と語る言葉に，強い説得力を感じた。

在来知の記憶とその実践・継承は，歴史の真空状態の中で生じるものではなく，戦争経験も含めた個々人の人生とその努力の上に成り立っている。私たちが，佐々木冨治さんとアキさんから教わった一番大事なことは，人生における全ての経験を生かして，今を生きる姿勢だと思う。（羽生淳子）

3.2　周年サイクル

3.2.1　民族誌史の記録から

旧川井村を含む，北上山地における常畑の基本的な農業形態は，2年間で3種類の作物を栽培する「二年三毛作」だ（川井村文化財調査委員会，2004：219）。1年目の春には雑穀（主にヒエ）を植え，秋の雑穀の刈り入れ後にムギ（主にオオムギ，またはコムギ）を植えて，2年目の初夏に収穫する。ムギの収穫より前の2年目の春には，ムギの間にマメ（主にダイズ）をまく。焼畑でも，基本的には同じような作物が，類似したサイクルで栽培された（川井村文化財調査委員会，2004：214）。安家でも同様の事例が見られる（岡，2008，2016）。

3.2.2　聞き取りの成果

私たちの聞き取り調査の結果でも，二年三毛作を基本とする農業の周年サイクルが確認された。1年目は，養蚕の繁忙期（6月）直後の初夏にヒエをまいて9月頃に刈り取り，そのあとにムギ（主にオオムギ）をまく。2年目の春には，ムギの出穂前後に「サクリ」と呼ばれる条溝を作り，そこに間作としてダイズかアズキをまき，秋に収穫する。この基本サイクルの上に，地形や畑の地味を考慮して，アワやキビ・ソバ等の雑穀，マメ類，そしてダイコン，カブ，カボチャ，ハクサイなどの蔬菜類を栽培した。

さらに，聞き取りを通じて，この地域の伝統的な生業は，平坦部での農業に加えて，山を利用した採集や放牧などの多様な活動があり，各家庭の生業が「農業」「林業」「畜産業」という分類には収まらない状況が明らかになった。春には山菜を採り，6月には家族総出の養蚕作業のためにヤマグワを採る。夏には山間部での日本短角種（短角牛）の放牧があり，冬には牛たちを里に下ろして越冬させる。冬場の牛の飼料確保のために，夏の終わりにはハギを刈り，彼岸ごろには干草刈りがある。秋には雑穀を収穫すると同時に，山で木の実やキノコを採集し一部を保存に回す。山では，材木の伐採作業とともに，炭焼が行われた。つまり，山は，日々の食料や家畜の飼料を支える「食料庫」であると同時に，家となる材木や道具を作る材料がそろう「資材庫」でもあった。

3.3 穀類

3.3.1 民族誌史の記録から

前述のように，この地域の主食は，水稲耕作が本格的に導入されるまでは，ヒエを中心とする雑穀，オオムギとコムギ，ダイズなどのマメ類から成っていた。『北上山地民俗誌上巻』にも，ヒエは，昭和40年代前半までは村民の主食であり，オオムギは本畑におけるヒエ，ムギ，ダイズの二年三毛作により，必然的に生産され，ヒエを補うものとして同等に消費されたことが記されている（川井村文化財調査委員会，2004：87，219）。

3.3.2 聞き取りの成果

聞き取り調査の中でも「ヒエとオオムギが主食だった」という話がよく聞かれた。小国では，「オオムギよりもヒエ。ヒエは毎日食べた」という人もいた。冬場に外で働く男性には特別に「分鍋と称して米も加えた雑穀ご飯を小鍋で焚いて持たせていた」（佐々木冨治，2017：８）。「（小学校の）遠足で何よりも嬉しかったのは，おにぎりが純白の米だけを使っていることだった」（佐々木冨治，2017：45）といった話からわかるように，白米を食べる機会は限られていた。雑穀類も量が十分にあったわけではなく，かさ増しの糧飯として，冬には大根の細かく切ったもの，カブやカボチャ，干しクリが入れられた。

ヒエ：ヒエの播種時期は，６月の養蚕作業の繁忙期が終わった直後になる。播種前には，畑の中央に「ズキ坪」と呼ぶ楕円形の穴を掘り，そこに下肥を入れ，適度な加減にかき回して溶かす。その下肥に稗種を入れてかき混ぜ，「振り樽（桶）」に移してから播種作業となる（佐々木冨治，2017：83）。

ヒエの播種方法には，「錘ヅキ」と「振り流し」がある。錘ヅキでは，素手で振り樽の中の種をつまんで，チョンチョンチョンと３本のサクリ（条溝）に右から左，左から右に播種する。錘ヅキの播種は熟練が必要で，上手下手は発芽時に結果が現れる。間隔や密度がバラバラだと，穂並みをそろえる「抜き立て（間引き）」の作業の能率が大きく変った。「抜き立て」は，１つの株が５本くらいになるようにした（佐々木冨治，2017：83-84）。１株が大きすぎると，成長した時に倒伏しやすいという。これに対し，「振り流し」は，幅の広いサクリ１本に対して，手で種をすくって前進する方法だった。

播種は男の仕事だ。手についたにおいは何度洗ってもとれないが，当時の農家にとってはどうしても必要な仕事だった。後に，県の農業試験場から先生を呼び，手をじかに肥やしの中に入れずに，水で薄めて流動性を高めて注ぎ樽に入れて流し，種は手蒔きにする「改良蒔き」の方法を採用した。古老たちは，最初は批判的だったが，結果を見て見直したという（佐々木冨治，2017：84-85）。

ヒエは精白が困難な穀類だ。江繋地区の雑穀販売者の話では，伝統的な精白法としては，ヒエカッチャ（カッツア）（籾のついたままのヒエ）を蒸してから精白する黒蒸し法と，蒸さずにそのまま精白する白乾し法（しらっぽし）があった。この方が地元の高齢者から聞いた話では，収穫時には前年の穀類の在庫が少なくなっているので，まずは手間のかからない白乾し法で精白して食べるが，白乾しのヒエは長期間の保存に不向きなため，その後は黒蒸しのものを食したという。また「白乾しは，水分が多いので寒にさらして乾燥させることで変質を抑え，夏場まで日持ちするようにした」（小国）という工夫もされた。

一般に黒蒸し法は，カッチャを大釜で蒸してから乾燥させる。夏はムシロで，冬は乾燥小屋で火を焚いて乾燥させた。その結果，あめ色になるぐらい粒が堅く乾燥するため，杵で搗いた際に砕けることなくきれいに精白され，米と一緒に入れても，あるいはヒエだけでも，通常の米と同じように炊くことができる。「白乾しのヒエは割れやすいので，粉にしてヒエ団子を作る」こともあった。

ヒエは，養蚕のためのヤマグワを採りに山に入った折の食べ物でもあった。「角袋と呼ぶ，一升ほど入る牛の角のような袋に稗飯を詰め『朝ながれ』と称した。この袋を外側にめくりながら山で食う」（佐々木冨治，2017：53-54）。朝ながれとは，朝食前の間食のことで，角袋は，ヒエ粒がつきにくいように，たいていは麻で作った。ヒエ飯の中には，梅干か生味噌が入っていたという。

ヒエは，主食としての利用だけでなく，ヒエの稈（茎）が牛の飼料や敷藁としても利用可能だった。

ヒエは一般にウルチ種で，モチ種のものはほとんどないとされているが，聞き取りの中で，モチ種のヒエ（モチビエ）を作っていたという方がいた。ただし，ヒエもアワも，モチ種のものは収量がとれなかった。10年ほど前には宮古市内北東部の新田地区にも，モチヒエを栽培している人がいたという。やはり収量が少なく芒（禾）が長いため，扱いにくかったらしい。

オオムギ・コムギ：主に生産されたのは，オオムギだ。ムギ類は，ヒエを刈り取ったあと，秋先にまく。夏前に刈り取りが終了するため，他の穀類と異なり夏場の冷害の心配がない。しかし，冬場には，雪の影響で根が雪腐れを起こすおそれがある。その対策として「箱型」の畝は平坦な土地に高く盛り，排水を良くして雪腐れを防ぎ，「平型」の畝は水はけの良い斜面地に作るなど，土地の形状に応じた耕作形態があったという。箱型畝のサクリ（条間）は間隔が狭く，平型は広くなる（川内）。

ヒエの肥料は下肥（人肥）だったが，ムギの肥料は厩肥（うまやごえ）（牛糞）で，夏に完熟された厩肥を敷き，「合い土」を入れてその上に種をまく。合い土は，種が肥料に直接あたらないようにするためと，発芽後の雪腐れの防止の意味もあった。春にムギの成長が始まる前に追肥も行った（小国）。

肥（こえ）背負いの時は，隣近所の女の人が自分のモッコを背負って集まってきた。厩からモッコに肥を移し入れるのが親父さんたち，畑に肥料を撒くのはおばあさんたちが多かった（川内）。一般に，下肥は即効性があるので，すぐに発芽して伸長するヒエに使うが，ムギが伸びるのは冬を越えてからなので，遅効的性質のある牛糞を元肥に入れて，葉が伸びる春に追肥をするのは理にかなっている。

ムギ踏みは春。入学式の頃，４月の共同作業だった。根付きを良くして生育を促すために，雪で根が浮かんだところを踏む作業だが，若者の中には土管を転がしたり，靴の代わりに板を履いて踏んだりという新手法を編み出すものもいた。そして刈り取りが近くなった頃，ムギの畝間にダイズをまいた。６月にはムギを刈り入れ，脱穀のムギ打ちとなる。ムギ打ちも共同作業で，晴天の日を選んで露天の庭先に束のまま並べ，「ふり打ち」と呼ばれる，棹先が左右に回転する棒か木槌で脱穀と芒とりを同時にする。ムギを中央におき，全員が輪になり回りながらムギを打った。調整は手箕（てみ）で大きめの稈を除去してから，「通し（センゴク：ふるい）」で選別し，唐箕にかける重労働だった（小国）。ムギの芒が汗で半裸の体についてチクチクすることから，作業が終わると，皆，裸で川に飛び込んで洗い流した。オオムギは米に混ぜて炊くか，粥にして食べられることが多く，ムギけえ（ムギ粥）と呼ばれた。

オオムギは屋外で脱穀するが，コムギは埃が出にくいので，屋内の土間で打ち台を使って脱穀したあと，ヤリギ（石臼に横長の木製の取手のついたもの）で製粉し，焼き団子や「ひっつみ（すいとんのような食べ物）」，蒸しパンなどに使った。「ふすま」は，クルミの木の葉にまぶして麹菌を繁殖させ，「ふすま麹」を作って，川魚（マス等）を漬け込んだ。

ヒエの稈は牛の食用になるが，ムギの稈は堆肥，いわゆる敷き草にするだけで餌にはされない。ただし，ムギの稈は冬場の布団にも利用された。「クズ布団」と呼ばれる一種のわら布団であり，「羽毛より暖かい」という。
アワ：アワは水はけの良い土壌を好むため，「小石が混じっているくらいの土地が良い」「常畑よりも焼畑のほうがよく育った」と，複数の人が述べている。「モチアワは収量（反収）が少なく，主食用ではないため，まく量も少なめにした」というように，どの雑穀をどの程度の割合で育てるかは，各家の判断があった。なお，アワの稈は飼料にはならない。

アワの用途としては，「アワ餅」をあげる人が多かった。アワ餅を作った理由として，かつてはモチ米の入手が難しかったという点も大きいが，「材料の量が同じであれば，モチ米よりもアワのほうが，搗(つ)いた時に倍くらいに良く膨らむので良かった」という話もある（写真展来訪者）。
キビ（コッキミ・イナキビ）：キビ（キビ属キビ，*Panicum miliaceum*）は，「コッキビ（小黍）」「コッキミ」「イナキビ」と呼ばれる（写真6.4）。キビは，川内・小国地区では焼畑にも植えられることがあった。

コッキミはご飯に混ぜて炊くことが多いが，餅にすることもあった。キビの風味については「おいしかった」という人と，「昔はモチ米がないから，おこわにして食べさせられた。子どもの頃はにおいがしていやだなと思っていた」という人がいた。
モロコシ（トウキミ・タカキビ）：背の高いモロコシ（モロコシ属モロコシ，*Sorghum bicolor*）は，「トウキビ」「トウキミ」「タカキビ（高黍）」と呼ぶ（写真6.3）。トウキミは，現在も団子（写真6.1d）として利用される。野菜栽培の連作障害を防ぐのに良い，という理由で植えている人もいた。

トウキミは製粉して練って団子を作り，小豆汁の中に煮て浮かせて食べる。岩手県北部で，いわゆる「浮き浮き団子」「へっちょこ団子」等と呼ばれるものだが，聞き取りの中では「キビ団子」と呼ぶ人が多かった。「すすり団子」と言った方もいる（小国）。このキビ団子は，山で干草刈りをしたあとに，共同で下山してきた時にふるまわれた。「若い衆の食い比べとなり，満腹になっても強引に口に押し込まれ，空いたお椀の数で勝敗を競い合」ったという（佐々木冨治，2017：65）。
ソバ：ソバは，品種により春まき（夏に収穫）と夏まき（秋に収穫）に大別される。この地域では，焼畑でも栽培されることが多く，播種から収穫まで約75日と，短期間で収穫ができるのが特徴だ。三角形のソバ種の片口（一方の角）だけでも地面についていれば発芽する，というほど覆土は少量でよい。高冷地のほうが作が良いとのことから，川内では田代（村で最も標高のある地区）から種を分けてもらってまいたが，田代ほどの実入りはなかったという（佐々木冨治，2017：78-79）。標高の高い地域では，春夏（関係）なくまき，少し暖かい地域では，霜に当たる直前に収穫ができるようにまいた。

収穫されたソバの実は製粉して食べるのが普通だ。コムギと同様に，製粉は石臼で，粉筵（こむしろ）を敷いてその上で作業した。練って食べるのが普通だが，蕎麦餅（団子）が作られることもあった。夏場に放牧した牛を探して11月に降ろす際には，野宿をすることがあるため，冷えてもあまり固くならず，歩きながら食べられる蕎麦餅は重宝だった。ソバ切り（麺）は，手間がかかる料理であり，特別な時だけにふるまわれた。

3.4　豆類

3.4.1　民族誌史の記録から

ダイズは豆腐や味噌に加工可能であり，タンパク源として重要だ。江戸時代より，盛岡（南部）藩は大豆の産地として知られていた。盛岡藩では，馬や牛の飼養もさかんであり，その飼料としても豆類は有用だった。

冬場に作った豆腐は，切って屋外で凍結させたあと，ワラに吊るして乾燥させることによって，保存食の凍み豆腐（高野豆腐）となる。『北上山地民俗誌上巻』によると，「本畑の耕作では，稗→大麦→大豆を組み合わせた，二年三毛作の基幹作物として大豆が栽培される一方，切替畑には一年目に大豆または場所を分けて片方の畑に大豆，片一方に粟などを播き，二年目に稗か粟，三年目に大豆，小豆などを繰り返し，最終年に蕎麦を播いて『まっきり』にする例が多かった」（川井村文化財調査委員会，2004：96）（原文中のフリガナは略。まっきり＝蒔き限り［川井村文化財調査委員会，2004：216］）。

3.4.2　聞き取りの成果

通常の黄大豆に加え，青豆（緑色の大豆），在来の扁平な黒豆（黒平豆・雁喰豆），茶豆などの各種の大豆とともに，小豆も作られた。ムギの出穂が終わり，登熟しはじめた頃に畝間にまいた。ムギの収穫は豆を傷めないように丁寧にした。

豆腐：ダイズを潰す際は石臼で挽き，潰した豆から出た豆乳を温め，にがりを入れて固める。豆乳を絞ったカス（おから）は，「きらず」と呼ばれ，おかずにするだけでなく，牛の飼料にも利用された。豆腐を作るときに搾った「つゆ」も，牛の好物で，これを飼料にかけると牛は食欲が出る。ダイズの茎葉も飼料として利用可能で，まさにあますところなく利用される植物だった。

味噌：味噌は調味料としてだけではなく，保存食としても重要だった。味噌作りは「花のつくころ」，春の彼岸の時期の大仕事だ。味噌をつくる際は，「やだ釜」や「庭釜」と呼ばれる大きな鍋（「やだ」とは，牛の餌用の草を3 cmほどにきざんだもの）で，大量のダイズを数時間かけて小指と親指で潰れるようになるまで煮る。煮汁は「ゴド」といい濃厚な汁であり，間食としても利用した。ゆでたダイズは冷めないうちに「半切り桶」に移し，つまご（藁ぐつ）を履いて踏んで潰し，丸めて玉にして藁紐で一つずつくくり，「味噌玉」として火桁付近の天井に吊るしておく。麹はとくに入れない。水田がなかったため，味噌玉用の縄にする藁も盛岡から購入した。味噌玉は菌の発生を待ち，堅くなってから唐臼などで砕いて，樽に仕込み熟成させる。「財政のいい家は7年味噌まであった」「土くさくなるが10年は持つ」といわれた。味噌は，味噌汁，味噌漬けや山菜などの和え物のほか，団子や握り飯につけて焼いたり，田楽や菓子の材料にも用いた。古くなった味噌も，牛の餌の塩分補給に使われた。

3.5　シタミ（シダミ・ドングリ）・トチ・クリ

3.5.1　民族誌史の記録から

シタミ（シダミ）と呼ばれるドングリ（ミズナラ・コナラ）とトチ（トズ）の実は，この地域の伝統的な食生活にとってきわめて重要だった。コナラは低山地帯の二次林としてアカマツ地帯に多く，ミズナラはコナラより標高の高いところに育つ。ミズナラはコナラより粒が大きく，大味だが集めやすい（川井村文化財調査委員会，2004：128）。調理の際には，大鍋の中に（シタミ）ドウとよばれる筒を入れ，アクを抜き，差し水をしながら長時間ゆでて食べる。

トチの木は沢筋に多く，年によって豊凶がある。拾う気になればかなりの量が拾えたが，家によって好き嫌いがあった。トチの実には甘さがあり，食いつきは良いが飽きやすいのと，女性の月経不順に悪いといってまったく食べない家族も多かった。また，トチの実にはタンニンの他にサポニンも含まれており，あく抜き作業の手加減が難しく，腹痛を起こすこともあった（川井村文化財調査委員会，2004：131-132）。

「何時襲ってくるかわからない凶作に備え，常日頃から『トズ』（栃の実）・『スダミ』（小楢・水楢の実）を拾っておいて蓄えることとともに，凶作でなくても年に数回はこれらを食べて食法を学習させ」，さらに「主穀を補っていた」という（川井村文化財調査委員会，2004：128；原文中のフリガナは略）。岡（2016：77-78）は，安家でも同様に，ドングリは凶作の時だけ特別に食べたわけではなく，主食の不足を補うためにドングリを多量に集めて貯蔵しておき，食料が足りなければ食べた事例を報告している。

クリ拾いも重要な作業で，最盛期には一家総出で山に入り拾い集めたという。クリの天然木は，里山・奥山ともにあり，昭和初期頃からは丹波特産の丹波栗も栽培された（川井村文化財調査委員会，2004：124）。

3.5.2 聞き取りの成果

シタミ（シダミ・ドングリ）：シタミは，「なり年」と不作の年があるが，茅葺屋根の時代は囲炉裏の上で燻され乾燥することで，何年でも保存が可能だった。小国地区の話者によると，この備蓄は「ガス囲い」とも呼ばれた。ガスは飢饉（ケガチ・ケガツ・ケガス）と同様の意味ではないかという。屋根替えするときはたいていの家にあり，何十年置いても変わらない。茅葺屋根は昭和40年代から急激に減りトタン屋根に変わったが，天井を解体すると，家主さんも知らない，カマス（ムシロ袋）に詰まったシタミが何俵も出てくることもあった。

シタミは，多くの家で長期間保存されていたが，必ずしも非常時のみに食べられたわけではない。「たまに食べた」と複数の人が記憶している（写真展来訪者）。昭和10年代には，現金収入が増えてシタミ食は減少したが，戦後の食糧難の時代には，年長者から作り方を教わって間食にした，という。

シタミは，製粉せずに丸のまま食べる場合と，乾燥させて粉にする場合があった。ゆでて丸のまま食べるシタミはさほどおいしいものではないが，黄な粉をかけるとそれなりに食べられた。粉にする場合には，まず乾燥させる必要がある。屋根裏の乾燥棚で乾したシタミをガッタリ（足踏みの臼）で潰し，殻を割る。割れた殻付きのシタミを箕に移し，吹いて殻を飛ばす。飛ばなかった殻はホウキで飛ばした。粉にしたシタミは，練って食べた。でんぷんをとる場合には，粉にしたシタミを容器に入れ，水を注いでかきまぜておくと，容器の底にでんぷんの粉がたまる。これは，片栗粉と同様に使われた。

トチ：トチを採ったのは毎年ではなく，採ったあとは屋根裏で乾燥させた。食べる時はアク（灰）を入れて，川でさらすなど大変な手間がかかる。

トチとシタミについて，どちらがおいしかったですかとたずねると，「シタミ」との答えが複数返ってきた。堅果類の利用において，保存食としての利用やトチ餅など，トチが重要な役割を担っている地域もあるが，旧川井村におけるトチ利用の重要度は低い印象を受けた。岡（2001，2008，2016など）による安家地域の調査でも同様の傾向が報告されている。ただし，写真展来訪者では，トチのほうがおいしいと答えた方もいた。

クリ：クリの実は，茹でずにそのまま天日乾燥して，むいてから茹でて再乾燥させて保存したり，茹でたクリの果頂部を，糸で通して乾燥保存することもあった。糸で通したクリを，学校に持っていって食べたことをなつかしむ方もいた。主食代わりにする時は，生のまま水を鍋に入れて温めると殻がやわらかくなるので，殻にキズを付けて割って，米のように研ぐと渋（皮）が取れる。生のクリを殻のまま炊いたものは，「カッチャグリ」と呼んだ。クリは，そのまま食べるだけでなく，米に混ぜる「カテ飯」のカテにもなった。

3.6　クルミ

食材としてのクルミは，民族誌史においては，シタミ・トチ・クリと比べて記載が短い。しかし，聞き取り調査では，複数の話者が，堅果類の中でも別格と考え，たいへん美味な食材である点を強調した。「胡桃を越す味はこの世の存在しない」という方もいた。クルミを摺ったものは，正月には雑煮の餅をつけて食べたり（胡桃餅），食材と和えたり（ユウガオの干物など），刻んでチラシ寿司の具やソバの薬味，「ひゅうず」の餡（味噌とクルミ）等，さまざまに使われる。古いものは黒くなるが新しいものは黒くならない。オニグルミの種はほとんど自然に流れてきて，川のふちに生えた。実の大きいものを選んで接木をしたという。

オニグルミの殻は金槌で，実の尖ったほうを下にして，土間などで割った。写真6.1cは，長年，玄関の軒下のセメントの同じ場所でクルミを割ってきたため，徐々に自然と穴があいた例だ。縄文時代の遺物に，堅果類を割るために使われたと考えられる，いわゆる「凹み石」「蜂の巣石」と呼ばれる凹みのある石や，石皿の周縁に窪みがある事例があるが，これと類似する。

3.7　ジャガイモ

3.7.1　民族誌史の記録から

昭和12（1937）年に，農林省農務局が編纂した『雑穀豆類甘諸馬鈴薯耕種要項』によると，岩手県で「馬鈴薯」の栽培が導入されたのは明治期以降だ。しかし，当初から生産高が多かったわけではなく，「本縣ニ於ケル馬鈴薯栽培ノ消長ハ水稲ノ豊凶ト密接ナル関係を有スルモノノ如シ」（農林省農務局，1937：881-882）と記載されている。つまり，導入当初から救荒・補助食的な位置づけもあったことがわかる。なお，ジャガイモの保存に関しては，小粒のものを寒晒しにしたあと乾燥させる「寒晒し芋」の記載がある（川井村文化財調査委員会，2004：114-115）。

3.7.2 聞き取りの成果

食料としてのジャガイモの重要性については，聞き取りの中では，主要な話題としてはあがってこなかった。しかし，保存食として，上記の寒晒し芋に相当する凍みイモを見せていただくことができた（写真6.2a）。夏に採れたジャガイモのうち，小ぶりのものを保管しておき，真冬に屋外に出して凍結させる。凍結したジャガイモは皮がむきやすくなるので，皮を除いたあと，川の流水に1週間ほどつけてさらす。その後，イモに針金を通して屋外にかけておくと，イモは凍結と融解を繰り返して乾燥する。凍結がしっかりしていないと，イモが黒くなることがある。いったん乾燥させたイモは，長期保存に耐え，食べる時はすり鉢で粉にして，水で練って団子にして茹でて食べる（写真6.2a 右下）。

3.8 山菜・キノコ・果実

3.8.1 民族誌史の記録から

旧川井村では，春の山菜や秋のキノコ類の利用が盛んであり，保存食になるものも多い。この地域で古くから利用された山菜としては，ウルイ（オオバギボウシの若芽），ワラビ，フキ，ウワバミソウ（ミズ），シドケ（モミジガサ）などがある。ウルイは「ウルイかで」として，主食の量を増やすためにヒエ飯などに混ぜた。

ウルイやワラビは，主に私有採草地で成育し，毎年4月上旬～中旬に官署の許可を得て山焼きを行い，草の発芽を促し，病虫害を除去して作業をやり易くした。牛の冬季飼料として牧草利用が増加するにつれて，採草地が植林場に変わり，天然山菜の希少価値が高まった。近年では栽培農家も現れている（川井村文化財調査委員会，2004：120）。

秋のキノコ類は，種類が豊富だ。とくにコウタケは，現在も美味なキノコとして高値がつくが，その名の通り独特の香りがする。また，川井村は，原木利用キノコ栽培に必要な「榾木(ほだぎ)」となるコナラ，ミズナラ，クリ，ブナなどの天然木が豊富なことから，早くからシイタケやマイタケの人工栽培が行われてきた（川井村文化財調査委員会，2004：373-375）。

3.8.2　聞き取りの成果

山菜：ワラビは，昔は下草を刈ったが，今は山全体に木を植えているので山には生えない。辺りの畑には少し生えている。昔は，朝早く起きて，山に取りに行った。当時の保存方法は天日干しの乾燥だった。

鈴久名では，ワラビ畑を実見した。最初の年に山からワラビを採ってきて植え，その後，毎年収穫している。畑というより，半栽培といった印象を受けた（写真6.2b）。収穫したワラビは現在では塩漬けにし，やまびこ産直館で販売している。塩が貴重だった昔は，干して保存したという。

ワラビ粉の採取・使用について，川内では確認が取れなかった。小国では，祖父の代の話には出てきたという。春早くから掘ると結構採れたが，毎日少しずつ減っていき，土用頃にはほとんど採れなくなった。土用を過ぎると日増しにデンプンが増えていって，秋口になるとまた元の通りになる。ワラビが繁茂するときには，栄養のデンプンをワラビに取られてしまうからだという。ただし，労力の割には採れる量は少なく，根茎を束ねたものを2個ぐらい背負ってきても，数人家族の1食分くらいにしかならなかった。なお，クズ粉については，今回の聞き取りは，いずれの地区でも確認できなかった。

シドケは山菜の王様といわれるが，癖があるので今は若い人は食べない。ひところは栽培したが，今はシカが来るのでやめた，という方もいた。

キノコ：コウタケは，川内ではバクロダケといった。「横田(よこだ)かごという大きな竹かごを持って行き，いっぱいにしたこともあった。昔は，甘い香りがしてキノコのカサがひらいて胞子が出る頃に採った。最近は，他地域から来た人がカサが開く前の早い時期に採ってしまうので，山に行ってもコウタケの香りがしない。胞子が落ちる前に採ってしまうため，コウタケ自体が少なくなっている」という。他に，マイタケ，シイタケ，ナメコ，シメジ類，マツタケなどが食用とされた。マイタケは，産地直売所では高値で販売されるが，自家用に使用する乾物は，品質の良い，近所の方との贈答品という。

果実：野生の果実も豊富で多様だ。北上山地に自生するヤマナシは，「南部（岩手）ヤマナシ」と呼ばれ，後述する焼畑（アラク）の周辺や家の庭先にも移植して利用された。ヤマナシは木により性格が違い，実の大きさも2～7 cm ほどの大果のもの，糖度・香りも高い栽培種よりも美味なものがある一方，渋が強いものもあった。ヤマブドウは生食ができるほか，ブドウ酒や調味料としても利用できる。アラクの放棄地には，バライチゴ，サイチゴ，フサイチゴ，クマイチゴ等が生えることが多かった。またグミの類，ヤマグミ（アキグミ），ナツグミも食べた。

3.9　焼畑

3.9.1　民族誌史の記録から

日本各地の焼畑については，山口（1944：85-86）による先駆的な研究がある。この中で，山口は，旧川井村の小国～江繋地区について戦前に行った調査の成果を述べている。これによれば，焼畑の呼称には，「アラク」と「カノ」という両語が並存し，さらに，地域によってその呼び方にもばらつきがあった。さらに山口は，火を入れる季節も春焼きと夏焼きの場合があること，作物の種類や順序も一定ではないことを指摘した。たとえば，尻石（現・江繋尻石）では，春早く「カノ」を焼いて，アワ・ヒエをまくことをアラクといい，4，5年続けば休ませる。また土用の始めに焼く場合もあり（カノ），刈って2，3日も天気が続けば火を入れる。これを「かのやく」という。そして，1年目はソバかカブをまく。2年目はアワ，アズキ，ダイズなどをまき，3～4年作付すれば休ませる。江繋の別箇所では春焼きが行われ，初年度は「アラク」，2年目は「カノ」「カノハタケ」，3，4年目は「ハタケ」と呼んだ。1年目にアワを植えて，収穫後すぐにムギをまき，2年目はムギ刈りのあとソバをまき，3年目はバレイショを植えた。

小国では，地域内においても相違がある。一例として，春焼きで1年目はヒエをまき冬は休む，2年目はソバ，3年目にダイズ，4年目は不定だがアワ・ダイズをまく，という事例を報告している。

佐々木高明（1972：157-175）は，北上山地を中心に，耕起・畝立てを伴う「春撒きの大豆・アワを主作物とする輪作期間のきわめて長い《アラキ型》と称し得る焼畑が分布」すると指摘した。これに対して，奥羽・出羽山地から上越・頸城山地には，「春蒔き主穀作物の比重が相対的に低く，輪作期間の比較的短い《カノ型》とよび得る焼畑が分布」するとした。そして佐々木は《カノ型》の焼畑は，《アラキ型》に比べて粗放的であり，「ソバ・大豆・小豆・カブなどの栽培にその重点がおかれる」と特徴づけた。その中で，先述の山口

(1944）が報告した小国の事例については，耕作期間や作物の輪作順序に，「《カノ型》と《アラキ型》の両者の特徴が混合し，両種の焼畑の漸移型としての特色を持つ」と位置づけた。

川井村の北部に位置する岩泉町の焼畑経営を詳細に調査した岡（2007：96-105）は，岩泉町内にも「アラキ型」と「カノ型」の２つの形態の焼畑が混在することを示し，その分布を明らかにした。さらに，岡は北東北各地の焼畑を広く調査し，2016年の著作では，川井村の小国地区永田・中仁沢についても報告している（岡，2016：102-105）。その結果は，山口（1944）が戦前に現地調査の結果を報告したものとほぼ同じで，川井村が「夏焼き型」「春焼き型」に分かれていること，初年度は畝立てをしないが，２～４年目に畝立てをする場合があったことを指摘し，作付作物の具体例等を報告している。

『川井村北上山地民俗誌上巻』（川井村文化財調査委員会，2004：213-218）によれば，焼畑は，昭和30年代までは本畑からの収穫を補う耕作法として広く行なわれ，2004年時点でも「そばかの」（ソバを作る焼畑）などとして存続していた。焼く時期には，春焼きと夏焼きの両者があった。「『おおや』などと呼ばれている集落の『きりひらき』の家は，先ず家の周りを『かのやぎ』して『あらぐ』（新墾（あらき））を開き，地味の肥えた所は『ねんねん』（年々畑）耕作して畝も立て，肥料も施すなどしているうちに自然と常畑（じょうばた）になったのだと伝えられている。」「焼畑は『やぎっぱたげ』『やままぎ』『あらぐまぎ』などと呼ばれ，その究極的な利用の一形式が切替畑（きりげぁばだげ）であった」（川井村文化財調査委員会，2004：213)。同書によれば，その土地に適した一定周期のもとに，開発・耕作・休閑地を繰り返す焼畑を切替畑というが，焼畑と切替畑の項の記載には，その呼称も含めて重複が多い。

3.9.2　聞き取りの成果

聞き取りでは，第二次世界大戦前からの焼畑の話が確認された。また，戦後の食糧難の時代には，常畑だけでは食料が足りなくなったため，焼畑による耕作地が拡大したという点で，複数の話者（川内地区・小国地区）の話が一致した。また，「春焼き」「夏焼き」の両ケースがあること，「アラク（アラグ)」「カノ」の呼称が並存することなど，上記の先行研究を追認する結果を得た。

川内地区：土用の頃，肥沃そうな場所を選んで青草を刈って乾燥させ，しばらくしてから焼く，いわゆる「夏焼き」に相当する。呼称について確認すると，焼くことを，「カノ焼き」，焼いたあとに種をまくことを「アラクまき」と呼び，またその火入れをする土地そのものも「アラク」,「アラクさ（へ）行く」と言っていたという。「お爺さんは，我々孫たちに食わせるために，山小屋に泊まり込んで荒区蒔きをしていた」（佐々木冨治，2017：79）。アラクで山を掘るのは木の根があるから本当につらいと思った，という経験も聞かれた。

火入れ後，最初にまくのはソバで，約75日で収穫した。10月末から11月初めに草刈りをする頃に収穫した。播種は，基本的に畝立ては行わず「ひらまき」で，バラバラと種をまく。アワは，年明け後，雪がとけて土が乾いた頃にまいた。その年によって４月か遅かったら５月になることもあった。アワは常畑よりも焼畑で育てたほうが，実が良くなった。イナキビ（コッキミ）をまく時もあった。ヒエは，まかなかったという。

アラクで使うのは唐鍬(とうぐわ)で，刃先を鋭利にしなければ，カヤの根やフジの根が切れなかった。地元に鍛冶屋があり，唐鍬はそこで造った。

アラクは，山の端の手前のほうからまいていき，そこがまき終わったら，次の奥のほうに行った。２年ぐらいは同じものをまく。作柄を見て次の畑に行くが，同じところに５～６年以上いたこともあるという。

なお，山に火を入れるのは焼畑だけではなく，牛の越冬用の草を取るための草場を毎年春に焼く山焼きも大切だ。草場は隣地と地続きのため，お互いに相談しあいながら，山の峰に残雪の残る春先に火入れした。残雪の存在は，防火上，重要だった。今回聞き取りをした事例では，春の山焼きのあと，地味の良い場所を選び，夏にアラクとして利用するために再度焼いたとのことだった。

アラクと切替畑の定義を聞いたところ，アラクは一時的（通常は２～３年），切替畑は，肥料をやりながら作付けして行政に登録する課税対象，との答えを得た。つまり，すべてのアラクが切替畑として登録されたとは限らない。

小国地区：牛用の採草地における春の山焼きは，川内と同様，周辺の雪が少し残る時期に行う。アラク用の火入れの時期も，川内と同様に土用の頃（梅雨が終わり晴れの続いた頃）で，木を伐採し，積み重ねて乾燥させて全部焼くと，本当に地面まで焼けるように焼けた。人が登るのも大変な斜面にも火を入れたという話も出るほど，林地や急斜面地でも焼畑が行われた。呼称については，カノ焼きという言葉も聞いたことがあるが，アラクという言葉のほうをよく使ったという。アラク焼き，アラクまきという呼称から，焼く行為と畑作業の両方に，アラクという言葉が使われたことがわかる。初年度はソバ，翌年はヒエを植えた。豆類やカブを植えることもあった。

焼畑は山火事の危険と隣り合わせで，風向きに応じて火を入れるタイミングをはかるなど，周到な準備と経験が必要だった。焼く面積は，数町歩以上と広いので，共有地や隣接しあった共同の山となる。風のない日を見計らい，世話人が連絡して，多人数が急遽集まり，実施する。延焼を防ぐために枝や草を刈り取った火防線を作り，刈り取った草木は焼く箇所に残す。山の下のほうから火を入れてしまうと一気に燃えすぎるため，火のコントロールが重要だ。鎌・熊手・唐鍬などで一番高い位置から２班で双方に分かれて火道（ひみち）（火防線）を作り，それに沿って火をつけ，後続の人が火漏れがないかを確認しながら順次降りる。火勢が強くならないように，逆さ火でゆっくりと火が回るようにした。

川井地区：川井では，春焼きのケースを聞いた。雪どけの４月頃に草木を刈って火を入れた。焼く行為をカノ焼き，焼畑での播種をアラクまきと呼ぶ点は，川内と同様だ。初年度の作物はアワで，その年の秋には大豆か小豆をまいた。ヒエは焼畑ではまかなかった。昔のヒエは背が高かったから，焼畑の斜面では刈り取り後の乾燥のヒエ島を立てにくい。使用する道具は，唐鍬だった。

まとめ：

以上をまとめると，①焼畑の呼称として，焼くという行為に対してカノ焼き（川内・川井），アラク焼き（小国），焼畑についてアラク，作業に対してアラクまき（川内・小国・川井）といった言葉が使われる，②春焼き（川井）と，夏焼き（川内・小国）の両ケースがあり，初年度はソバ（夏焼き）かアワ（春焼き）をまき，豆類やカブ，イナキビもまいたが，ヒエについては，まいた場合とまかなかった場合がある，③畝立をせず，④耕作期間は比較的短めで，⑤草地もしくは林地，斜面，時には急斜面に造営され，⑥耕作の農具は唐鍬を利用した。聞き取りの範囲では，鋤を利用した例はない。自分の所有する山で焼畑を行う人もいれば，山を借りて行う人もいたという話は，川内・小国の両方で聞かれた。

3.10　林業・畜産・養蚕・葉タバコ栽培

3.10.1　民族誌史の記録から

多くの村人は，自給的農業に加えて，現金収入源として林業，畜産，養蚕などに携わった。川井村文化財調査委員会（2004：251）によれば，平地が少ない旧川井村では，平成２年（1990）の時点で，総面積５万6304 ha の約94％にあたる５万2919 ha は山林で占められていた。このうち，約52％が民有林，

48%が国有林だった。山林の樹林地比率は約93%で，うち71%が天然林，29%にあたる1万8425 haが人工林。昭和38年（1963）における川井村の人工林は5202 haだったから，拡大造林施策の浸透により，27年間に1万3223 ha増加したことになる。

「昭和中期までの農業は，自家の農地と山林は一体として活用し，農家経済を支えてきた。春は『はるき』（早春に伐る自家用の薪）を伐って秋から冬への燃料として準備し……夏は適地を選んで『かの』（焼畑）を開いて『やままぎ』に利用し，農事の合間に『スリパ削り』（枕木削り）を行なって業者に売り，農閑期には『すみがま』（製炭竈）を築き，木炭を焼いて『ふゆすごと』（冬期の農閑期の仕事）にするのが平均的農家の一年のサイクルであった」（川井村文化財調査委員会，2004：251；原文のフリガナは略）（「やままぎ」は切替畑などの山畑を耕作する作業）。

林業の一環としての炭焼き（木炭製造）には，石窯による白炭と土窯による黒炭づくりがあった。炭焼きは，国鉄山田線の開通（昭和3～8年[1928～1933]）にともない急速に生産を伸ばし，昭和28年にはピークを迎えた。その後，都市ガス，プロパンガス，電気の普及によって家庭用木炭の需要は激減し，村内の生産量も減少した（川井村文化財調査委員会，2004：342）。

川井村の畜産は，古くは馬が知られていたが，明治18年（1885）頃から，「粗食に耐え山地放牧にも適した牛の飼育」へと徐々に切り替わっていった。川井村で馬産に取って代わったのは，在来種の南部牛に明治以降に北米から導入したショートホーン種を交配して改良を重ねた短角牛だった。放牧地は，天然林内の林間放牧が主で，また，採草地では山焼きによって在来植生の繁殖を助けた。このような自然と共生型の牧野に代わり，昭和50年代（1975～）からは集約的な改良牧野への転換が進められ，景観から在来植生が排除されていった（川井村文化財調査委員会，2004：428）。

養蚕は江戸時代から行われていたが，明治以降は，県から奨励され産繭が盛んになった。川井村でのピークは大正末期～戦前で，短期間で高額な収入を得ることができる重要な産業だった。昭和25年（1950）以降，栽培桑による規模拡大農家が現れて，昭和50年代までは経営農家が隆盛したが，以後，中国産の繭に押されて養蚕は衰退した（川井村文化財調査委員会，2004：454-455）。

葉タバコ栽培は，中山間地帯における有利な換金作物としてはじめられた。導入当初の昭和36年（1961）の栽培農家は97戸，ピーク時の昭和50年（1975）

には栽培農家153戸で，農家経済を支える中心的な農作物となったが，その後，社会情勢の変化に伴って激減した（川井村文化財調査委員会，2004：244）。

3.10.2 聞き取りの成果

林業：山の木はそれぞれ好む場所があり，それを知ることが大事だ。沢帯はスギが好む。峰はカラマツとか別の木が好む。岩を好むのはアカマツ。沢辺りにはサワグルミもあった。「お爺さんは，木の種を採り，苗木を育て植林に精を出した。松や杉はもとより，桂，桐，栗，ヒバ，楢など樹種も多岐にわたっていた。」「秋になると，自分で木の実を採って歯で食い潰して実入りの状態を確かめていたのを覚えている」（佐々木富治，2017：198）。

同じ木を植林し続けると，土壌がしっかりしない。戦後，営林署は樹木を伐採し，適所適木ということを考えずにスギとかマツをまとめて植林してしまったので，台風で川が氾濫した，という。

木にはそれぞれの用途がある。たとえば，クリ材は耐久・耐水性に優れていることから，家の柱や土台，穀類を干して乾燥させる「ハセ」等にも利用され，鉄道の枕木となった。クリ材は年輪の幅が細かいもののほうが耐久性にすぐれており，年輪の幅が広いものは売り物にならなかったという。

焼畑後の土地には，ハンノキが自生することが多く，ハンノキは伐採が容易で燃えやすく，根につく菌（放線菌）は窒素固定が可能であるため，肥料樹として有用だった。炭焼きは，戦前から，現金収入が確実に期待できる生業だった。「冬になると親父は決まって炭焼きをしていた……木炭のもとになる木は全て自山の木であり余計な経費が掛からない。この頃の木炭ブームが幸いして，炭窯に火をいれれば何でも品物の前借ができた……学校が冬休みに入ると，お袋と二人で親父が焼いた炭を山から運ぶ炭背負（すみせお）いをした」（佐々木富治，2017：26-27）。これは石窯で二日かけて二重焼きした固い白炭で，ガスがほとんど出ないため，火力があって長持ちし，暖をとるのに適した炭だったという。これに対して，土で窯を作り，窯の中で消して出す黒炭はガスがあるから，煮炊きに使われた。

畜産：この地方で飼われていた牛は「短角種」であり，夏場には山に放牧し，雪の降る前に山から降ろした。越冬飼料としては，山の干草（ひくさ）やハギが刈られ，前述のように畑で栽培したヒエの茎葉は飼料に，大豆をしぼった折の汁やおからも牛の餌になる。そして牛の糞尿は畑地の肥料にもなった。

佐々木富治（2017：59-60）によれば，「幼少の頃は，どこの農家でも肉牛用の仔牛の繁殖を目的に牛（短角和牛）を飼っていた。馬も若干いたがそれもだんだん少なくなった。我が家でも七頭の牛を飼ったのが最高だった」。越冬飼料が不足するために，必ずどこかの牛が飢えで倒れたという。さらに，聞き取りでは，子供の頃には，現金収入を求めて豚も飼っていて，20 kg になったら出荷したというお話も伺った。

短角種の子牛は，一時は北海道にどんどん売れたが，北海道が満杯になったら需要が激減した。当時は今ほど日本短角種の評判が良くなかったため，生活は苦しかったという。北上山系開発計画の前までは林間牧野で，夏場に営林署の山を借りて放していた。

畜産で重要なのは，採草地の多様な役割だ。火入れ後の採草地はワラビやウルイなどの山菜が豊富で，小動物が生息し猛禽類の餌場にもなった。自然の草花も多く，盆花であるオミナエシやキキョウ，ハギ，希少種のクマガイソウやアツモリソウ，スズランの原生地となった。茅葺屋根に用いる茅も自生した。つまり，採草地は家畜の餌を供給するだけではなく，生物多様性に寄与し，春に発生しやすい山火事の火防線として，集落の安全帯の役割も果たした。

養蚕：養蚕は，戦前からこの地域の農家の多くが行っていて，蚕棚のために家を大きくした。6月の各農家は養蚕で多忙を極め，学校には，農繁休みと呼ばれる10日間ほどの休みがあった。養蚕をしていない家の子どもも，他所の農家に手伝いに行った。蚕は，自然にある山桑を食べさせたほうが糸が細く良質で，良い繭は盛岡に出荷した（佐々木冨治，2017：29-31）。くず繭とか柔らかい繭とかは取っておいて，自家用に糸をとり，機を織ったという。

戦後は，岩手県が奨励して養蚕を増やした。鈴久名では，近年まで養蚕を行っていた神楽栄子さんの話を聞くことができた（コラム 2 参照）。「昭和50年過ぎにお嫁に来た時には，婚家は養蚕の規模を拡大していて，桑園と蚕室があった。当時，養蚕専門の家は何軒かあり，畑は全部桑園で，年に 4 ～ 5 回，夏から秋まで養蚕をやった。クワの剪定は春から始まり，手がびんびんとしびれてとても痛くなり，夜になると動けなかった。平成になってから繭の値段が下がったが，平成 8 年ごろまでは養蚕を続けた。桑畑の根は，重機で皆で掘り起こした」。

葉タバコ栽培：葉タバコ栽培は戦後に限られるため，今回の聞き取りの焦点とはしなかったが，佐々木冨治（2017： 202-208）に詳細な記載がある。これによれば，昭和36年に川内からも耕作希望者が出て組織が作られた。全員が初めて見る作物で，指導員の聞きなれない専門用語にとまどい，収穫期には漆に似たヤニで身体が汚れ肌がかぶれる人が続出したが，年毎に耕作者が増え，田野畑村での品評会，全国青年研究発表会にも参加した。しかしその後，減反への方針転換が起こり，2004年の廃作奨励を機に作るのをやめたという。

3.11　凶作と災害への対応

3.11.1　民族誌史の記録から

江戸末期からの気候不良，災害などを詳細に記録した『岩手県災異年表』（盛岡気象台・岩手県，1979）を見ると，数年おきに起こる冷夏のみならず，旱魃や霜害，台風など，作柄に影響が出るような気象状況が頻繁に見られる。

江戸時代の大飢饉：『北上山地民俗誌上巻』（川井村文化財調査委員会，2004：127）によれば，「村内の民俗調査の際も，しばしば，『昔ぁ七年飢渇（すずねんけがず）ずぅのがあって死ぬ目にあったものだど』と聞かされた」という。ここでいう「七年飢渇」とは，同書によれば「天明元年（一七八一）八月九日および翌天明二年の辰巳の風による凶作」，および天明三年から天明七年の気候不順による凶作のことで，「土用に入っても綿入れを着るほどの冷害であったと伝えられている」（川井村文化財調査委員会，2004：127-128）。このような伝承を基に，凶作に備えてトチとシダミを拾って蓄え，「凶作でなくとも年に数回はこれらを食べて食法を学習させていた」（川井村文化財調査委員会，2004：127-128）。

昭和９年（1934）の凶作：昭和９年の早春は降雪が多く，麦作が雪害におかされ，５月１日には降雪，「七，八，九月上旬に至る間低温多雨の悲観すべき気象状況」が続き，「三十年来その比を見ぬ深刻な凶作」となった（『川井村郷土誌』下巻，1962）。他地域では，飢饉に相当する深刻な状況や身売りなどが行われた記録が数多くある。しかし，岡（2016：75-78）は，北上山地内の安家について，昭和はじめの農村恐慌が記憶されていないことを指摘する。

『川井村北上山地民俗誌上巻』（川井村文化財調査委員会，2004：127）には，同年の川井村について，「前五ヶ年平均の米の収穫高五〇三石に対し，昭和九年（一九三四）の実収高は七〇石で，例年の一割四分程度の収穫に過ぎなかった」と記されている。ただし，これは米の収穫高であり，雑穀の記載ではない。

昭和９年の凶作については，岩手県衛生課が調査した『郷土食慣行調査報告書』（1944，1976再版）の中に「昭和九年凶作時に於ける東北地方における食糧事情」という章があり（中央食糧協力会，1976：619-623)，これを基に，平年時の主食物との比較として表にまとめた菊池（2012：226-228）の報告には，私たちの調査地域に関する記載がある。このうち，②凶作後（非常時）の主食物，③非常時の食，の項目を見てみると，川井村については，②麦稗の混合食，③無，小国村については，②平年と変わりない，③無といった回答だった。

昭和9年当時，川井村では米作への土地改良事業を進めようとしていたが，『川井村郷土誌上巻』(1962）には，「昭和九年（一九三四）の東北地方一帯の大凶作には水田耕作者の被害が一番大きかった。これにこりてしまった農民の中には，土地改良どころか田に稗をうえる者さえあった」と記載されている(川井村郷土誌編纂委員会，1962：549)。

3.11.2　聞き取りの成果

前述のように，トチやシタミは保存食として屋根裏にしまってあり，トタン屋根が普及する昭和30年代くらいまでは，どこの家に行っても家を改造する時には出てきた，との聞き取り成果が，川内，小国の両地区で得られた。クリは食べやすいのでほとんどその年に食べるのに対し，トチとドングリは，七年飢渇の凶作の経験から保存食として蓄えるようになったという（川内)。これは，上記の『川井村北上山地民俗誌上巻』の記載と一致する。

小国地区では，シタミの項でも述べたように，飢饉への備えとして，「ガス囲い」の重要性が伝えられている。ヤマセが入ってくる時には，太平洋からきた冷たい霧が山にぶつかり，山に張り付いた形でヤマセが降りてくる。海岸のヤマセでは，雨粒のようなものが来るが，小国付近では粒の大きい霧になって，山沿いに高いところから下がってくる。それを表現するのに，年寄りの人はガスが来ると言った。ガスに対して囲っておく窮乏食がガス囲いで，シタミを多く屋根裏に保存しておくことと，味噌をたくさん持っていることが，いわゆる凶作のときの食料確保に役立ったという。

凶作への備えとしてシタミ等の保存食が強調される一方で，昭和9年の凶作について言及した話者はいなかった。私たちがお話を伺った方々は，最高齢の佐々木冨治さんでも大正12年生まれなので，昭和9年時には，生まれていないか子どもだったことになるが，それを考慮しても，何の言及もなかったことは注目される。

聞き取りでは，凶作への備えとともに，カスリーン台風（昭和22年）とアイオン台風（昭和23年）による災害の記憶も話題となった。とくに，アイオン台

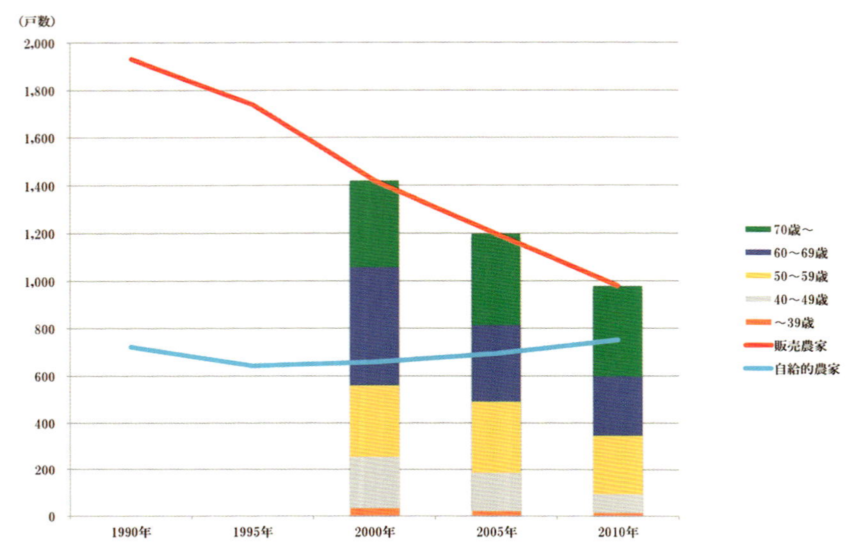

図 6.3　販売農家数（年齢構成）と自給的農家数の推移（単位：戸）
（宮古市（2016)「明日につなぐ宮古の農業平成 28 年度▶平成 31 年度」より作成）

風時には，林が崩落して水害がおき，川内まで水が来た。これについては，長期にわたる山の荒廃，とくに樹木の伐採との関連を指摘する声も聞かれた。

4．産地直売所・地域ネットワークと新しい試み

4.1　やまびこ産直館

炭焼き，養蚕，畜産，林業などの現金収入源は，戦前から戦後にわたり，この地域の人々の暮らしを支える上で重要な役割を果たしてきた。しかし，1960年代に入ると昭和の木炭ブームが過ぎ，その後，養蚕農家数も，減少の一途をたどった。1960年代から盛んになった葉タバコ栽培も1985年には専売公社が民営化され，2004年以降は廃作奨励が始まった。畜産農家も激減する中で，現金所得向上につながる基盤産業が少なかった旧川井村からは若者が村外に流出し，住民の高齢化が進んだ。販売農家が減少する中で，かろうじて自給的農家数が，数の上では保たれているというのが現状だ（図6.3）。

このような状況の中で，1999年，川内に「やまびこ産直館」がオープンし，地元の農作物や伝統食品の販売が開始された。これは，あらたな地元産業の掘り起こしにつながった。

私たちがインタビューを行った神楽栄子さん（現・やまびこ産直館組合長）（コラム２参照）は，岩手県「食の匠」として伝統食の普及活動に携わりながら，補助金と複数の個人による共同出資によって，地元の農作物に付加価値をつけた食品加工施設も立ち上げ，女性たちによる協業の場として，製品をやまびこ産直館で販売している。このような地元ネットワークは，新たな仕事を生むと同時に，食文化の継承にも大きな役割を果たしている。

またここで注目したいのは，女性たちによるネットワークだ。先の東日本大震災時や，2016年夏の台風による被害が大きかった時は，神楽さんたちは炊き出しを行っている。また近隣で山火事があった際にも食事を提供した。お互いに非常時に何が必要かを把握しており，食料は各家庭から持ち寄り，日頃の協業ネットワークが非常時の連携にも大きく役立ったことがわかる。このような販売拠点は，今後，災害時の対応拠点としてさらに活用できる可能性がある。

岩手県の雑穀栽培と地域の食料安全保障研究を進める木俣（2014）は，東日本大震災の直後に，各地の「道の駅」では，被害への対応には大きな差があったことを指摘している。「三陸の海と森の関わりによって歴史的に築かれてきた半農半漁村では，海が見える丘の上の小規模農耕が浜との共助を支えてきた（中略）。小規模自給農耕が非常時においても家族・地域の人々の食料安全保障に役立ったことが明らかである」（木俣，2014：125）。

東北地方の他の例と同様に，宮古市では，小規模な自給的農業者が，現在も存在感を示している。山間地域では，災害時に道路が寸断されると物資の流通が滞る確率が高い。海岸部における津波のケースを考えても，海岸部と内陸の連携を保ち，各地の自給的農家数を減らさずに保っていくことが，地域のレジリエンスを保つことにもつながる。

◇コラム２◇

食で地域と人をつなぐ……………………… 神楽栄子さん（やまびこ産直館・組合長）

神楽さん（写真6.2）が作った料理は何を食べてもおいしいと，皆，口をそろえていう。閉伊川に沿って，宮古と盛岡とつないで走る国道106号線。そのほぼ中間点に「やまびこ産直館」はある。神楽さんはその現・組合長であり，伝統食「麦ぞうすい」の作り手として，岩手県の食の匠にも認定されるなど，多彩な活動をしている。

農家に生まれ，六原農場（現：岩手県立農業大学校）に進んだあと，結婚したお相手が，いわゆる「本家」の養蚕農家。多くの人に目配りをしながら物事を推進していく力は，常に多くの親戚や近所の方が出入りする家での経験が活きているのかもしれない。かつては子育てと家業の養蚕・桑畑の管理で忙しかったが，養蚕をやめたあとは，桑畑は野菜栽培に転換し，現在は約60ａ（6000㎡）の水田に加えて各種野菜・タカキビ，豆類などを作り，とくにご主人が亡くなってからは，１人でそれらを管理している。

やまびこ産直館には立ち上げ時から関わり，野菜の販売のみならず，女性たちが伝統和菓子類を加工販売することへの道も開いた一人だ。地元の鈴久名地域で，鈴久名こだま会というグループを作り，代表者として共同の食品加工施設を作ることにした。「静香工房」と名付けられたこの施設は，出資をした10名の個人資金に，旧川井村の補助金を加えて設立されたものだ。出資金を一度に出すことが難しい人には，１年ほどの猶予を持たせるなど，フレキシブルな対応で，企画を実現させていった。やまびこ産直館オープン当初は「産直ができても，まんじゅうや大福が，毎日売れるのか？」という意見もあったそうだが，オープン以来，きりせんしょ・がんづき・豆すっとぎといった伝統和菓子類や，大福はよく売れている。長い年月には高齢化が進み会員も減少したためグループ活動も大変だが，多くの知識とアイディアで乗り切っているという。

神楽さんは「食べ物は加工までいかなきゃ」「加工ができればどこでも生きていけるよ」と言う。冬場，雪に覆われるこの地域では，伝統的に豆類や漬物，山菜を中心とした保存・加工技術が伝えられてきた。そのような文化的背景を持つ中で，新たに女性たちの協業の場ができたことで，大豆の加工品や，さらには伝統和菓子類の大量調理ができることになった。

やまびこ産直館での活動とは別に，神楽さんは１年に２回の「100円バイキング」という高齢者の食事付き交流イベントを開催し，食で地域をつなぐ活動も行っている。年に２回のバイキングは，毎年，天皇誕生日の12月23日と震災のあった３月11日に開催される。また食の匠として，若い世代への調理講座を請われることもある。

神楽さんのお宅では，今でも保存・加工食の知恵が生きる。庭にある蔵には，米だけでなく，味噌・カブの漬物といった樽や容器が並び（写真6.2d），冬場に伺った時は，凍みイモ（写真6.2a）が，蔵の前の竿に並んでいた。さまざまなこの地域の保存食の中でも，手のかかるものの一つであり，この技法を知る人は，もはや少ない。

「農業はやはり，食料を作って自給自足することに，原型があるのではないかなと思います。四季折々の自然の恵みと今まで多くの人達からいただいた知恵を財産として日々を生きていきたい」。

やまびこ産直館の組合長として，女性としての視点を活かした運営は好評のようだ。「私は男女兼用だからね」と冗談を言いながら，「迷った時は Go よ」という潔い行動力が，人と地域，世代をつないでいる。（真貝理香）

農林水産省による「農家における男女共同参画に関する意向調査」（2005）によると，農業経営の中で女性に任せたい仕事（複数回答）として，男性の多くは「簿記・記帳」などをあげている。これに対し，女性は「出荷・販売」等，農業経営の中核となる仕事を担いたいと考える人（７割）が，「簿記・記帳」及び「農産物の加工」（５割）を上回っており，男女の意識に差が見受けられる。一方で，農林水産省（2015）のデータによると，販売金額が大きな経営体や経営の多角化に取り組む経営体は，女性が経営方針の決定に参加する傾向が強いこと，さらに女性役員・管理職がいる経営は，そうでない場合と比べて，収益が向上する傾向にあることが示されている。やまびこ産直館の事例は，女性が経営や販売の企画に積極的に関わり，成功している事例といえる。

4.2 雑穀ブーム―何を作るか―適地適作・在来知を活かす

稲作の導入や品種改良は，冷涼な気候，ヤマセとの戦いだった。しかし，作物の品種改良や気象予報の技術が進んだ現代でも，ヤマセや冷害そのものがなくなったわけではない。こうした中で，卜蔵（2005：168-173）は，現代においても気候風土にあった作物の導入こそが必要で，むしろ「ヤマセを気候資源として活かす」「地域の気候風土を活用する農業への転換」「ヤマセ地帯ならではの循環型，高付加価値農業」を提唱する。稲作のみに依存せず夏季の気候変動の影響を受けにくい根菜類や，低温に加えて日射量が少なくなる気候を活かして，夏季にも柔らかい葉菜類を安定して栽培するなど，付加価値をつけて成功した事例などをあげている（図6.4）。

先述した雑穀・豆類も，長い歴史の中でこの地域の気候風土に合った作物だ。今回の調査では，Ｉターンで宮古市に移住し，地元の高齢者の間で細々と自家用に栽培されていた雑穀を買い取り，「商品」として全国に販売することで，地域の雑穀栽培を活性化させた嵯峨均さん・良子さん夫妻にお話を伺った（コラム３）。新たな販路を作ったことで，地域の伝統的な雑穀栽培技術が再び活

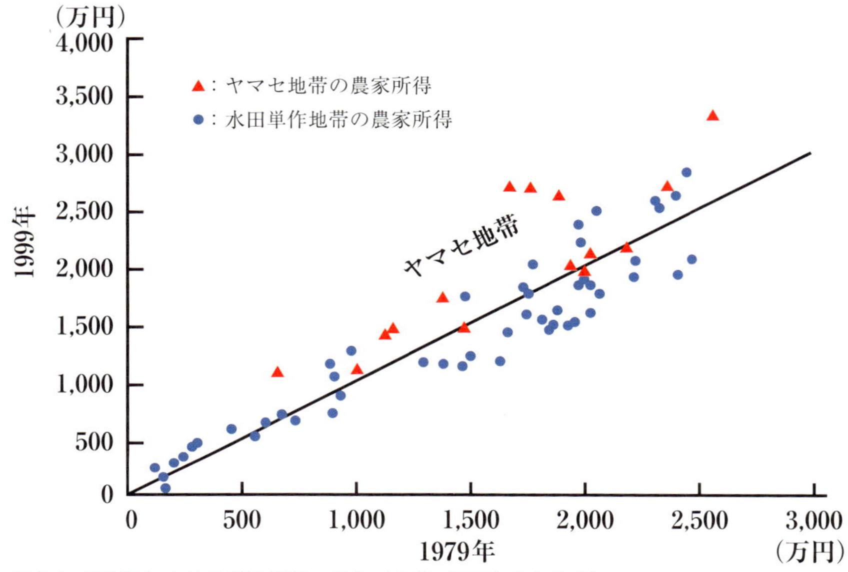

図 6.4　青森県における農業所得の変化（卜蔵（2005）より作成）

かされ，栽培農家のネットワークがつながった。日本で現在，輸入雑穀が占める割合は90％以上という。かつては貧しさの象徴ともいわれた雑穀だが，雑穀の栄養価や機能性の研究が進み，雑穀ブームともいえる昨今，貴重な国内産雑穀の販売は好調だ。

◇コラム 3 ◇

よみがえる雑穀栽培の「在来知」……………………………… 嵯峨均さん・良子さん

（嵯峨農園・かわい雑穀産直生産組合長）

嵯峨均さん（写真6.3）と良子さん夫妻は，もともとは共に神奈川県の企業で，バイオ研究に携わる研究員として働いていた。しかし田舎で農業をやりたいという思いがつのり，雑誌に載っていた情報を頼りに，土地を探しはじめ，1992年に宮古市江繋に移り住んだ。広い農地があって，山の中に家がぽつぽつとある。親類もいないが，まさにここの土地は理想の地，憧れていた風景であった。

就農当初は，いわゆる有機栽培で米や野菜を作って，宅配での事業を考えた。しかし実際やってみると，なかなか「食べていくほど売るには大変」だということがわかってきた。良子さんは，地元中学校の臨時教員の職を得て，収入を確保した。

そうした中，均さんは無農薬米を自然食品の店に卸していた縁で，雑穀と出合うことになる。

そこで近所のお年寄りと雑穀の話をするようになり，あらためてここが雑穀の産地だったことを知る。良子さんは，「それまでは目が節穴で気がつかなかったのです」という。雑穀は農薬を使わなくても丈夫で，大規模な農業機械も不要だということもわかり，雑穀に惚れ込んだ均さんは，消費者が，毎日お米に混ぜて炊飯器で炊いて簡単に食べられるような，おいしい雑穀ブレンドを作ろうと製品開発を行うようになった。

そして自らも雑穀･豆栽培を進めるかたわら約30名の「かわい雑穀産直生産組合」を立ち上げ，自身が組合長になって，「こういう雑穀を作ってください」と農家の方に頼みに回った。地域の人は，子どもの時から雑穀を作っているので，ある人のところへ「アワを作ってくれないか」という話をすると，「おらほのところはいろいろな所に畑があるけれども，アワなら，石がうんと入っているあそこの畑は昔からいいのが採れたから，じゃあ，あそこで作る」という話になる。適した土地もあるし，知識やノウハウもあったのだ。また雑穀の種そのものも，地域に残っていた。畑のほんの一部分で雑穀や豆をずっと作り続けていたので，嵯峨さん夫妻が，新たに種を調達する必要はなく，おばあさんたち自身が「あの人のところにはあの種がある」と教えてくれた。当時は雑穀が売れるわけでもなかったので，各戸は種の保存と，わずかな自家用分，そして時には「どぶろく」を作るためだけに，雑穀が栽培され続けていた。

その後，組合は補助金を得て加工施設を作り，雑穀栽培をしている農家の人たちの何人かが，パートタイムで製品加工のために働き始めた。また雑穀ブレンドを販売するにあたり，均さんは，農家の方に継続的に雑穀栽培を続けてもらうための工夫もした。自分が買い取りに行く時は秤を持って行って，目の前で一緒に重さを量って支払いを計算し，現金でその場で１円まで支払って，おまけは絶対受け取らない。おばあさんたちは，それまで自分で作ったものに対して，その場で現金を手にする機会は少なかったので，これが大きなやりがいにもつながっていったという。

雑穀ブレンドはインターネットで全国に販路が広がり，組合の運営は軌道にのり，組合員さんも雑穀の栽培を続けてくれた。しかし組合立ち上げ当時60歳代だった人々は，この27年間で高齢化が進み，亡くなる方も増えた。この間に雑穀はブームとなり，岩手県下全体での生産高は増えてきた。現在，均さんは旧川井村産の雑穀だけでは足りず，県内産の雑穀を仕入れて事業を継続している。しかし高齢化と，地元

写真 6.3　モロコシ（タカキビ）畑の嵯峨均さん

写真 6.4　キビ（イナキビ）が実る（川井地区）

での昔からの知識を持った人が減ってしまっていることが気がかりだ。

岩手県全体なら，キビならキビの種というのは色々とある。しかし，川井なら川井地区に合った種，さらにおいしい種を，人々は選択してきたという。以前，川井のある人からキビを買うと，3 種類か 4 種類の色合いの種が混じっていたことがあった。でもその中の 1 つ，クリーム色の皮をかぶったキビがあり，「これ，お母さん，いいね」という話をしたら，毎年その白い穂を採っては増やしていって，完全に育種，選抜した方がいた。一人の「おばあ」が，1 反の畑の中で数本という穂を何年間か集めて，そのうち１反の畑全体にまくことができる量にしていったわけだ（写真6.4のキビ）。

この地での雑穀栽培・販売は，地元で採取し続けられた種，気候，在来知を最大限に利用した一つの形といえよう。（真貝理香）

……………………………………………………………………………………………………

今後，課題の一つとなるのは，このような在来知をどのように伝え，そして共有していくかだろう。旧川井村のみならず，岩手県下における雑穀生産者の後継者不足は深刻だ。作業の省力化や機械化も進められているが，各々の農家の努力だけでは，地域・気候に即した在来知，栽培のノウハウは途絶えてしまいかねない。二戸地方の場合は，農林水産振興協議会が，二戸地域の雑穀の栽培事例を収集し，「おもしろ・らくらく雑穀栽培事例集」（岩手県二戸農業改良普及センター，2004）として作成・配布するなど，長年蓄積されてきた知恵を地域の財産として，情報共有していく試みも見られる。

５．山は宝だ－環境教育における在来知－

上記のような調査成果を基にして，私たちのプロジェクトでは，2016年夏に「山」と「食」を切り口とした写真展・交流会を開催し，「山は宝だ」というタイトルをつけた。山がもたらす豊かな資源と，そこから得られた食料の保存・加工の知恵を写真として展示し，それを材料として，来場者との交流を試みた。

写真展・交流会は，二回行い，初回の７月29日には旧川井村川内に位置する薬師塗漆工芸館で，第二回目は，７月31日に，宮古市街地近く，浜側のリアスハーバー宮古で，ハマ班と合同で会場を借りて行った（写真6.5a, b, c）。両日とも，小学生とその保護者から70歳代以上の方まで，幅広い年代層の方々が来場した。とくに高齢の方の中には，ドングリ食の思い出や，戦後の食糧難の時代に何を食べたか，という記憶をたどってくださる方もいた。また，来訪者の一人に，筆者らがカリフォルニア中部で，先住民族のヨクーツ族・ウェスタン・モノ族のメンバーとともに行った，伝統的なドングリ加工技術を復活するワークショップ（小林，2016：8-10）の写真を見ていただいたところ，「ああ，こういうのをしたなあ」と，ご自身のドングリ食の記憶も思い出して，色々と話し始めてくださった。結果として，この写真展・交流会は，当初に意図した以上に，語りと聞き取りの場になった。

写真 6.5　「山は宝だ」写真展・交流会
a：薬師塗漆工芸館（2016 年 7 月 29 日）での写真展・交流会　b：リアスハーバー宮古での交流会（同 7 月 31 日）で，山の幸と保存食について語る筆者（羽生）　c：リアスハーバー宮古での写真展

高度成長期以降における，林業農業の機械化や食と生活様式の西洋化に伴い，農村部においても在来知は滅びる運命にある，と考える人は多い。しかし，今回の調査結果からは，食物の加工・保存方法を含めた暮らしの全体について，技術と知識だけでなく，ものの考え方の各所に在来知が生き続けていることが見て取れた。とくに，女性を中心とした聞き取りからは，食の面で，在来知が重要なことが明らかとなった。この意味で，在来知を軸にした環境教育は，地域に誇りを持って過去と現在をつなぎ，未来の文化を構築していくために有効な，一つの方法と考える。

6．考察と展望―在来知から見たレジリエンスの重層性と景観保持の重要性―

以上，民族誌史の記録から知られているこの地域の伝統的な生業の特徴と聞き取り調査の結果を対比し，さらに近年の新しい試みについて紹介した。聞き取りの成果は，これまでに発表されている民族誌史の記録とおおむね合致した。

さらに，これらの成果を通じて，この地域における生業と人々の暮らしのレジリエンスについて，いくつかの特徴が明らかになった。第一に，食の多様性，とくに主食の多様性が，この地域の食生活のレジリエンスを支える柱となっていた。第二に，畑仕事，養蚕，畜産，林業等の季節性は，精緻な周年サイクルを構成しており，季節間の生業の多様性もレジリエンスを高めるのに貢献していた。第三に，常畑におけるヒエ・ムギ・ダイズを中心とする二年三毛作，それを補うための焼畑によるソバ・アワ等の栽培，さらに，それでも食料が不足する場合に備えたシタミ・トチの貯蔵という重層的な生業戦略が，稲作の本格導入以前におけるこの地域のレジリエンスの中核をなしていた。第四に，上記のシタミ・トチ以外にも，凍み豆腐や凍みイモ，干しキノコなどさまざまな食の保存技術は，地域の人々の食生活に必要不可欠な知恵だった。第五に，干しキノコなどの貯蔵食品は，自給的な農業と食生活の中で，交換・贈与物資としても重要だった。第六に，このようなレジリエンスの重層性の構築にあたっては，江戸時代の「七年飢渇（けがつ）」以来，代々伝承されてきた飢饉の記憶や伝承が，重要な役割を果たしてきた。

要約すれば，1）食の多様性，2）生業の多様性，3）主食生産の重層性，4）貯蔵，5）社会ネットワーク，そして6）過去の災害や飢饉の記憶の伝承が，川井村地域のレジリエンスを支える重要な要素となっていたことがわかる。このような調査結果は，冒頭で示した「小規模で多様な生産活動とそれを支える在来知は，地域社会の生態・社会システムのレジリエンスを保持し高める」という仮説と一致する。

それでは，このような在来知の知恵と技術は，過去のものとなってしまったのだろうか。興味深いのは，食料の加工・貯蔵等について，電化製品の導入は見られるものの，食の多様性と，交換・贈与に基づいた社会ネットワークといった二つの重要な原則が，人々の暮らしの中に現代まで生き続けていることだ。電化製品の具体例としては，豆乳搾り機，大型冷凍庫，電動薪割機などが上げられる。これらの新しい技術の導入により，物質文化には大きな変容が見られる一方で，日々の暮らしにおける人々の価値観には在来知が健在だ。これは，「保存食さえ作れれば，どこでも生きていける」という神楽栄子さんの発言からも見て取れる。

70～90歳代，50～60歳代のどちらの世代からの聞き取りでも，戦後の高度経済成長とそれに続く1970年代以降の農業政策の変化，さらに海外との価格競争に影響された産業の盛衰，大規模環境開発計画に伴う環境への影響がたびたび言及された。具体的には，減反政策による水田の廃止とそれに伴う農家の困難，大規模造林の増加に伴う樹種の減少とそれに伴うヤマの保水力の減少，輸入材の増加に伴う林業の衰退，さらに1969年の新全国総合開発計画を受けた1975年からはじまった北上山系開発事業による人工草地の増加とそれに伴う環境破壊，中国産の繭に押された1980年代後半以降の養蚕業の衰退，人口減少と高齢化問題，などが含まれる。

旧川井村地区における人口減少と平均年齢の高齢化の問題は確かに深刻だ。筆者らは，伝統的な暮らしに回帰することがこれらの問題に対する回答だと考えるわけではない。しかし，都市における賃金格差の拡大，契約雇用・派遣雇用など短期雇用の一般化，インターネットによる情報網の整備などにより，大都市に住むことの利点は，1990年代以前と比べると相対的に減少している。とくに，東日本大震災直後の東京近郊では，スーパーマーケットの棚から食料品が悉く姿を消し，長距離輸送に頼る食品の大規模生産・流通・消費システムの脆弱性が浮き彫りとなった。

北上山系開発事業に代表されるような高度経済成長期の「成長モデル」に基づいた経済・農業政策は，この地域の農家に深刻な打撃を与え，過疎化を加速させた。よりレジリエントな「持続可能モデル」への移行を考えるにあたり，幾重ものバックアップ・プランを備えていたこの地域のレジリエンスの重層性は，きわめて示唆に富む。本章のコラム２とコラム３で紹介した神楽さんや嵯峨夫妻のように，人数は少なくても，個人の努力と新しい試みが，地域の人々の日々の暮らしにポジティブな変化をもたらすことも可能だ。

よりマクロな視点から考えるならば，現存する地域の在来知とレジリエンスの基盤となっている，植生・文化景観を含めた自然と人間との相互関係を損なわない形での長期的な展望が必要とされている。研究の次のステップとしては，この地域の生物多様性・文化景観の多様性と災害へのレジリエンスに関する諸分野の研究データを総合的に検討し，地域の住民と協働しながら将来への提言を行なうことが必要だ。

謝辞

宮古市における2014・2015年度調査・研究の一部は，当時，総合地球環境学研究所小規模経済プロジェクト研究員だった大石高典さん，日下宗一郎さん，砂野唯さん，濵田信吾さんと，東北大学・菅野智則さんの協力を得て行った。現地調査では，本文中でお名前をあげた神楽栄子さん，嵯峨均さん，嵯峨良子さん，佐々木アキさん，佐々木冨治さん，佐々木ハルさん，道又邦彦さんに加え，宇都宮宗一さん，北村彰英さん，小泉則之さん，笹川正さん，佐々木徳光さん，佐々木敏美さん，摂待幸夫さん，高橋稀環子さん，高橋憲太郎さん，褜野正一さんをはじめとする宮古市の方々にお世話になり，成果のまとめに際してはそのお話の内容を参考にした。また，次の諸機関には調査に際してご協力をいただいた：閉伊川漁業協同組合，宮古市北上山地民俗資料館，宮古市教育委員会。写真の撮影には，いろは写房・稲野彰子さんの協力を得た。末筆ながら，これらの方々と機関に深く感謝の意を表する。

文献

岩手県編（2003）『岩手県管轄地誌』第13巻　閉伊郡（二）東洋書院.
岩手県二戸農業改良普及センター（2004）「二戸地域の雑穀生産の再興に向けて－蓄積されてきたスモールデータの有効活用を図る－」『特産種苗』18号.
岡恵介（2001）「北上山地山村の生存戦略の成立条件」国立民俗歴史博物館研究報告87集，217-236頁.
岡恵介（2007）「東北の焼畑再考」『季刊東北学』11号，96-105頁.
岡恵介（2008）『視えざる森の暮らし－北上山地・村の民俗生態史』大河書房.
岡恵介（2016）『山棲みの生き方－木の実食・焼畑・短角牛・ストック型社会』大河書房.
川井村郷土誌編纂委員会編（1962）『川井村郷土誌』上・下巻　岩手県川井村役場.
川井村文化財調査委員会編（2004）『川井村北上山地民俗誌』上巻　川井村.
菊池勇夫（2012）『東北から考える近世史』清文堂出版.
木俣美樹男（2014）「岩手県の雑穀栽培と家族・地域の食料安全保障」『環境教育学研究』23号，103-130頁.
小林優子（2016）「カリフォルニア先住民族の伝統知復興と継承の努力に触れて」小規模経済プロジェクト Newsletter 4号，8-10頁.
佐々木高明（1972）『日本の焼畑』古今書院.
佐々木冨治（2017）『回想録　お迎えが来る前に』（私家版）.
中央食糧協力会編（1944，1976再版）『郷土食慣行調査報告書』青史社.
名久井文明・名久井芳枝（2001）『山と生きる—内間木安蔵家の暮らし』一芦社.

農林省農務局編（1937）『雑穀豆類甘藷馬鈴薯耕種要綱』大日本農会.
農林水産省（2005）「農家における男女共同参画における意向調査」
http://www.maff.go.jp/j/finding/mind/pdf/20050325cyosa.pdf(2018年 1 月21日アクセス).
農林水産省（2015）「農林水産業における女性の活躍推進について」
http://www.maff.go.jp/j/keiei/kourei/danzyo/d_cyosa/pdf/meguji_2711.pdf（2018 年 1 月21日アクセス).
卜蔵建治（2005）『冷害はなぜ繰り返し起きるのか？』歴史に学ぶ予報の変革と根本対策に向けて　農山漁村文化協会.
宮古市（2016）「明日につなぐ宮古の農業～宮古市農業振興ビジョン～（平成28年度～平成31年度)」.
http://www.city.miyako.iwate.jp/data/open/cnt/3/6727/1/nougyoubijon.pdf（2018年 1 月21日アクセス).
盛岡気象台・岩手県編（1979）『岩手県災異年表』日本気象協会盛岡支部.
山口彌一郎（1944）『東北の焼畑慣行』恒春閣.

第7章

ヤマを生かす焼畑

—生態学からみた土と森—

金子　信博

現在，日本では第二次世界大戦後に推進された拡大造林政策により人工造林が広く行われ，森林のおよそ半分の面積が針葉樹の人工造林地であり，樹齢の揃った森林が多く見られる。しかし，かつて多くの地域で小面積の伐採をしてその後に焼畑（火入れ）をする森林利用が頻繁に行われていた。写真7.1に，岩手県北上山地の閉伊川上流に位置する宮古市小国の森林斜面を示す。この写真からは，森林が小面積のパッチ状の植生から構成されていることがわかる。これは，それぞれ人が意図的に森林に働きかけ，一部は伐採後そのまま放置す

写真 7.1　閉伊川上流小国の森林のモザイク景観。中央下は谷に植栽されたスギ。その両側の斜面は広葉樹が萌芽更新しているが，伐採年が異なり，右のほうが若い。尾根の上にはアカマツ，その奥にカラマツ人工林が見える。2015 年 5 月 10 日撮影

ることで広葉樹林となり，一部はそこに合った種苗を持ち込んで植栽し，人工林化したことを示している。

人が森林を伐採する理由は，用材や燃料材としての樹木の利用の他に，伐採跡地で火入れを行い，焼畑として農作物を栽培することにもあった。日本における焼畑の民俗学的な研究は多くあり（原田・鞍田，2011），植生の回復に関する自然科学的な研究も多くなされてきた。人による資源利用を考えるとき，生態系の持つレジリエンスを理解し，その程度を把握することは重要だ。森林の場合，樹木の生長を支える土壌を保全することは，森林の持続的な利用にとって最も大切だ。一般には伐採－火入れによって土壌が劣化し，森林の回復が遅くなるのではと思われるが，日本では火入れによる土壌の変化に関する研究は意外と少ない（田中，2011）。本論では，焼畑が行われた森林の土壌の変化と森林の回復，そしてかつて焼畑が盛んに行われていた森林の現状について述べ，今後の森林の利用における焼畑（火入れ）の位置づけについて考えてみたい。

1．焼畑がヤマを壊す時―マダガスカルの事例

一般に焼畑というと森林を伐採して火を付けて破壊する悪いイメージがあり，特に熱帯林の破壊の最大の原因とされてきた（佐藤，2011）。不法伐採とその後の火入れによる森林破壊は，国際的にも非難されてきた。

インドネシアのスマトラ島は，現在，世界の熱帯のなかで最も急速に森林面積が減少している場所であり，1985年から2007年の間に森林面積は57％から30％に低下したと考えられている（Laumonier et al., 2010）。ここでの森林減少の主要因は農地への転用と植林だ。すなわち，アブラヤシやゴムなど，大規模経営のプランテーションの開発やアカシアやユーカリといった成長の速い樹木を植え，短伐期でパルプを得るための造林によって，原生的な森林が失われている。農地開発の過程で，住民や移民が一部を不法に伐採し火入れをする例は多いが，実は焼畑が目的で大規模に森林が破壊されることはない。

一方，熱帯林に限らず森林で生活する人たちは伝統的に火入れをした後に作物を植え，数年たつと放棄して別の場所に火入れをする，焼畑移動耕作を行ってきた。同じ場所に戻って放棄後成長した森林を伐採して利用するまでの期間を回帰年と呼ぶことにすると，一般に焼畑移動耕作の回帰年は，15年から20年といわれるが，実際にはその場所ごとの森林の回復の様子を見て，再利用のタ

イミングが決められていたはずだ。その意味では，焼畑移動耕作は，再生産を考慮した持続可能な利用と捉えることができる。しかし，人口増加にともなう食料需要の増大は，回帰年の短縮につながり，土壌劣化を引き起こしてきた。

1.1　焼畑民の村

マダガスカルはアフリカの東，約400 kmに位置する島国で，ちょうど南回帰線が通っている。この島は中央の標高が高く，モンスーンは主にインド洋を南東から北西に向けて吹くので，島の東側はよく雨が降り，森林地帯だ。一方，山の陰にあたる西半分はあまり雨が降らず乾燥した景観が広がる。そして海岸の河口地帯にはマングローブ林が発達する。近年，森林を国立公園として保全する努力が続けられているが，一方で豊富な鉱物資源の開発圧力が高く，住民の貧困問題への取組が十分でないため，森林面積の減少が続いている（Ramamamonjisoa, 2014）。

2013年10月の終わりから11月にかけて，横浜国立大学の大学院のプログラムの一環としてマダガスカルを調べる機会を得た。このときは，首都アンタナナリボから東へ移動し，露天掘りのニッケル鉱山や広大な水田地帯を見学した。アンタナナリボは中央高地にあり，どちらの方向へ向かっても海に向かって標高が下がっていく。われわれのカウンターパートは，アンタナナリボ大学の森林水資源学部だ。中央高地は人口密度が高く，少しでもくぼんだところは水田となっていてイネが栽培されている。水田だけを見ていると景観は日本とあまり変わらないように思うが，決定的に違うのは水田のまわりにほとんど森林がないことだ。そのせいか，水田の土壌は森林土壌と同様に赤く，水田の背後の丘陵は岩が露出している。森林があれば斜面の表土が保持されるが，森林がないために土壌侵食が起きているようだ。中央高地は比較的平坦だが，東に2時間も走ると斜面の傾斜が急になり，うっそうとした森林に覆われるようになる。

アンタナナリボ大学森林水資源学部は，ムラマンガという大きな町に向かって標高を下げていく道の途中に演習林を持ち，近隣の住民と共同して森林保全の道を探っていた（Ramamamonjisoa, 2014）。道路沿いは湿潤な熱帯林であり，演習林に入ると日本のスギも含め様々な樹種が小面積で試験的に植栽されている。大学の研究者は伐採後の場所や二次林，原生林に観測装置を設け，土壌侵食の程度を比較していた。ここの住民は小規模な森林伐採地にさまざまな作物を植えているが，現在，焼畑移動耕作は行っていない。演習林で住民が収入を

写真 7.2　マダガスカルの焼畑移動耕作。a）耕作放棄された斜面。b）火入れ直後の斜面。c）火入れ後，トウモロコシが植えられた斜面。一切耕起していない。d）移動耕作者の住居。周りに栽培植物がない

確保する方法の一つとして，淡水魚養殖を教えていた。

ムラマンガを過ぎてさらに海岸へ向かって標高を下げていくと，景観が一変し，長大な斜面が広い面積にわたって伐採されているところにさしかかる。斜面の一部は火入れがされ，また，一部では土が見える斜面となっている。

近年，島の南部からこの地域への住民の移住が増え，火入れが盛んになっているとの説明を受けた。住民が見学を受け入れてくれた村へ車で向かう。途中，幹線道路からそれて悪路を進むと，まもなく道路が無くなる。車を降りて1時間ほど歩いて行くと，国際 NGO の支援による淡水魚の養殖池，ちょうど数日前に火入れをしたばかりの森林斜面，そして住居などを見学することができた（写真7.2）。

ここでの焼畑は，火入れ後の地面に棒を使って種子を落としていく方法でトウモロコシを作っていた。住居は数軒で，周囲の森林は伐採からの年数が異なるモザイクとなっていた。

一方，尾根沿いを走る幹線道路沿いには住居が並び，その下の斜面では火入

写真 7.3　マダガスカルの斜面農業。a）火入れ直後の斜面。b）常畑化した斜面。c）道路が尾根を走り，その沿線に住居があり，住居の下の急斜面が利用されている。d）全面的に除草を行い，その後侵食防止に等高線上に作物を植えたところ

れ後数年耕作をして放置するのではなく，何年も耕作をする常畑化が進んでいるようであった（写真7.3）。話を聞くと，国際 NGO が住民の収入の確保のためにショウガの栽培を教えているとのことであった。

これら２ヶ所の異なる斜面は，土地利用として森林伐採，火入れという作業が共通しているが，写真を撮った時点から以降の土壌の変化には大きな違いがあることが予測できる。いったい何が違うのだろうか？

1.2　常畑のリスク

農耕の発展を歴史的に考えると，焼畑移動耕作から常畑利用へと移行してきたと考えるのが普通だ。わざわざ移動耕作しなくても，住居から通える範囲で農業経営をやるほうが効率がよいだろう。しかし，それには焼畑では低下していく土壌の肥沃度を維持する方法が必要になる。

そもそもなぜ，肥沃度が低下するのであろうか？　森林は，植物の生長に必要な窒素やリンといった栄養塩が，基本的に閉鎖した物質循環が成立している

系であり，農地のように人が栄養塩を肥料として加える（施肥）ことはほとんどない。森林植物はその場で得られる栄養塩を利用し，光，二酸化炭素，そして水を使って光合成をし，一次生産を行う。火入れ後，食用となる植物を栽培し続けると，草本植物や切り株や実生から成長を開始した樹木植物が繁茂してくる。傾斜地でこれらの「雑草木」を排除しながら生産を維持することは困難なので，火入れ後数年を経ると放置し，別の場所を利用する。これが焼畑移動耕作と呼ばれる土地利用であった。これは人口密度がきわめて低く，森林が生長するための環境条件（適度な降水，あまり急傾斜でない森林斜面，礫の少ない土壌など）があれば，広い範囲を移動して利用し続けることで実行可能であった。

短時間ではあるがマダガスカルで，実際に見学できた焼畑民は，住居のまわりに栽培植物がまったくなく，本物の移動耕作者のように思えた。彼らは，食料を焼畑斜面から得ていて，近くに火入れできる森林がなくなると，移動する可能性がある。そのため，住居のまわりに特に作物がなく，果樹のような時間がかかるものを植えていないのだろうと思った。

一方，幹線道路沿いの斜面における商品作物の栽培は，本当に環境保全にとって有効なのだろうか？　商品作物の栽培は，短期的には金銭収入となり，農家の生活を支える。もし収入が十分であれば，彼らがさらに森林を伐採し，火入れを行うことがなくなるだろう。NGO の狙いは，そのことで森林破壊面積が拡大しないことを期待している。斜面を耕し，雑草を排除し，作物を植えることは多大な労力を要するが，同時に表土の侵食を招き，肥沃度を急速に低下させる。しかし，火入れして作物を作り，やがて放置する伝統的な方法では，後で述べる私たちの日本での研究例からも分かるように，肥沃度の極端な低下はなく，侵食も生じない。逆に，伝統的なルールを越えた年数，斜面を耕作して栽培を続けることは，その斜面の土壌を劣化させ，後に住民が放棄して従来の回帰年が経過しても肥沃度が回復しないことにつながるだろう。

2．焼畑土壌の生態系観測─奥出雲での研究

日本ではかつて山を焼くことは普通であったが，1960年ごろの燃料革命以降，山を焼く行為は急速に失われた。日本における焼畑研究は，民俗学的な視点や植生の回復に関するものは多いが，焼くことによる土壌の変化に着目した研究は少ない（宿他，1996）。

写真 7.4　島根県仁多郡東出雲町（旧仁多町）の火入れ造林地

島根県仁多郡奥出雲町（旧仁多町）では，森林組合が1990年ごろから伐採跡地に造林木を新植する前に小規模の火入れを行い，カブを栽培し，その後に造林をするという事業を行ってきた。この地域ではカブはもともと「仁多カブ漬け」として利用されてきたが，仁多郡森林組合と島根大学の共同事業で，山形の温海カブの種子を購入して播種し，カブを栽培することが行われた。冬季に伐採して枝条を放置した林分で梅雨明けを待って火入れ地拵えを行い，すぐにカブを播種する。同年の12月から翌年の３月にかけてカブを収穫し，造林木（ここでは主にヒノキ）を植栽する。島根大学の研究者グループは1994年の火入れから現地調査を行い，造林木やその他の植物の生長，窒素やリンの動態について火入れ後の変化を長期に追跡してきた（河合他，2009；金子他，1996；宿他，1996；長谷川他，2011；片桐・福田，2006）。

火入れ造林地で初めて土壌調査を行った1994年は夏の降水量が少なく，火入れが行われると林床有機物がほとんどなくなるくらいよく焼けてしまった。火入れ直後は，土壌が裸出し，降雨による土壌浸食が心配されたが，土壌表面はおそらく藍藻類が繁茂することで固いクラストとなり，土砂が移動しなかった。よく燃えたにもかかわらず切り株から旺盛な萌芽が生育し，１年後には樹冠で地面が全て覆われるくらい植生が回復した。

植物の生長を規定している窒素は土壌中に比較的多量に存在するが，ほとんどは腐植などの有機物に含まれるいわゆる有機態であり，そのままでは植物が根から吸収することができない。火入れを行うと有機態窒素の一部がアンモニア態となり，植物に利用可能な窒素が増加することがわかった（宿他，1996)。アンモニア態窒素はやがて土壌微生物のはたらきで酸化され硝酸態窒素になる（硝化作用）が，火入れを行った年には硝化は斜面下部の谷地形では大幅に増加したが，それ以外の地形ではあまり生じなかった（図7.1)。アンモニア態窒素は陽イオン，硝酸態窒素は陰イオンであり，土壌中では陽イオンがより強く保持され，陰イオンはあまり保持されない。したがって，雨が降り土壌中を水分が通過すると，植物に利用されなかった硝酸態窒素は水とともに土壌から移動してしまう（溶脱)。仁多ではその後も火入れ造林が小面積ながら繰り返されたので，火入れをしてからの土壌の時間変化を追うことができた。土壌を採取して実験室で培養し，無機態窒素が生成する速度を調べたところ，火入れから時間が経つにつれて無機化速度が低下していた（河合他，2009）（図7.2a)。

森林では窒素とともにリンも，植物の生長を大きく規定している。特に火山灰起源の黒ぼく土壌はリン酸を吸着する力が強く，その分，畑作物の栽培が困難だ。火入れは，一時的にリン酸の利用可能性を高めていた（図7.2b）（長谷川他，2011)。農水省による地力増進基本指針に基づく有効態リン酸含有率の改善目標の上限値が100mg kg^{-1}であることを考えると，火入れがリンの利用可能性を作物にとってもむしろ過剰なレベルに押し上げていることがわかる。しかも，その効果は火入れ後低下していくものの，５，６年は上限値を上回っていた。これらのことから，森林を伐採して火入れを行うと，無肥料で農作物を栽培することが栄養塩の点から可能であり，むしろ合理的なことがわかる。

土壌では微生物と土壌動物が枯死有機物に含まれる栄養塩を有機態から無機態に変換し，植物に利用可能としている。火入れは，燃焼時に起こる土壌温度の上昇を制御することができない。1994年の火入れでは，土壌表層（0-5 cm）の微生物バイオマスは火入れによって減少したが，5 cm より深い層の微生物バイオマス量は同じか，むしろやや増加していた（宿他，1996)。また，同じ

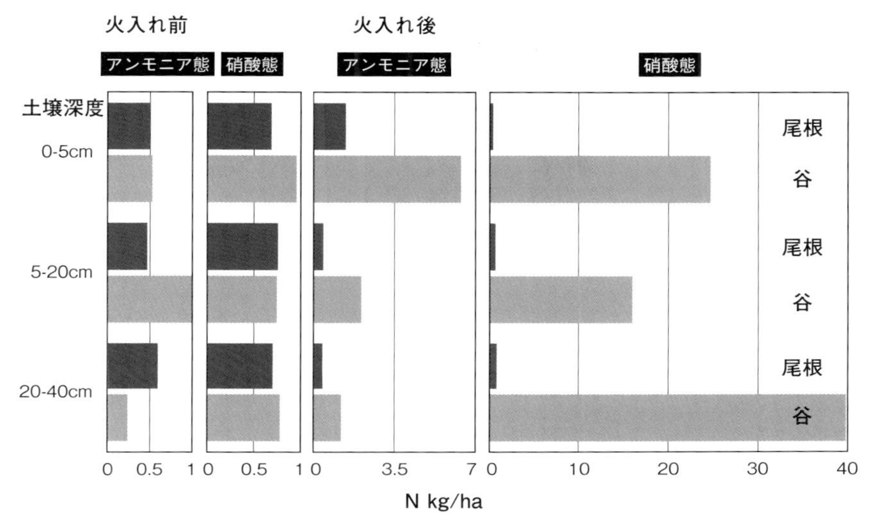

図 7.1 強度の火入れ（1994 年）が行われた森林土壌のアンモニア態と硝酸態窒素の移動量（宿他，1995）。火入れでアンモニア態窒素が生成。斜面下部の谷地形では，硝酸態窒素に酸化され，大量に移動している。縦軸スケールが違うことに注意

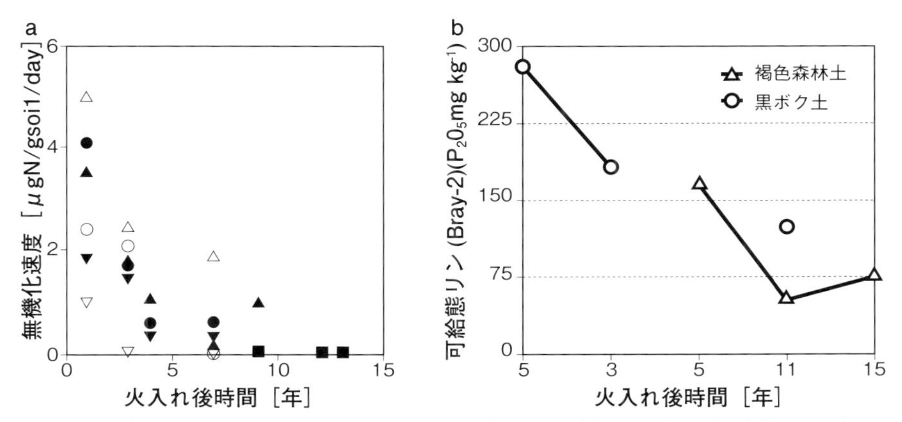

図 7.2 仁多火入れ造林地の火入れ後の年数と，a）土壌窒素無機化速度（河合他，2006），および，b）可給態リン濃度の変化（長谷川他，2010）

サイトで1995年に行われた火入れでは，燃焼した有機物量が少なく土壌温度の上昇が1994年の調査地より小さかった。その結果，土壌微生物バイオマスの低下が少なく，硝酸態窒素の溶脱も少ないという違いがあった。他の研究例ともあわせて考えると，火入れ時の土壌温度の違いが土壌微生物バイオマスや窒素の動態に影響を与えているようだ。伝統的な火入れを行ってきた人たちが，火

入れ後の作物の生長にとって適切な火の強さに関してどのような知識をもっていたのか，知りたいところだ。

火入れを行うと，造林木にとって競争相手となる雑草木の生長はどうなるのだろうか？　仁多での調査では，斜面下部に植栽したヒノキの生長が火入れしたところでよく，雑草木より速く大きくなって，生長を阻害していた。一方，斜面の上部では火入れをした場所で萌芽だけでなく，実生起源のアカマツやその他の樹種の生長が火入れをしない場所よりも良くなっていた（片桐・福田，2006)。特にアカマツの実生更新が盛んなことは，アカマツ林の維持に重要な示唆を与える。雑草木の生長も，立地条件と火入れの強度によって変わる可能性が高いが，火入れをしない伐採とは異なる構成の植物群落が成立する。このことは地域の生物多様性の維持に一定の役割を果たしていた可能性を示唆する。

日本の森林の場合，地形の影響により土壌の状態が場所ごとに大きく異なっており，森林管理はこの点を考慮して，「適地適木」といわれるような立地条件に合った対応が求められる。仁多での火入れの影響は，斜面下部では硝化を促進し，そのままでは溶脱のリスクが高いように思われたが，カブの栽培は斜面下部を中心に行われている。また，ヒノキやその他の植物の生長もきわめて速く，森林からの窒素の流亡を防ぐ効果がある。火入れをすると土壌が裸出し，表層土壌が侵食によって失われたり，窒素が硝酸態となって溶脱したりすることが懸念されるが，仁多での観測からは，火入れで植生が一時的に失われたにもかかわらず，森林から貴重な土壌や窒素が失われない仕組みがあることがわかった。

ただし，仁多での火入れ造林では，カブを火入れ初年度に一度だけ栽培し，その後ただちに造林をする管理が行われることに注意する必要がある。数年にわたって農作物を栽培する場合，作物の形で森林から持ち出される栄養塩は，当然のことながら多くなる。

3．閉伊川上流小国の土地利用と土壌

北上山地では，斜面で「切替畑」と呼ばれる焼畑が継続的に行われてきた(岡，2016)。ここでの焼畑は定住者が住居のまわりの森林を定期的に焼く利用を行ってきたのだろう。資料によると，閉伊川流域では水田を積極的に開田したのが，やはり戦後の食料増産期であり，それ以前は常畑と切替畑と呼ばれる焼畑が併存していた。表7.1は閉伊川上流の小国と江繋，そして川井地区の明

表 7.1 閉伊川上流の川井，江繋，小国の農地　単位：ha　1878 年データ（岩手県，2003『岩手県管轄地誌』）

地区	水田	畑	切替畑
川井村	0.5	108	20
江繋村	3	135	110
小国村	9	187	83
その他	1.3	207	86

治頃の土地利用だが，川井では常畑が多いものの，小国では切替畑が常畑の半分程度，そして江繋では切替畑と常畑が同程度の面積であった。地形から考えて，住居の近くは常畑としたが，背後の丘陵は切替畑と位置づけられていたのであろう。

現在，閉伊川流域を訪ねても，過去にこの地域で日常的に火入れが行われことに気がつくことはないだろう。特に戦後の拡大造林により，広葉樹林がスギやカラマツなどの人工林に置き換えられたところでは，造林以後，人の手による森林利用がほとんど停止している。小国は閉伊川の支流，小国川が流れる盆地状の場所で，川沿いに水田があるが，地形図を見ると平地の西側に比較的広い緩斜面があることがわかる。

小国の周辺で，2015年に森林の土壌調査を行った。地域の聞き取りと協力者の案内で計 6 ヶ所の森林土壌を調査した（図7.3）。調査にあたっては，火入れが確実になされたとの証言がある場所と，それに隣接してその場所は火入れには使わず，薪炭採取を行ったという証言がある場所（湯澤上部）を見つけることができた（図7.4）。また，上流のタイマグラでは伐採時期以外の利用の履歴の情報が得られなかったが，外見が異なる隣接した 2 ヶ所を調査した。現在の林相は，土沢はスギの人工林であったがそれ以外は広葉樹の天然林だった。

森林の大きさを示す胸高断面積合計は，聞き取りによる火入れや伐採利用後の年数の経過につれて大きくなっていた（図7.5）。これは最後の火入れや伐採以降，森林が天然更新（土沢は植林）をし，自然に生長を続けてきたことを示す。現在，私たちが見る森林は，かつて利用された15年から20年といった回帰年を遙かに超えて大きく生長していることがわかる。

一般に土壌中には，植物が枯死する過程で分解されずに残った有機物が多量に存在する。また，山火事や火入れが行われると燃え残りが，炭となって土壌に堆積する。炭は生物による分解を受けないので，土壌中に長期に残留する。

図 7.3　閉伊川上流の調査地

図 7.4　調査地の林相と土壌断面。湯澤上部のみ，薪炭林として利用された

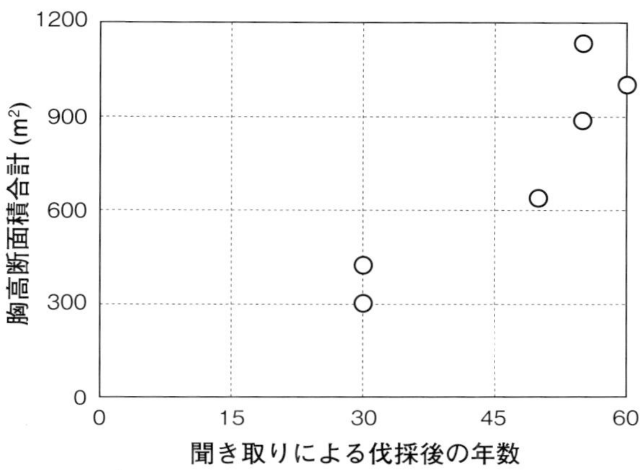

図 7.5 調査地の火入れ後年数と森林の生長（胸高断面積合計）の関係

土壌有機物と炭はともに炭素を主成分とし，土壌有機物量を測定する燃焼式の測定装置では区別できない。一方，土壌を一定の温度で加熱すると，有機物が先に燃え，さらに加熱すると炭も燃える。そこで，試料を加熱し，全炭素量と比較することで，炭の割合を求めた。驚いたことに，調査地の土には多量の炭が含まれていた（図7.6）。聞き取りによると，最後に火入れをしたのは，戦後の食料増産期であり，40年から70年以上経過している。それ以前の利用法については，15年から20年の周期で再利用した，という以上に今となっては正確な情報は得られないが，炭が含まれる割合の多さから考えると，この地域では長年にわたって草地やあるいは焼畑のために火入れをする管理が行われてきたことが推測される。

北上山地の焼畑利用の大きな特徴として，下肥の肥料としての利用や専用の農具の使用がある（岡，2016）。肥桶に下肥を入れて自宅から切替畑まで運び，畑の一角に穴を掘って一時的に貯留し，ヒエを播種する際に柄杓に下肥とともにヒエの種子をまぜて土壌に撒いた。さらに，切替畑での使用に特化した農具があり，農家は土壌の表層を斜面でも使いやすいように改良した農具で耕していた。このような集約的な利用をしても，同じ作物を長い間にわたって栽培することはせず，ほぼ毎年作目を変え，５年程度で利用を停止していたようだ。

粗放的な管理が行われる焼畑移動耕作と大きく異なり，北上山地ではかなりの労働投下を行って火入れをした斜面を農地として利用していたようだ。このような利用方法における栄養塩類の収支に関しては，土地利用の持続可能性か

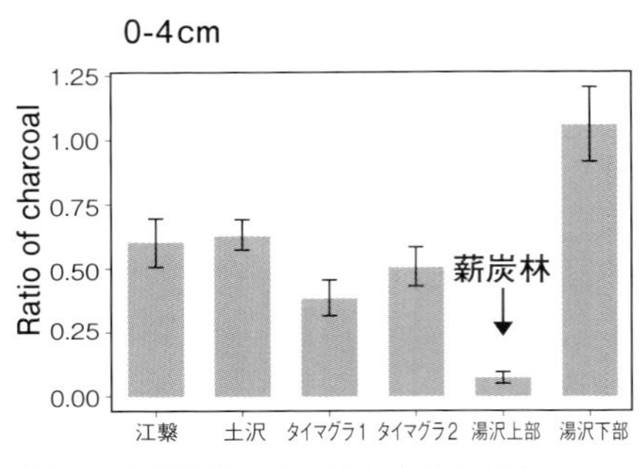

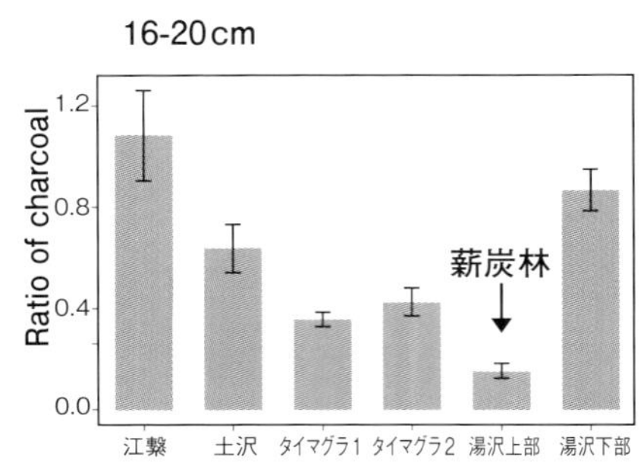

図 7.6　土壌炭素のうち炭が占める割合

ら考えるととても興味深い。

4．焼畑の持続可能性を考える

ここで持続可能性を森林と農業生産が連結した焼畑において，フローとストックの観点から考えてみたい。

島根と岩手の例では，土壌調査が詳細に行われたが，このような火入れ管理ははたして生態系の物質循環の点から持続可能なのだろうか？　閉伊川調査の土壌に含まれる炭の割合と，土壌窒素の濃度の割合をとると，正の相関が見られた（図7.7）。炭には窒素が一切含まれないので，土壌窒素は何らかの有機物の形で土壌に集積していることを示す。窒素は本来岩石にはほとんど含まれず，降水や粉塵で森林に落ちてくる以外は窒素固定植物による空中窒素の固定が森林への加入経路となる。聞き取りによっても，北上山地の植生の特徴の文献からも，利用者が，窒素固定をする樹木のハンノキを，意図的に火入れ跡地に導入している可能性が高い。今回の調査によって森林の地上部が保持する窒素量を推定すると，図7.8のようになる。森林を伐採して樹木を燃やすと，窒素の大半は揮散すると考えられており，田中（2011）によると97％が失われるという。すると，およそ3 kg/ha 程度の窒素しか土壌に付加されないことになる。現在の野菜栽培では 200 kg/ha 程度の施肥もあることを考えると，植生から供給される窒素は，ハンノキが多いとしても作物栽培には十分ではないだろう。一方，島根でのデータからわかるように，火入れにより一時的に窒素の無機化が促進される。これは，植生に含まれる窒素ではなく，土壌有機物として存在した窒素が，熱によりアンモニアに変成する焼土効果があることがきっかけとなって

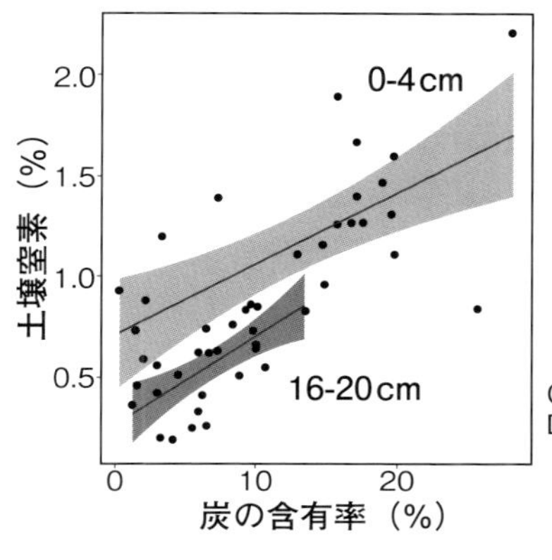

図 7.7　土壌中に含まれる炭の割合と土壌窒素濃度との関係。0-4 cm 層，16-20 cm 層とも有意な正の相関がある

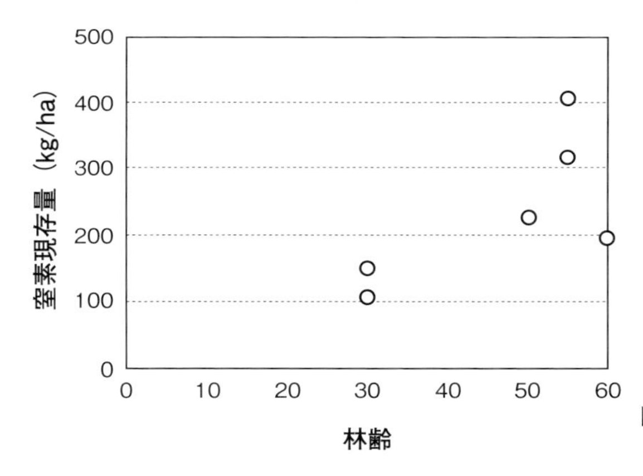

図 7.8　調査地の林齢と土壌窒素現存量の関係

いる。

また，リン酸も窒素と同様に炭の増加につれて濃度が高くなっていた（図7.9a）。リン酸は，岩石の風化が土壌への加入経路だ。一方，同様に岩石の風化で土壌に加入すると考えられるカリウムは，炭との関係が見られなかった（図7.9 b ）。リン酸は土壌に強く吸着される一方で，カリウムは溶脱しやすいことを考えると，リン酸は繰り返し植生が吸収したものが火入れとともに土壌に供給された後土壌に集積し，カリウムは土壌に一旦供給されたものが溶脱されることをそれぞれ長い間にわたって繰り返したことが，現在の土壌の状態をもたらしたのだろう。したがって，植物の生長を大きく規定する窒素，リン酸，カリウムのうち窒素とリン酸に関してはこの地域では火入れをして耕作する上

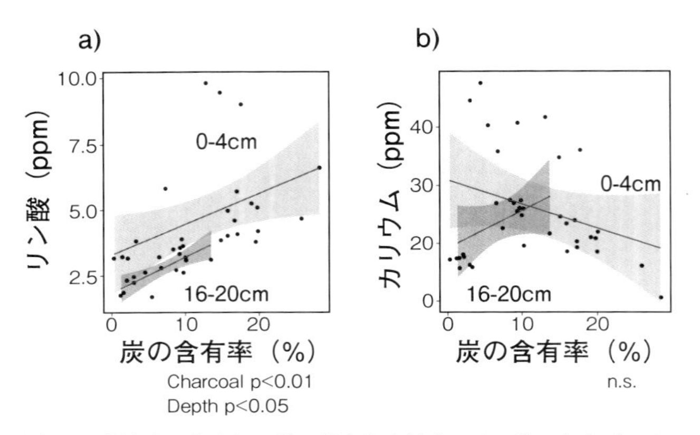

図 7.9 土壌中に含まれる炭の割合と土壌中のリン酸，およびカリウムの濃度殿関係。リン酸は 0-4 cm 層，16-20 cm 層とも有意な正の相関があるが，カリウムには相関がない

で，施肥をしなくてもとくに制限要因とならなかった可能性が高い。それにもかかわらず，下肥を苦労して運び，肥料として使ってきたのはなぜだろうか？今回の調査では十分ではないが，特に窒素の利用可能性については，改めてデータをとって収支を調べる必要がある。

化学肥料を大量に散布する現代農業は，土壌にあるストックを考慮せず，栽培をしている作物にとっての必要な栄養塩をその時に与え，フローとして栽培に必要な栄養塩を間に合わせている。慣行の野菜栽培に比べると，閉伊川上流の焼畑で供給される窒素量は少ないかも知れないが，栽培が 5 年程度行われた後，15年前後の休閑期間がある。この間に森林植物による有機物生産は光合成と土壌からの栄養塩の吸収によって行われ，樹木に栄養塩がストックされていく。焼畑は土壌劣化を引き起こすとして，否定的に捉えられがちだが，休閑期間を十分にとることができれば，土壌窒素と炭の間に正の相関が見られたようにストックをむしろ増加させつつ，生産を行ってきたことになる。休閑期間は作物を生産できないが，その間，土壌を肥沃にし，木材生産を行っていると考えると，空間と時間を組み合わせて多角的な生産を行っていることになる。森林は農作物の収穫と違って，数年の幅で収穫しても木材の質や量に大きな違いは無い。そう考えると，切替畑のような焼畑農地を住居のまわりに持つことは，短期的な農業生産と違い，生活上のレジリエンスを高める方向に寄与する。あくまでも土地の制約を受けるが，一見粗放的で遅れた土地利用に見える焼畑が，生活のレジリエンスを高めるすぐれた方法といえる。

森林を伐採して火を付けることは，地上の植生とそれに依存して生活している微生物や動物に壊滅的な影響を与える。したがって，森林を自然保護区として考える場合，伐採，火入れはなるべく防がなくてはならない。一方，森林が持つ資源を持続的に利用する立場から考えると，伐採－火入れは本論で見てきたように土壌の劣化を引き起こさず，植物の多様性を増す可能性を持つ。現在，広大な人工林が造成されたものの，管理が十分でなく，一部は本来，家を作るための用材生産を目的として計画されてきた森林が，単なる燃料や材料としてのバイオマス利用の対象となる例もでてきた。さらに，造林意欲の低下から伐採後の更新が十分に行われない可能性も高い。視野を広げて考えると，佐藤も指摘するように，新たに伐採跡地に火入れをする管理が，今後の日本の森林管理にどのように使えるかについて検討する必要がある（佐藤，2011）。残念ながら，火をうまく制御して意図した焼き方をする伝統知は現在の日本では，ほとんどの地域で失われてしまった。類焼を防ぐためには，防火帯や防火用水の確保，危険を回避できる人手の確保が必要だが，費用や経験の面から実行可能性は小さい。人材に関しては現在も焼畑が続けられている山形や宮崎などの地域で経験を積んだ人材が増えることを期待するしかない。また，森林全体が火入れによる焼畑に適しているわけではなく，実際には適地は一部に限られているし，農作物を生産しても十分な収益につながる場所も限られているだろう。伝統知が失われた地域での焼畑の再生には，あらかじめ立地条件を慎重に検討することが求められる。

「里山」という用語は，現在の日本では中山間地の農地を含む住居まわりの景観を指すようになっている。しかし，実際にはほとんどの農家は農業生産のために周辺の森林の資源を利用しておらず，肥料や農業資材を外部から購入することで農業を行っている。一方，日本の森林利用は，人工林で育成した針葉樹を柱のような用材に使うという用材偏重であったが，用材は輸入材にシェアを大きく奪われ，近年では製紙用パルプや木質バイオマス発電のための需要が増大するという変化が生じている。驚くべき事に，日本ではどんな山奥に居ても燃料に石油や天然ガスを使うようになっていて，燃料革命以降，周囲に豊富に得られるはずの炭や薪を使うことは行われなくなった。

今後，日本の「里山」における資源利用は，地球環境問題や資源の自給率の増加，中山間地の生活資源の点からリデザインされる必要がある。たとえば，地域の森林資源を活用する薪やチップボイラーによる直接熱利用は，人口密度の低い中山間地での小規模分散型のエネルギー利用としてすぐれている。実際，薪の利用は岩手の閉伊川流域では現在も盛んであり，島根の奥出雲町でも最近利用が再び増加してきた。今後，日本では人口が減少し，特に中山間地ではその減少が激しいことが予測されている。農地に占める耕作放棄地の割合が増大し，野生生物との軋轢が増してきた。そう考えると，これまでの土地利用にこだわらず，適地を選んで火入れをし，雑穀や野菜を作る焼畑という土地利用をひとつのオプションとして考えても良いだろう。ただし，化石燃料の代替としてバイオマス燃料を使用することは，間接的な影響まで含めて評価するとかならずしも二酸化炭素の放出量を削減することに繋がらない（Liu et al., 2015）ことからもわかるように，「里山」に火入れ管理を再導入するには，炭素の収支だけでなく，栄養塩の収支や系外への消失を評価し，真に循環的な利用となるようあらかじめ設計する必要があるだろう。

謝辞

宮古市における現地調査に当たっては横道廣吉氏，北上山地民俗資料館の高橋稀環子氏のお世話になった。聞き取り調査および，現地での試料採取をご快諾いただいた小国，江繋の方々にも感謝いたします。また，現地調査，土壌分析は横浜国立大学理工学部学生の小島直哉君，井上浩輔君が手伝ってくれた。

引用文献

岩手県編（2003）『岩手県管轄地誌』第13巻　閉伊郡（二）東洋書院．
岡惠介（2016）『山棲みの生き方』大河書房．
片桐成夫・福田万智子（2006）「火入れ造林地における地上部現存量の回復過程について」『島根大学生物資源科学部研究報告』11巻，11-18頁．
金子信博・土井雅美・片桐成夫（1996）「森林の伐採と火入れが森林土壌の微生物バイオマス炭素量に与える影響」『森林立地』38巻，85-91頁．
河合翔馬・山下多聞・片桐成夫（2009）「奥出雲町焼畑造林地における火入れ後の地上部バイオマスおよび土壌有機物の動態」『島根大学生物資源科学部研究報告』14巻，39-43頁．
佐藤洋一郎（2011）「総説」原田信男・鞍田崇編『焼畑の環境学―いま焼畑とは』思文閣出版，3-24頁．
宿聚田・片桐成夫・金子信博・長山泰秀（1996）「焼畑にともなう火入れが土壌の窒素動態に与える影響―斜面地形との関係」『日本林学会誌』78, 257-265頁．
田中壮太（2011）「養分動態からみた焼畑の地域比較論」原田信男・鞍田崇編『焼畑の環境学―いま焼畑とは』思文閣出版，486-517頁．
長谷川祐子・金子信博・松本卓也・佐藤邦明・岩島範子・増永二之（2011）「島根県奥出雲

町の造林地土壌の理化学性への火入れの影響」『島根大学生物資源科学部研究報告』16巻, 11-16頁.
原田信男・鞍田崇編（2011）『焼畑の環境学―いま焼畑とは』思文閣出版.
Laumonier, Y., Uryu, Y., Stuwe, M., Budiman, A., Setiabudi, B., Hadian, O., (2010) Eco-floristic sectors and deforestation threats in Sumatra: identifying new conservation area network priorities for ecosystem-based land use planning. Biodiversity and Conservation 19, 1153-1174.
Liu, J., Mooney, H., Hull, V., Davis, S.J., Gaskell, J., Hertel, T., Lubchenco, J., Seto, K.C., Gleick, P., Kremen, C., Li, S., (2015) Systems integration for global sustainability. Science 347, 1258832-1258832.
Ramamamonjisoa, B., (2014) Managing environmental risusk and promoting sustainability: Conservarion of forest resources in Madagascar, in: Kaneko, N., Yoshiura, S., Kobayashi, M. (Eds.), Sustainable Living with Environmental Risks. Springer, Tokyo.

第3部

比較研究

第8章

核被災と社会のレジリエンス
―福島県内における小規模経済の新しい試み―

後藤　康夫・後藤　宣代・羽生　淳子

1．調査の目的と概要

東京電力福島第一原子力発電所の事故（以下，福島原発事故）による核被災では，放射性物質による汚染が広範囲にわたっており，広大な森林を含む汚染全地域の除染を行うことは不可能だ。その結果，この地域の小規模農家は，福島原発事故前からの後継者不足に加えて，核被災に起因するさまざまな困難に直面している。

私たちの研究グループ（福島班）では，福島県内の低線量汚染地域における小規模農家と小規模事業者を対象として，事故前の生産活動の在り方，被害の深刻さとその長期性，事故後の対応および将来の展望について，聞き取り（個別インタビュー）を中心としたフィールドワークを行った。

聞き取り調査を行うにあたっては，岩手県宮古市閉伊川地域との比較研究という視点から，福島原発事故による被害の実情を明らかにするとともに，在来環境知（local environmental knowledge，以下，在来知）に基づいた多様性の維持と社会ネットワークの評価に焦点を置いた。

本章で紹介する聞き取りの主な調査地は，福島県のうち，1）太平洋側に位置する浜通り地域の相馬市，2）阿武隈山地と奥羽山脈にはさまれた中通り地域の福島市，二本松市，伊達市，桑折町（こおりまち），3）奥羽山脈の西側に位置し，日本海側とのつながりが強い会津地域の喜多方市，西会津町などだ。図8.1に本章で扱った主な地名と地域名を示す。

著者3名のうち，後藤康夫と後藤宣代は，福島市在住の研究者だ。両名は，福島原発事故直後より，住民とともに考え行動する立場から，被災地での聞き取りと調査研究活動に携わってきた。2012年夏からは羽生淳子も加わり，小規

図 8.1　福島県内の地域名と主な調査地域

模農家や小規模事業者らとの対話を行った。2014年秋に，ニッセイ財団による学際的総合研究助成を受けたことを契機に，2014年10月，2015年７月，2016年７月・12月に，自給的農業を含む小規模経済の新たな試みを行っている個人を中心に，聞き取り調査を行なった。

なお，本章の１，２，５は羽生が，３は後藤康夫が，４は後藤宣代が執筆を担当した。

２．福島県農民運動連合会メンバーのさまざまな活動

今回の調査の焦点の一つは，福島県農民運動連合会（以下，県農民連）のメンバーからの聞き取りだった。県農民連のメンバーは，事故直後より，農作物の放射性物質汚染は，根も葉もない「風評」ではなく実害である，との立場から，東京電力（以下，東電）による損害賠償の必要性を主張し，東電と政府に対し直接交渉を行ってきた（根本・小出，2012）。

さらに，県農民連では，2013年に，福島県伊達市霊山（りょうぜん）において，福島原発事故以前から産直運動でつながりのあった県内外（とくに関西の消費者とNPO自然エネルギー市民の会）のネットワークを通じて市民ファンドを募り，非耕作地を転用した福島りょうぜん市民共同発電所を立ち上げた。以前からの都市住民とのつながりを基盤として，社会運動型の地域おこしを展開した好例だ。

同様の市民ファンド型の小規模太陽光発電は，現在までに県内の7カ所にひろがっている。このような試みは，「メガソーラー」と呼ばれる大規模な太陽光発電と対照的な，新しい形のエネルギー生産活動だ。

以下に，県農民連の佐々木健洋(たけひろ)さん，根本敬(さとし)さん，三浦広志さん，佐々木健三・智子さん夫妻と娘さんの国府田(こうだ)純さんから伺ったお話をまとめた。文体は，一人称ではなく三人称を用いたが，内容的には，いわゆる聞き書きに近い。聞き書きとは，「語り手の言葉を丹念に聞き取り，それを一つの文章にまとめ上げる」（西城戸・宮内，2016：7）手法だ。アンケート調査のような統計的なデータとは異なり，このような調査では，語り手の人柄や価値観，思想，その家族の歴史的背景などを理解しながら，福島原発事故前から事故後の活動の動機づけとその意義，未来への展望にアプローチすることができる。

2.1　県農民連の活動と再生エネルギーへの転換―福島市（中通り地域）・佐々木健洋さん（県農民連事務局長）

佐々木健洋さんは，福島市佐原(さばら)の酪農家出身で，後述する「ささき牧場」の佐々木健三さんの次男にあたる（2.4を参照）。佐々木健洋さんは，県農民連の事務局長であり，県農民連産直農業協同組合再生エネルギー事業に積極的に関わっている。今回の調査では，県農民連の活動を中心にお話を伺った。

県農民連には，福島県内の約1400名の農家の方が参加している。農民連では，消費者に農業の現場を見てもらうなど，消費者との交流を大切にしながら，産地直売という方法で米・野菜・果物などを消費者に直接届けるという事業を行っている。また，事務所では，地元の農作物を直接販売している（写真8.1）。農民連は，農業と環境問題は不可分の関係にあると考え，福島原発事故以前から，環境問題や平和問題について，積極的に関わってきた。

県農民連では，東電本社との交渉を，事故があった年の4月から開始した。作物が出荷できない，また実際に汚染もされている，という状況下で開始した交渉だった。事故前に売れていた価格と比べて下がっている分を損害賠償として請求する作業を，現在でも毎月行っているという。

県農民連は，農作物を作って売るという仕事をしてきたが，原子力発電所は日本の国内にはいらない，と考えている。原発に反対する運動をするだけでは現状は変わらないので，「半農半エネ」を掲げて，自分たちで電気を作るという事業も開始した。口絵3（上）は，福島県伊達市霊山に造られた，福島県北

写真 8.1　福島県農民運動連合会の産地直売所

農民連第一発電所だ（約2000㎡）。隣接する福島りょうぜん市民共同発電所（約1000㎡）（口絵３下）は，日本中の約70名の出資（一口20万円，上限10口まで）によって造られた，50kW の太陽光発電所だ。東京や大阪など都市部に住むたくさんの市民が出資した。

県農民連では，市民と協働して，その後も，県内に順次，小規模な太陽光発電所を造っている。全部が完成すれば，県農民連の1400軒の構成員の農家の電気代と同量の電気を自分たちで作れることになる。

佐々木健洋さんたちは，事故の翌年にドイツの再生エネルギー事情を視察して農家も再生エネルギーに参加していることを知り，これがきっかけとなって，日本でもやろうと考えたという。そこで一緒に教わってきたのが，電気を作るだけではなく，エネルギーの使用量を減らすことも大事，ということだ。これについても，福島で積極的に取り組んでいきたい，という。

再生可能エネルギーは，日本で急速に普及しつつあるが，大規模な太陽光や風力発電を行っているのは，東京の大企業が多い。それでは，その収益は全部東京に持っていかれる「植民地型発電所」となってしまい，地元にはお金が還元されない。東京に行ったお金は，最終的には，石油産油国などの海外に流れる。自分たちで電気を作って売ることによって，地域の中でお金が回るようになるのが理想という。

東北地方は，その71％が森林で覆われている。1950年代までは，山の木材は薪として使われていた。薪の使用は，戦後に減少し，かわって建築資材としての需要が急増したが，その後，輸入木材に押されて材としての使用量は大きく減少している。逆に，人口当たりの薪の使用量で見ると，現在の日本は世界でも最下位のレベルだ。

エネルギーは，イコール電気ではなく，人間が必要としているのは熱だ。フィンランドやオーストリアでは，森の資源を有効に使っている。地元の薪を使った，性能の良い薪ストーブが普及すれば，電気の使用量は，今よりもさらに減らすことが可能だ。

佐々木健洋さんの住んでいる福島市では，車のガソリン以外に，一年間に，化石燃料の購入費として，一世帯が約25万円を支払っている。それが11万世帯分あるので，年間275億円が，福島市から流出している。福島の農家が農業でどれだけがんばっても，農作物の販売額では，210億円にしかならない。外部に流れ出しているお金を減らすことにより，地域の中でのお金の循環によって活発な経済が生まれる可能性がある。

「これから，人口減が予測される日本社会において，エネルギーのあり方を変えることが，地域で生きていくために重要になる。原発の被害者だけでは終わりたくない。被害を受けたからこそ，エネルギーの問題に取り組んで，地域の発展に貢献したい」という佐々木健洋さんの言葉には，熱意だけでなく，知識と経験に裏打ちされた説得力がある。

2.2　風評ではなく実害を明言し，トータルな視点から福島の農業の将来を考える―二本松市（中通り地域）・根本敬さん（県農民連会長）

福島県農民連会長の根本敬さんは，福島原発事故直後から，放射性物質汚染は単なる「風評」ではなく実際に起こった実害だとして，東電による補償を求める姿勢を明確にしてきたことで知られている。これは，福島原発事故後の放射性物質汚染について，「根拠のない」噂が伝わったことにより福島県産農作物の売り上げが減少したとする，いわゆる「風評被害」の考え方に異を唱えた，問題の本質を捉えた発言だ。とくに，根本さんは，地元の視点から，汚染度の正確な測定の重要性を強調した上で，汚染されたものは食べるべきではない，ただし食べないことは作らないことと同じではなく，汚染された地域であっても，そこでどう生きてゆくかという「覚悟と模索」が必要だ，と主張した（根本・小出，2012を参照）。

佐々木健洋さんの項で述べたように，根本さんが会長を務める福島県農民連は，2011年４月から，福島原発事故の被害にあった農家が賠償を得られるようにと東電本社との交渉を開始した。その際，交渉を他者に委任するのではなく，直接交渉による賠償請求によって成果をあげてきた（根本，2012参照）。国と東電に対して，被害者が被害の実態を自分たちの言葉で語らなければ，金銭では示せない被害を自覚できない。だから，根本さんは，当初は集団訴訟で損害賠償を求める裁判ではなく直接交渉を重視した。しかし，福島原発事故から時間が経過して損害賠償の打ち切り状態が進んでくる中で，「汚染地で暮らさざるを得ない精神的賠償」が必要になってきた。その結果，今後は裁判によって，自主避難者も含めた幅広い被害者の間の連帯が重要と考えるようになったという。

根本さんの自宅は，奥羽山系の麓，二本松市にある。1970年代の第２次農業構造改善事業で水田に基盤整備が入った際に，複合経営が推奨されてブドウ園が造成されたが，山を切り開いたブドウ園はうまくいかず，手はかかるがお金になる蔬菜のキュウリ栽培などで，農業を維持してきたという。

福島県内では，もともと養蚕が盛んだったが，30年ほど前から桑畑が放棄された。群馬県などでは他の作物への転換に手当てがついたが，福島県では養蚕にかわって収益をあげられる作物がなかったため，耕作放棄地が増加した。担い手農家の兼業化と，土地の傾斜がきついこともその要因だ。

急速に増加する耕作放棄地を管理するために，根本さんは，第２次農業構造改善事業以前にはこの地域で一般的に行われていた，近隣農地の「草」を活用する畜産を再び導入することを提唱する。牛一頭で約１ha を管理できるから，草地を利用して飼料を自給する。肉牛の繁殖農家が飼育する牛の頭数は，通常，10頭から20頭くらいなので，これを放牧型にすれば，里山を管理し，放牧型畜産に移行することが可能になる。さらに，根本さんは，森林についても管理の重要性を強調し，作業道整備の必要性を主張する。これらの施策を展開する上でも「放射線対策」をきちんと行うことが前提であると考え，「汚染農地」への賠償措置を求めていくという。

福島県農家の将来について，根本さんは，次世代の農業の担い手として，農家の子弟かどうかにはこだわらず都会の非農家出身者であるＩターンの若者に期待する。たとえば，旧東和町（2005年に二本松市に合併）には，現在就農者が5名以上いるが，すべて非農家出身という。

根本さんは，農業とは，よその人に迷惑をかけない暮らしで，トータルに落ち着きが良い場所が大事であり，それは必ずしも科学的に証明できないと言う。そして，現在，農村に一番必要なのは，「政府が推奨する農業の6次産業化なるもの，効率」ではなく，日常的な暮らしの大事さを含めて，自給的農業の延長としての農村全体をデザインしコーディネートする，農村コーディネーターだと考える。そして，大規模化・効率化の農業は行き詰まっており，途上国で進む「アグロエコロジー」こそ，日本の農業再生に大きなインパクトを与えると主張する。

「経営に長けた農業をしようとする人たちがいてもいいが，そういう人たちだけでは地域は成り立たない。小規模な家族経営を主体に，多様な経営形態が共存できる農村が必要だ。」と語る根本さんの視点は，地域の密なネットワークが健在の，中通りの農家ならではの言葉だ。このような視点は，在来知を活かしながら農業と農村の新しいあり方を考えることと直結する。

2.3 福島のおコメは安全ですが，食べてくれなくて結構です―南相馬市・相馬市（浜通り地域）・三浦広志さん（NPO 野馬土代表理事）

浜通り農民連副会長の三浦広志さんは，農事組合法人浜通り農産物供給センター（以下，農産物供給センター）代表理事，特定非営利活動法人（NPO）野馬土（のまど）（以下，NPO 野馬土）代表理事を務めると同時に，息子さんとともに，「合同会社　みさき未来」を経営する。農産物供給センターは，1992年に設立され，米の産直事業や卸売事業を展開してきた。福島原発事故後，農産物供給センターは，浜通り農民連とともにNPO 野馬土を立ち上げ，米の放射性セシウム汚染に関する全袋検査をはじめとする農産物と土壌の放射能測定，農産品と加工品の販売，コミュニティカフェの経営などを行っている。

三浦さんは，今回の事故と農産物汚染の責任は，国と東電にあるのだから，被害者である農民と消費者が，福島の農産物を食べるか食べないかで争う必要はないと考える。それと同時に，農産物供給センター出荷する米については，徹底して放射能濃度を測定する。国の安全基準以下のコメしか売らないが，それでも福島産の米を食べたくない人には強制する必要はない，というのが三浦さんの考え方だ。その主な活動と考え方は，『福島のおコメは安全ですが，食べてくれなくて結構です』（かたやま，2015）という，刺激的なタイトルの本に詳しい。

福島原発事故が起こるまで，三浦さんは，福島県南相馬市小高区（旧小高町）で農業を営んでいた。事故後は，しばらく東京に避難した。放射線量の高さから考えて，小高では，もう農業はできないことは明らかだった。現在では，相馬市でNPO野馬土の活動を主体としながら，相馬郡新地町では，「合同会社みさき未来」の経営に関わる。

三浦さんの母方の曽祖父は，東和（現二本松市）から大正時代に干拓地を開拓に来て，小作争議の首謀者となり，ひどい状態の農地を少しずつ変えていった。お父さんは東京・目黒で生まれて三軒茶屋育ち。小学校4年頃に疎開で福島に来た。東京の空襲で家が焼け出されて，終戦後，家族が農業をやると決めて，全員で南相馬に移住した。干拓地だったから，沼のような田んぼで，条件のかなり悪い農地に入ってしまい，一株一株を手で起こしたという。三浦さんが小学校の時に，初めて耕耘機が入り，三浦さんが運転をさせられた。

この話からわかるように，南相馬の農地は，農民が少しずつ地道に作ってきた土地だ。しかし，大雨が降ると大洪水になり，日照が続くと塩が吹き出す，という田んぼの劣悪な状況は，1990年代まで続いた。農民たちは基盤整備を求め，紆余曲折を経て，2008年には基盤整備事業が完成した。ところが，震災後の津波で，それがすべてつぶれてしまった。

しかし，三浦さんはあきらめなかった。土地を荒らさない，地域を守る，という視点を大事にし，若い人をどう定着させるかを考える。自宅の田んぼは470 a（4万7000㎡），畑が60 a（6000㎡）で，専業農家としては，近辺での平均と比べれば小さいほうだ。近くには，2000～3000 a くらいの面積を耕作している人は普通にいるという。浜通りは，中通りと違って農業を継ぐ人がいなくなっているので，若い人が耕作を始めると，農地がみんなその人のところに集まる。

三浦さんは，荒地を増やさず，土地を集めて耕作するためには，中間管理機構が必要だと考える。具体的には，農業を法人化して，人を雇って土地管理を行うことを主張する。土地の管理については，現在のところ，以前農業をやっていた高齢者にお願いして土手の草刈りなどをしていて，それに国が補助金を出しているが，これはあと数年で行き詰まる。浜通りでは，土地管理の必要性がとくに深刻だが，おそらく，これは全国的な問題だと三浦さんは指摘する。

浜通り農産物供給センターの組合員は，現在，110人くらい，相馬市と新地町で60人くらい。実際にお米を出荷している人たちは40人くらい。米以外に太陽光発電などで参加している人もいるという。

大規模な再生エネルギー事業の可能性も含めて地域の土地管理と多角的な経営を考える三浦さんのダイナミックかつ現実的な発想には，中通りの根本さんとは違った，浜通りならではの視点が見える。

2.4 小規模ミルクプラントの持続可能性と「ささき牧場カフェ」―福島市（中通り地域）・佐々木健三・智子さん夫妻・国府田純さん

2001年から2007年まで県農民連の会長を務めた佐々木健三さんは，福島市西部，吾妻連峰のふもとで，1959年から酪農業に関わり続けてきた。前述の佐々木健洋さんは，佐々木健三さんの次男だ。私たちは，福島市佐原にある「ささき牧場」を訪れ，健洋さんも同席のもとで，健三さん・智子さん夫妻，「ささき牧場カフェ」を始めた，娘さんの国府田純さんからお話を伺った。

佐々木健三さんは，1959年に福島県の農業高校を卒業し，夢を持って酪農を始めた。しかし，1976年から米の減反が強化され始め，日本の農業政策は，米の代わりに牛などの餌を作り，畜産の規模を拡大することを奨励した。生活していくためには，牛を30頭から40頭，将来的には50頭まで増やすことが必要な計算になった。しかし，規模を拡大するとなると，環境，労働などについて，さまざまな問題が出てくるのが心配だった。

そこで，健三さんは，牛を50頭飼うのではなく，50頭分の牛乳代の収入を得るにはどうするかを考えた。その折に，自分の牛乳を自分で処理して自分で値段をつけて売るという方法もある，という助言を受けて，1989年に，牛乳の生産から加工までを行うミルクプラントを作り，牛乳の直接販売を開始した。

当時，日本国内のどこを見渡しても，300ℓくらいの小さな規模でミルクプラントを作って販売していたところはなかった。牛乳の処理から配達，集金，ミルクプラントの保守管理，衛生管理とすべてが初めての経験だったが，助言者に恵まれ，牛乳に付加価値をつけることで生活できる方法を模索した。

ミルクプラントを始めて最初の１～２年は，ブームもあり忙しかった。しかし，「スーパーなど大手量販店でたくさん売れるのは良いことだが，それに頼っては駄目だ」との助言を受けて，それぞれの家庭に直接届ける宅配の拡大に努めた。果たして，数年後には，「楽をして増やしたのは必ず減るが，苦労して増やしたのは必ず残る」との助言が，的を射ていたことが明らかになった。

ささき牧場は，今でも99％が福島市と伊達市内の宅配，店売りはほとんどしていないという。消費が減っていく中でも，そして今度の福島原発事故に際しても，長く宅配をしていたお客さんはすぐに戻ってきてくれたそうだ。

佐々木智子さんは，得意の野菜作りを生かし，福島原発事故で浪江町からこの地域に避難してきた仮設住宅の居住者に農作物などを作って届けるという支援を2014年から行っている。教員をしていた国府田純さんは，2015年１月に東京で行われた，農民運動全国連合会の定期大会でこの発表を行い，大きな反響を得た。その経験から，農業でがんばることを決意し，お父さんである健三さんに，「新しいことをやってみたい」と申し入れた。

その結果，2016年５月に，ささき牧場カフェが誕生した。このカフェでは，低温殺菌の「ささき牛乳」で作ったソフトクリームを，ワサビ，トマト，カボチャなど，季節ごとにさまざまなフレーバーで味わうことができる。

ささき牧場の酪農も，福島の多くの農家と同様に，福島原発事故による影響を事故発生直後から受けた。約１ヶ月間にわたり牛乳を捨てるという大変な事態が起こり，その後も自分の作った餌を使えない時期が長く続いた。この間の取り組みは，個人ではとうてい無理だったが，農民連という組織を通じて，しかも福島県の農民連しか経験のできない運動として取り組んだ。

これほど厳しい状況の中で，県農民連の会員が増えて組織が強化されるという，一見矛盾するような事態が起こった。「震災の年の６月の，モモの出荷直前の東電との交渉はすごかった。今の東電社長である廣瀬直己氏が，当時は災害担当の常務理事で，廣瀬常務と電話口で直接確認して，粘り強い交渉を行った。それで，農民連という組織は，本気になって農民の要求に答えているということが農家の中に一気に広がった」という。

ささき牧場の牛の飼料は，遺伝子組み換えをしていない穀物と乾燥干草。穀物類は輸入に頼っているが，飼料は，牧草地（約７ha）での自家産を基本にしている。しかし，福島原発事故以降は，自家産の干草が使えず，北海道農民連を通じて，2016年春までは北海道産の牧草を仕入れていた。現在は自家産の牧草に戻しているが，放射性物質汚染の検査をしながら使用しているので，また不足する可能性も考えられる。牧草も補償対象になるように，農民連を通して東電との交渉を進めている。

福島県の農業をどのような方向に向かわせていくかはこれからの大きな課題

写真 8.2　根本家の敷地内にある鳥居

写真 8.3　根本家の敷地内にある馬頭観音

で，唯一の道はない。しかし，「それぞれの農家で自分の経営を守るだけでなく，地域全体を見る視点が必要だ。だから，下からの協働を中心とした『集落営農』の試みを，全国で模索する必要がある。福島の農業は，日本の10年後を先取りしているような状況にある」と語る健三さんの言葉には，農業と食糧自給の問題を，地域の枠を越えて考え続けている重みを感じた。

写真 8.4 ささき牧場の牛舎の横にある「入佐原の虚空蔵さま」

2.5 考察

以上，福島県農民連関係者の方々からの，私たちの聞き取り成果をまとめた。これらの聞き取りで印象的だったのは，福島原発事故による土壌と森林の放射性物質汚染というきわめて困難な事態の中で，地元のネットワークを活かしながら，事態をあきらめずに迅速な対応策を講じている行動力と粘り強さだった。

聞き取りを行う過程で，中通りと浜通りの地域差や歴史的な背景とともに，地域に根ざしたネットワークの重要性も浮かび上がってきた。上記で紹介したさまざまな対応は，すべての地域で汎用な対応策ではなく，それぞれの地域の特性と歴史の上に成り立っていることが，聞き取りの過程でよく分かった。

根本さん宅の山には鳥居があり，敷地内には馬頭観音がある（写真8.2，8.3）。ささき牧場の牛舎の横には，「入佐原の虚空蔵さま」の木像があり，その由来は，元禄11（1698）年ともいわれている（写真8.4）。これらも含めて，地域の人々にとって，土地とのつながり，そしてその上に成り立っている在来知の重要性が，さまざまな対応の原動力となっている。

筆者（羽生）は，カリフォルニア大学バークレー校で教鞭をとっている関係上，福島原発事故の発生直後から現在まで，カリフォルニアの同僚や学生たちから，「放射性物質で汚染された福島で，なぜ農作物を作り続けるのかわからない」という主旨の質問を何度も受けている。しかし，土壌の汚染が県外にも広がっていることが明らかな以上，これは福島県だけの問題ではない。

原発事故で汚染された広範囲の地域で，各農家は，どのような対応が最良の道なのかを模索している。その対応は，個人と地域に応じて異なっており，一様ではない。とくに，太陽光発電を含む再生エネルギーなど，農業以外の生産活動を行うことにより，都市部の市民との連携を活かす方法を模索する試みは，農民連のみならず，福島県内外で注目を集めている（次節参照）。（羽生淳子）

3．再生エネルギーの地産地消活動―21世紀型経済社会の始まり―

3.1 「いのちと生活」の危機と立ち上がった社会運動

2011年３月11日（以下，3.11）に起こった東日本大震災の直前に日本語訳が出版され，その後，たびたび引き合いに出されることとなった本に，レベッカ・ソルニット（2011）の『災害ユートピア』がある。この本では，大爆発，大地震，大洪水，巨大なテロなど，災害に遭遇すると，ごく普通の人たちには日ごろは隠れているがヒョッコリと姿を現してくる共通な感覚，欲求，行動があることを指摘する。災害にあった人々は，困窮をきわめながらも困っている他人に手を差し伸べる。知らない人たちに食事や宿泊所を提供し，いつの間にか話し合いのフォーラムができる。一言で言えば，ガレキの中から，相互扶助と無償の行為というパラダイスが出現する。つまり，地獄から入るパラダイスなのだ，という主張だ。

3.11後，この福島でも，人類史的大事件と呼ぶほかない核被災の中から，NPOの増加率が全国一になった。そして，各々の地域住民が一人の市民として立ち上がり，さまざまな分野で，自主的活動を始めた。その中でも本格的な潮流を作り出しているのが，足元にある在来の自然を「自然資源」として再発見し，地域，全国，そして海外の支援者たちと多様なネットワークを形成しながら起動した，再生エネルギーの地産地消活動だ。

最初に，こうした活動の背景となっているもの，その社会的基盤の特徴を見ておこう。周知のように，3.11後に決定的だったのは，住民がことごとく放射能という「見えない恐怖」との闘いに直面し，「いのち」と「生活の地」をめぐって，ギリギリの選択を迫られたことだ。放射線量の可視化に向けて，市民として立ち上がった人たちは，小さく持ち運びできる線量計を入手し，自宅や子どもたちの通学路を自主的に測定したり，野菜や果物を地域にある食品の放射能測定所に持ち込んだりした。測定した線量値の評価基準をめぐっては，政府と東京電力，そしてマスコミによって広く流布することとなった「安全値」は，「安全」というよりは，せいぜいのところ「我慢の目安値」ほどのものと理解されていった。

住民は，家族や職場，学校や地域など，さまざまなところで議論したり，ソーシャル・メディアや専門家を招いた学習会を通して，個として自立し，それぞれの事情と判断基準でギリギリの「我慢の目安値」を決め，自らの行動を自律していった。こうした市民としての自主活動の中から，多様な社会運動が立ち上がり，その到達点の一つとして，数多くのNPOという形を取るに至った。

このような社会運動型NPOの代表を，二つほど挙げるとすれば，小さな子どもを持つ若い母親たちによる放射能自主測定と，子どもの健康管理を中心とする「いわき放射能市民測定室たらちね」，そして福島市ゆかりのアーティスト３人（遠藤ミチロウ，大友良英，和合亮一）が立ち上げ，市民参加の芸術表現活動とネット世界発信を中心とする「フェスティバルFUKUSHIMA！」だ（後藤ほか，2012）。こうした多種多様な社会運動の中から，経済活動まで展開していくこととなったのが，次項で取り上げる再生エネルギーの地産地消事業体だ。

◇コラム４◇

大友良英さん……（ミュージシャン，プロジェクトFUKUSHIMA! 共同代表）からの聞き書き

3.11直後の福島へ：もう緊急事態だ，何かやらなきゃと思って福島市に急ぎました。ミュージシャンはそういう運動神経になっているんです。福島の人たちは，誰が悪いといってもどうにもならない，問題は「見えない放射能」，放射線被ばくをどう考えるかだ，ここに住んでいいのか，いけないのか，科学でも結論がないとき何を信じていいのか，まるで宗教戦争のよう。それが一番深刻でした。専門家でも意見が割れている以上，個々人が考えるしかない。その土俵づくりが必要，それは祭りだと思ったんです。

僕らが日常的にやっている音楽は，小さな祭りのようなもの，ワッとなって楽しい。多分，身体的です。やるなら８月15日しかないと言ったのは，遠藤ミチロウさんです。広島はアメリカによって被ばくさせられたけど，今度は自ら被ばくしてしまった。

戦後築いてきた今の社会が爆発したんだ，だから敗戦の日，戦後のスタートの日にライブみたいにみんなで集まれることをやりたいと考えていたんです。

誰でも参加でき，自分たちで作る8.15フェスティバル（全国から１万3000人，全世界ネット参加25万人）：お金で買うフェスティバルは駄目，自分たちで作らないと。すごく役立ったのが「風呂敷」です。木村真三先生から，いくら放射線量が低くても地面にはセシウムがある，そこから身を守るものを見える形にしたほうが良いと助言があり，「大風呂敷」のアイデアが出てきたんです。みんなで持ち寄ったり，福島に来れない人もどこかで縫って送ってきたりして，それを縫い合わせてつなぐ。この共同作業により，協力する人の数が爆発的に増えた。そんな個々人の多様性がひとつになって，「大風呂敷」ができあがったんです。オーケストラも子どもから大人まで，いろんな人が200人，同時多発フェスは世界中で90ヶ所。誰でも参加できる形で，福島と世界がつながったんです。

「ええじゃないか」の音頭と盆踊りの創作：幕末の世直しのとき，全国に広がった民衆の群舞，祝祭の「ええじゃないか」は，ミチロウさんのアイデアです。すごく納得して，僕が作詞・作曲し，2013年から始めたんです。盆踊りだと，体を動かして，誰でもスッと入れる。参加型ですよ。身体性，基礎体力に近く，楽しかったり面白かったりすることが続いていけば，何らかの力や形になっていくのだろうと思っています。

……………………………………………………………………………………………………

3.2　再生エネルギー地産地消活動の代表的な事業体とその特徴

東西南北に広がる福島県は，地理的・空間的に見ると，三地域に分かれる。東側にあたる太平洋岸の「浜通り」，阿武隈山地を越えて東北新幹線と東北自動車道が南北に走る「中通り」，そして奥羽山脈を越えて西側にあたる「会津」だ。各地域の代表的な再生エネルギーの地産地消事業体を整理すると，表8.1のようになる。

表8.1にあげた事業体はそれぞれ独自性を有しているが，共通する特徴を整理すれば，次の３点にまとめられる。

再発見された多様な自然資源や3.11以前の社会活動で培われた知識・ネットワークという在来知を基礎にしている。

一番困難な資金調達において，地元金融機関や自治体というローカルな枠組み，大都市消費者というナショナルな枠組み，そして海外の財団というグロー

表 8.1　地域別に見た，再生エネルギー地産地消の代表的事業体

地域	会津	中通り	中通り	浜通り
事業体名称（略称）	会津電力	元気アップつちゆ	りょうぜん市民共同発電所	NPO 野馬土
所在地	喜多方市	福島市	伊達市	相馬市
在来知 ①自然資源の再発見	太陽光（ソーラー），水（小水力），森林（バイオマス）	地熱（バイナリー），水（小水力）	太陽光（ソーラー），半農半エネ	太陽光（ソーラー），半農半エネ
②3.11前の社会活動	酒造 蔵保存	温泉 まちづくり	産直 農民運動	有機農業 産直 農民運動
ネットワーク形成（資金調達）	首都圏消費者の市民ファンド 自治体 地元金融機関	信用金庫 NPO	関西消費者の市民ファンド NPO	海外財団（英・仏）
環境教育・交流	交流施設「雄国大学」 シェーナウ環境賞受賞記念「ふくしま自然エネルギー基金」	児童の体験学習 エコツーリズム	都市支援者との交流 現地見学イベント	カフェ「野馬土」経営 大都市消費者・ボランティアとの交流 被災地ガイドツアー

バルな枠組み，こうした三層の支援ネットワークを形成している。

長期的な持続可能性についてみると，「自然と人間との共生関係」だけでなく，「世代と世代との継承関係」においても，体験学習施設の「大学」やエコ・ツーリズムなど環境教育・交流による次世代育成を独自に展開している。

3.3　典型としての会津電力，その理念と活動

ここでは，再生エネルギーの地産地消事業体としてよく知られている「会津電力」について，立ち入って見ておくこととする。

会津の北方に位置する喜多方市の「大和川酒造」9代目，佐藤彌右衛門さんは，あの日，「放射能が奥羽山脈を越えて，会津盆地に降り注ぐことになれば，住めなくなる」と，恐怖に襲われると同時に，「この地にある豊かな水と森林，そして降り注ぐ太陽の光を用いれば，エネルギーは自給できる，地域はこれまでのような国内植民地状態から脱却し，自立できる」と決然として思い立つ。ここに，足元にある自然・大地は，「自然資源」として再発見され，これまで酒造りと蔵を活かしたまちづくりを通して培ってきたネットワークを跳躍台に，エネルギーの地産地消活動が始まることとなった（クライン，2011）。

経済活動を始めるにあたって最大の焦点となる資金調達は，地元金融機関や自治体の協力による「地域内資金循環」，それだけではなく全国で立ち上がった社会運動を背景に，市民参加型の「市民ファンド」方式（一口20万円，分配期間11年間，目標利回り２％）を採用，二ヶ月で500口・１億円が集まった。出資者は，「これまで福島からの電力にお世話になったお返しに，福島を支援したい」という，首都圏の消費者が多かった。会津電力は，法的には株式会社となっているが，佐藤さんは「実質は協同組合，あるいは共有型」という。第１号の「雄国（おぐに）太陽光発電所」には，体験学習施設「雄国大学」が併設され，次世代の環境教育に積極的に取り組んでいる。

佐藤さんは，「最終目標は東京電力に奪われている福島の水利権を買い戻し，地域の自立と自治をつくり上げること。この地から新しい豊かさとエネルギー・デモクラシーを始める」と，理念を語る。これまでの活動が海外でも高く評価され，ドイツで再生エネルギーによるまちづくりを行っているシェーナウ電力から贈られた環境賞の賞金を元手に「ふくしま自然エネルギー基金」を立ち上げた。他方で，世界各地20ヶ国からの参加者を得て「世界ご当地エネルギー会議」を開催するなど，グローバル・ネットワークを展開し，その理念と活動範囲は，海外にも広がっている（後藤，2014）。

◇コラム５◇

佐藤彌右衛門さん………………（大和川酒造９代目当主，会津電力社長）からの聞き書き

じいさんの教え：1790年に酒箒（さかぼうき）という免許をもらって，今年（2016）で226年目です。私のいま生きている範となるのは，７代目の私のじいさんです。子どもの頃によく聞かされました。ひとつは「四方四里」。四方は東西南北，四里は16 km，この範囲の中で私たちは生きていけるという思想です。里山があり，春は山菜，秋はキノコ，それから薪をとり，炭を焼く。会津は大穀倉地帯ですから，コメ，麦，大豆とみんな取れて，酒，味噌，醤油と，食糧にはほぼ困らない。だから，会津は豊かなところで，他所から持って来るのは何もないんだよ。ここできちんと生きていきなさいと。ただし，これを次の世代にキチンと渡していきなさいということです。

もう一つは，かならずお前が生きているときに「三つの事変」があるから，覚悟して生きろというのです。天変地異，経済恐慌，そして戦争が必ず起こる。片方で豊かで安全安心な地域があり，子孫から子孫につながって行く豊かさがある，しかし，

それがいつ切れるかわからないぞ，ということです。そういうじいさんやばあさん達が語り継いでいくことに真実はあるのです。

喜多方の旦那文化：喜多方にはおもしろい話が残っています。「旦那」といわれるには，蔵を三つ建てないと駄目なのです。仕事蔵，衣装蔵，そして座敷蔵。座敷蔵はゲストハウスで，床を上げて畳を敷いて床の間をおくので，そこに掛ける書や絵を勉強して，文人墨客を招く。インテリジェンスを磨くのです。さらに，社会事業に応援すれば，「旦那様」に上がれる。要するに社会貢献です。

会津電力の立ち上げ：そういうことの中に，福島原発事故をキチンとおいて見ると，私はやはり強烈なことがでてくるのではないかと思います。国や東電の文句をいっていてもしょうがない。危険な原発を見過してきた責任，悔しさ，やり返してやろうではないか，俺たちはやるぞ，と立ち上がったのが会津電力です。もともと会津は水力が豊富でしたが，いままで電力を奪われてきたのです。早く地域に分散して，間に合うだけキチンとつくって機能するシステムにすればいいだけです。水，食糧，エネルギーは誰かが独占するのではないのです。まちづくりに市民が参加する，形にする。地域は自分たちのものだというシヴィリアンの発想です。

郷酒（酒づくり）：酒づくりからすると，もともと地産地消の郷酒があります。地元の水，コメ，その風土です。エネルギーも昔は薪で，炭で釜を焚いていた。いまは，農業法人で，酒米をつくっています。化石燃料や原子力を使っていては駄目だということで，再生エネルギーを率先して入れました。いずれ将来は全部，再生エネルギーでまわして行きます。

……………………………………………………………………………………………………

3.4　考察－安藤昌益と田中正造から21世紀型経済社会へ－

最後に，こうした試みを二つの視点から位置づけてみたい。第一に，日本の環境思想においてみると，卓越した二人の土着・在地思想が重要だ。安藤昌益（1703～1762）の「自然（じねん）」と「直耕（ちょっこう）」，田中正造（1841～1913）の「真の文明は　山を荒さず　川を荒さず　村を破らず　人を殺さざるべし」。本節で紹介した再生エネルギーの地産地消活動は，このような二人の思想の，21世紀的展開ということができる。昌益から300年，正造から100年，ようやくにして二人の思想が，核被災という人類史的な危機の只中で，現実的な展開を始めた。

第二に，視点を広く，「宇宙船地球号」という「ひとつのグローバルな市民社会」においてみれば，自然との共生に基づく「脱成長」と「新しい豊かさ」，市民参加に基づく「連帯経済」，そして住民自治に基づく「自律分散社会」，これらの三位一体的展開が始まったといえる（似田貝・吉原，2015；クライン，2017）。核被災という何世代にもわたる人類史的課題に取り組みながら，21世紀型経済社会への第一歩が始まっている。（後藤康夫）

4．在来知と科学知の結合―レジリエンスの担い手としての女性―

災害によって故郷や人間関係を破壊され喪失した人々は，なにを支柱に，どのようにして，再び立ち上がっていくのか。環境保護や災害復興に対して，国連および日本政府は，女性の視点・役割が必要不可欠であると強調している。この視点から，本節では，核被災地・福島における女性たちのレジリエンスの過程とその特徴を述べる。

4.1　環境，災害における女性の視点―世界と日本―

まず，はじめに国連と日本政府の見解を確認しておこう。1992年，リオ・デ・ジャネイロで開催された国連環境開発会議（地球サミット）は，「環境と開発に関するリオ宣言」を採択した。これは，前文と27の原則から構成され，その第20番目で，「女性は，環境管理と開発において重要な役割を有する。そのため，彼女らの十分な参加は，持続可能な開発の達成のために必須である」と宣言した。これは，のちに「女性原則」として知られるようになるが，このような視点が日本に本格的に導入されるのは，世紀を跨ぐこととなる。

1999年，男女共同参画社会基本法が成立し，これを受けて，2005年12月には「男女共同参画基本計画（第二次）」が閣議決定された。そこでは，「新たな取組みを必要とする分野」として，「科学技術，防災（災害復興を含む），地域おこし，まちづくり，観光，環境」における男女共同参画を推進することが確認された。こうして，国内外で環境及び災害復興への女性の視点と役割が明確となった。

4.2　女性の地位と福島

1998年に制定された特定非営利活動促進法（NPO 法）と1999年の男女共同参画社会基本法という二つの法整備を経て，日本社会もようやく地球環境などの「グローバル・イシュー」に対応できる主体形成の方向が整うこととなる。

2001年，福島県二本松市に「福島県男女共生センター」が開館した。当時の福島県は，「地方議会に占める女性議員比率」が「全国最下位」（2000年12月31日現在，総務省調べ）であり，男女共同参画社会基本法の基本理念の一つである「政策等の立案及び決定への共同参画」に鑑みて，きわめて由々しき問題を抱えていることが明らかとなった。

それから10年後の2011年は，女性の自立を高らかに謳いあげた雑誌『青鞜』が発刊されて100周年で，日本女性史にとって記念すべき年であった。因みに『青鞜』創刊号の表紙絵を飾ったのは，福島県安達（あだち）町（現二本松市）出身の高村智恵子（旧姓：長沼）で，平塚らいてう「元始，女性は太陽であった」，与謝野晶子「山の動く日来る」が所収されていた。比喩的にいえば，100年間にわたり，「太陽ではなく月」，「動かぬ山」であった福島の女性たちともいえよう。まさにその年に，東日本大震災が発生し，福島は核被災することとなった。

4.3　女性たちのレジリエンス活動

公害・環境問題の第一人者である宮本憲一（2014）は，今回の核被災を，「史上最大最悪のストック公害」と性格づけている。そのような最悪の事態の中から，いち早く立ち上がったのは，生命を産み，育てる女性たちだ。戦争中も子どもに食事を与え，生活を守ってきた女性たちは，頻発する余震，そして核被災にあっても，安全な食を求め，生活を守ろうとした。つまり，生活者ゆえに，積極的な主体となっていた。

母なる大地が放射能に汚染され，食の不安や健康不安が生じたとき，声を上げ，行動に移したさまざまな福島県の女性たち（後藤宣代他，2014）の活動には，二つのタイプがある。第一は避難者を支援する県内の女性たちによる活動（避難者を支援する活動），第二は県内避難の被災女性たち自身による活動（避難者自身による活動）だ。前者の例としては，福島県北地域の伊達郡桑折町で，桑折町女性団体連絡協議会が運営する「元気こおり本舗」，後者の例としては，阿武隈山地にある相馬郡飯舘村の「かーちゃんの力（ちから）・プロジェクト」（後にNPO法人化）がある。表8.2に，両者の活動を整理し，そのネットワークとレジリエンスに関する特徴の析出を試みた。

２つの活動に共通する特徴は，１）所在地自治体は平成の大合併には与せず，２）保守的な福島県にあっては例外的に，3.11以前から女性が活発に地域づくりに関わり，３）放射能被ばくに対しては，とくに食の安全と生命をまもる視点から，自主的に線量測定を行い，４）国よりはるかに厳しい自主基準を設け，

表 8.2　支援の２類型とその特徴

略称	元気こおり本舗	かーちゃんの力（ちから）・プロジェクト
活動のタイプ	避難者を支援する活動	避難者自身による活動
所在地（自治体）	伊達郡桑折町	相馬郡飯舘村
運動体の正式名称	「元気こおり本舗有限責任事業組合」（運営は桑折町女性団体連絡協議会）	「かーちゃんの力・プロジェクト協議会」（その後，NPO 化）
平成の大合併への対応	合併せず	合併せず
3.11以前の男女共同参画	活発　まちづくり	活発　地域づくり
3･11後の取り組みとネットワーク	被災者（桑折町にある浪江町仮設住宅）との交流 街道でつながる 市町村交流 全国の自治体へ研修	避難者を福島大学が支援 年会費1万円のサポーター（全国に300人以上）
活動場所	桑折御蔵（こおりおんくら）（震災では半壊した，古い蔵の活用）	空き店舗の利用→茶屋開設
主な活動	味噌汁づくり　伝統食　食育	ヘルシー弁当　伝統加工食品
ブランド食品	「具沢山のお！味噌汁デー」	「あぶくま御膳」
放射能への対応	自主測定・自主基準	自主測定・自主基準
避難指示解除後	継続して活動中	帰還に伴い発展的解消

５）県内外にネットワークを形成してきた，ということだ。

「元気こおり本舗」と「かーちゃんの力・プロジェクト」は，ともに生命と食の安全を守る立場から，20世紀の巨大科学，現代物理学の所産である放射能についての科学知を学習することにより，身近にあった伝統食（在来知）を再発見した。そして，それをブランド食品として商品化し，女性の経済的自立への足がかりにしていった。簡単にいえば，科学知に裏付けられた在来知の再発見であり，科学知と在来知の新たな結合が，女性たちによる小規模経済活動の始まりにつながった。こうして，未曽有の核被災からのレジリエンス活動が具体的な形を取ることとなった。

その後，「かーちゃんの力・プロジェクト」（塩谷・岩崎，2014）は，飯舘村の避難指示解除（2017年３月31日）に伴い，活動を終えた。プロジェクトの女性たちは，故郷に帰還する人，避難先に留まる人，それぞれの道を歩むこととなった。それぞれの地で，これまで培ってきたノウハウやネットワークを活かし，郷土の食文化再生と次世代への継承活動を行っている。

4.4　福島と世界をつなぐ

こうした女性たちの活動は，女性たち自身によって海外発信されている。一般社団法人国際女性教育振興会福島県支部は2011年，2012年，そして2013年と三年連続して記録集を作成し，さらに，この３冊を凝縮した冊子を（日本版のみならず英語版も）発行している。当時，同支部長だった鈴木二三子さんは，2013年３月８日，ロサンゼルスで開催された東日本大震災追悼集会「Love to Nippon」において，3.11後の福島の実情を報告した。

鈴木さんは，福島県女性団体連絡協議会会長（当時）も務めながら，福島県西会津町において，核被災後には，子どもたちの健康を守るために黒米で味噌作りをはじめ，「黒米味噌本舗」を起業した（コラム６参照）。

◇コラム６◇

鈴木二三子さん　（一般財団法人　国際女性教育振興会福島支部長，有限会社グリーンタフ工業代表）からの聞き書き

自然の声に耳を傾けて：新潟県との境に位置する西会津に，築150年の自宅で，息子夫婦と孫と暮らしています。祖先には村長もおり，祖父は信用組合や産業組合の創設にも関わっていました。一方で研究熱心で気象への造詣が深く，普段は良質なお茶を飲み，水にもこだわりを持っていました。

「跡継ぎ」として，長女の私は父に同伴して会合に参加しましたが，成長するにつれて「オンナのくせに」と差別され，次第にジェンダーの問題に関心を持つようになりました。また，独身時代，母が病弱だったことから，有機農業に目覚めました。転機は，農薬を多用していた友人が流産し，農薬が原因だと直感したことです。

農薬を使った息子がアレルギーを発症したことから，無農薬・有機に徹するようになり，カリフォルニアとフランスの有機農業から，多くを学びました。日本における農林水産省の有機の基準は，世界に通用する国際基準とは異なっているので，農水省の有機認証は，あえて取得していません。

お天気予報は農作業に不可欠。自然の声に耳を傾けて，農業を行ってきました（鈴木，2005）。その成果は，2008年にNHK・ハイビジョン特集「すべては自然の贈りもの－西会津のお天気母さん－」と題して放映され，翌年には第３回国際有機農業映画祭でも上映されています。

生命の十字路と農業の多様性：西会津町の村は，飯豊(いいで)連峰に連なる山々に囲まれ

た穏やかな所。北限南限の植物に加え，日本海側の植物があり，「遺伝子の十字路」，「生命の十字路」です。四季おりおりの食文化には，先祖から受け継がれてきた生活の知恵が積もっています。それが，3.11で断ち切られてしまいました。

子どもたちが健やかに育つ食べ物を届けたい―3.11後の活動―：長崎の被ばく医師である秋月辰一郎さんの『死の同心円』を読んだり，実際に自分でチェルノブイリを視察した経験から，放射能被害の晩発性について，真剣に考えるようになりました。

将来を担う子どもたちが健康に育ってほしいという思いから，体に良いといわれる黒米で味噌作りをはじめ，2012年に「黒米味噌本舗」を設立しました。翌年には，西会津の女性たちと一緒に加工所を作り，さまざまな加工食品を販売しています。９事業所，総勢20人くらい。「西会津農林産物加工ネットワーク」という名称で，私は会長を務めています。

ネットワークの目的は，情報交換，技術研修，販売。とくに子どもたちに食の安全と健康を届け，育てた農作物は自然の恵みを捨てないで活かし，保存していきたい。そして女性自身で経済力をつけていきたい。

……………………………………………………………………………………………………

4.5　考察―女性の地域づくり参加への重要性―

福島県は，県内の市町村議会議員選挙における女性当選者の少なさで知られていた。女性の社会参加に大きな課題を抱えてきた福島県だが，人類史的大事件である核被災の体験をとおして，さまざまな形で女性の活躍が目立つようになった。『青鞜』に倣っていえば，「山の動く日来る」，そして忍従を突き破って「隠れたる天才が発現」したということになる。

図8.2に，福島県の女性の地位と地域の現状を知る手がかりとして，「女性の政治参画マップ」（2002年現在）と「過疎地域マップ」（2000年現在）を示す（後藤宣代，2002）。女性議員空白地域と過疎地が，ほぼ重なっている。この図から明らかなように，持続可能で活発な地域づくりと女性の社会参加の度合いは，きわめて密接に結びついている。（後藤宣代）

5．展望―在来知と多様性，ネットワークの重要性―

以上，福島県農民連の活動，再生エネルギーの地産地消事業，女性の活動という３つの視点から，聞き取りの成果をまとめた。私たちが調査を始めた当初

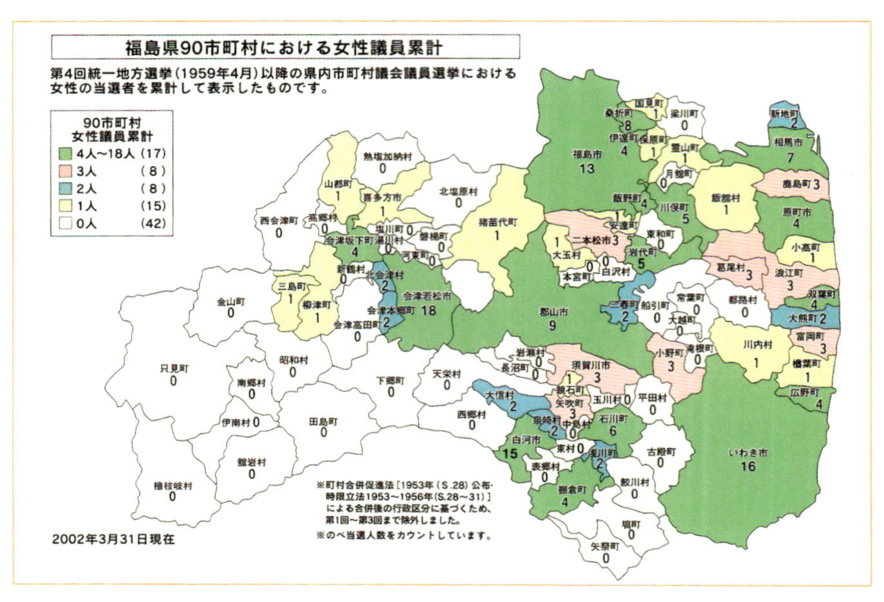

図 8.2　福島県旧市町村における女性議員累計（上）と過疎地域町村一覧（下）

は，福島原発事故による被害が甚大なため，福島県内の事例では，在来知とそれに基づいた食の多様性の重要性は大きくは反映されないかもしれない，という予測があった。しかし，聞き取り調査の結果では，在来知に基づいた多様性の維持と地域の社会ネットワークが被災後の活動の原動力となり，さまざまな試みが始められていることを確認した。

聞き取りからは，1）調査地域において，1960年代以降の成長パラダイムは明らかな限界を迎えており，それに代わる持続性パラダイムへの移行を目ざした取り組みは震災以前から行われていたこと，2）震災と福島原発事故は，持続性パラダイムへの移行の必要性を明確にした一方で，放射性物質汚染によるさまざまな困難が立ちはだかっていること，3）それにもかかわらず，小規模農家をはじめとする小規模事業者は，「半農半エネ」などの新たな試みを行っていること，4）その原動力には，地域に根ざした在来知と社会ネットワークが大きな役割を果たしていること，が明らかになった。

小規模農家を中心とした聞き取りの成果からは，戦前からの歴史の重要性と，福島県内における多様な地域性も読み取ることができる。たとえば，2.2で紹介した根本敬さんのお話では，代々続いてきた農家の生活の知恵と誇りがアイデンティティの核となっていることが示された。

これに対し，浜通り地域は，城下町として栄えた相馬地方を含みながらも，江戸時代以降，開拓者の入植も含めた人の移動が見られる地域だ。2.3で紹介した三浦広志さんのお話からは，この地域では，従来の価値観にとらわれない新たな事業が試みられていることがわかった。

会津地域は，福島原発事故による放射性物質汚染の被害が浜通りや中通り地域と比べて少ない。鈴木二三子さんのお話は，有機農業の長所と地元の食材の特性を生かしながら，多様な食材を用いた保存・加工食を核とした起業を行った好例だ。

このような意欲的な試みの一方で，農業従事者の高齢化と過疎化は大きな問題となっている。これは，震災以前からの傾向であり，福島県内にかぎらず日本の農村地帯の多くに共通した，構造的な問題だ。とくに，豪雪地帯である会津地域や若者の雇用先が少ない阿武隈山地では，人口減少が著しい。核被災による県外移住者の増加は，この傾向に拍車をかけている。（羽生淳子）

引用文献

かたやまいずみ（2015）『福島のおコメは安全ですが，食べてくれなくて結構です』かもがわ出版.
クライン，ナオミ（2011）『ショック・ドクトリン（上）（下）』岩波書店.
クライン，ナオミ（2017）『これがすべてを変える（上）（下）』岩波書店.
後藤宣代（2002）『男女共同参画社会と地域再生』福島県男女共生センター.
後藤宣代（2014）「『3.11』フクシマの人類史的位置」後藤宣代・広原盛明・森岡孝二・池田清・中谷武雄・藤岡惇『カタストロフィーの経済思想』昭和堂，1-61頁.
後藤康夫（2014）「ハリケーン・カトリーナの衝撃とニューオーリンズの未来」福島大学国際災害復興学研究チーム編『東日本大震災からの復旧・復興と国際比較』八朔社，179-197頁.
後藤康夫・森岡孝二・八木紀一郎編（2012）『いま福島で考える』桜井書店.
塩谷弘康・岩崎由美子（2014）『食と農でつなぐ』岩波新書.
鈴木二三子（2005）『里山の言い伝え』嶋中書店.
ソルニット，レベッカ（2011）『災害ユートピア』亜紀書房.
似田貝香門・吉原直樹編（2015）『震災と市民』東京大学出版会.
根本敬（2012）「命を脅かす原発とわれわれは共存できない」後藤康夫・森岡孝二・八木紀一郎編『いま福島で考える』桜井書店，41-55頁.
根本敬・小出裕章（2012）「食べるべきではない，と，作るべきではないを切り分けてほしい」http://blog.livedoor.jp/amenohimoharenohimo/archives/65797682.html（2018年1月27日アクセス）.
宮本憲一（2014）『戦後日本公害史論』岩波書店.

第9章

生業の多様性と漆

—歴史生態学からみた二戸市浄法寺地区の漆産業—

伊藤　由美子・羽生　淳子

1．はじめに

本章では，岩手県二戸市浄法寺地区で私たちが行った民族学的な聞き取り調査の成果の一部に基づいて，この地域を特徴づける漆産業と生業との関わりおよびその歴史的変化，漆掻きにまつわる在来知，そして在来知に基づくレジリエンスについて考察する。研究目的のひとつは，第6章で扱った閉伊川流域における北上山地の暮らしと，同じく岩手県北にありながら，より平地が多い浄法寺地区の事例を比較することにある。

浄法寺地区における今日の漆の生産量は全国1位で，浄法寺産の生漆は国産品の8割以上を占める。戦後，国内から次々と漆の産地が無くなる中で，浄法寺では伝統的産業としての漆の生産が続けられ，近年では，浄法寺産漆というブランド化に成功している。しかし，順調に見える漆生産も，一方で高齢化や後継者の減少などの課題をかかえている。

歴史的に見ると，浄法寺地区のほぼ中央を流れる安比（あっぴ）川沿いには街道があり，隣接する八幡平市安代，二戸，さらに下流の八戸とは古くから交流・交易が行われてきた。特に安代で作られた木地に浄法寺で漆を塗って漆器にし，地区内の天台寺境内や城下町である八戸で販売するなど，川を通じたつながりは閉伊川流域と共通するものがある。

2．文献史資料による歴史的背景

2.1　浄法寺地区の地理的環境

浄法寺地区は岩手県の内陸北西端部にある（図9.1）。奥羽山脈の西側に位置し，北側を青森県と接している。地区の北西部には標高1078 m の稲庭岳があ

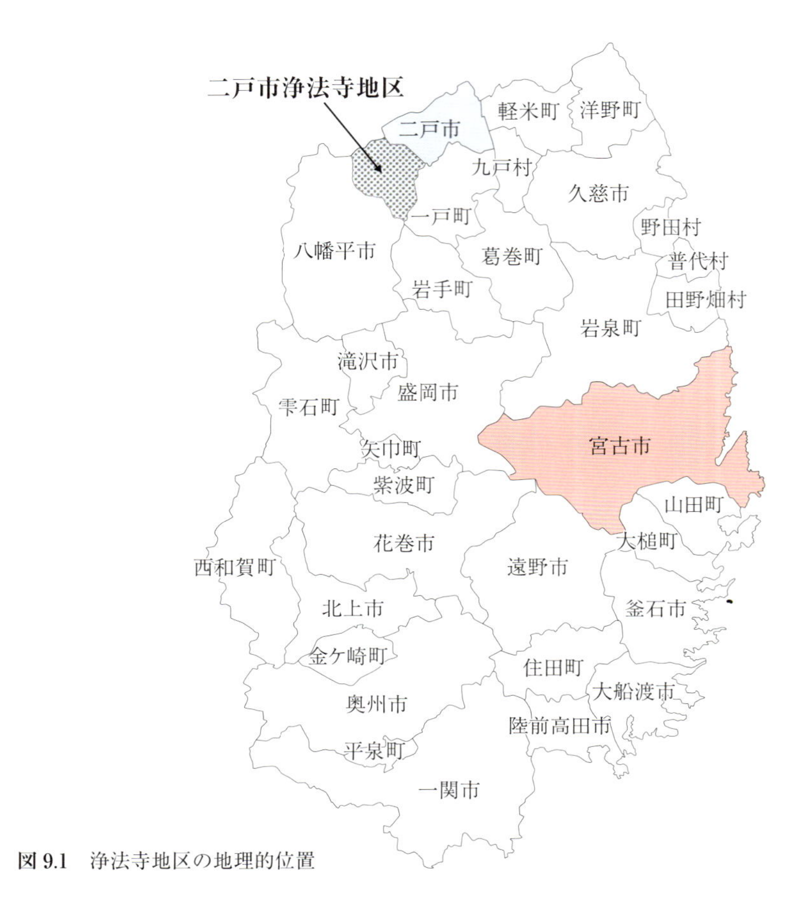

図 9.1　浄法寺地区の地理的位置

り，西側に位置する安比川まで丘陵が伸びる（図9.2）。『浄法寺町史上巻』（浄法寺町史編纂委員会，1997）によれば，地区の約 8 割が森林と山地で占められている。

浄法寺地区のほぼ中央には，南から北に向かって安比川が流れている。安比川の起点は南に隣接する八幡平市にあり，浄法寺地区を縦断して二戸市で馬淵川と合流し八戸市へ下り，太平洋に注ぐ（浄法寺町史編纂委員会，1997）。安比川は古くから物流の手段に使用され，筏などにより八戸市まで物資を運搬していた。

植生は冷温帯落葉広葉樹林を基本とする。浄法寺地区の南側および西側の標高800 m 以上の地域では，ブナを主体とする日本海型の森林が広がる。

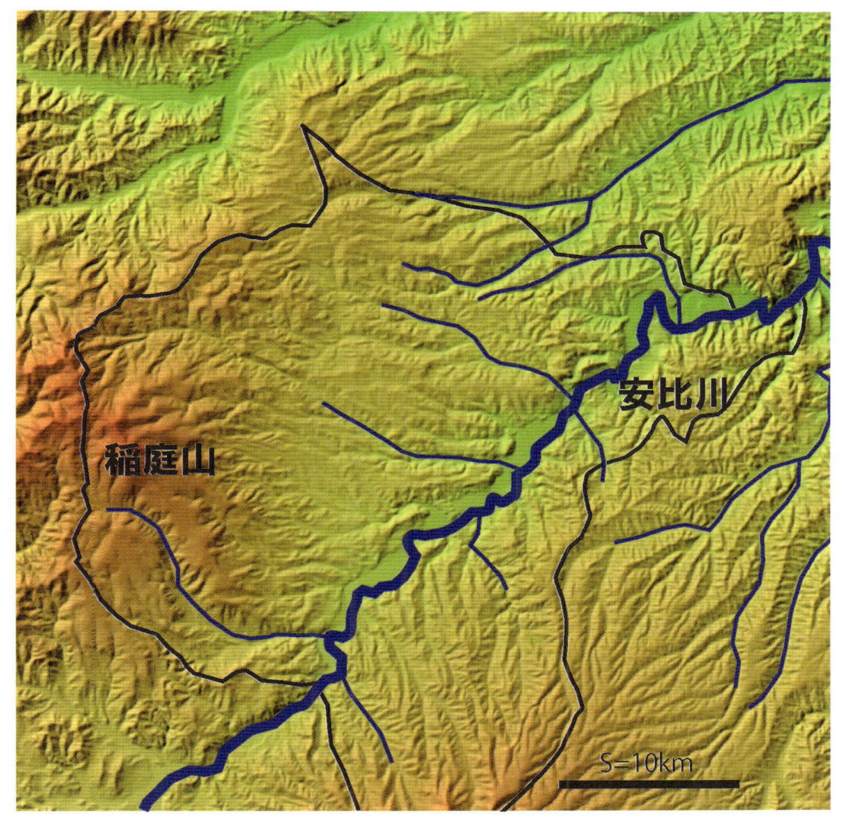

図 9.2　浄法寺地区付近の地形図（国土地理院地図（電子国土 WEB）を使用して作成）

2.2　近世

『浄法寺町史上・下巻』（浄法寺町史編纂委員会，1997，1998）によると，浄法寺地区は，福岡（二戸市）から鹿角（鹿角市）の鹿角街道上に位置し，幕府巡検史および歴代藩主の巡検の道筋にあたった。地区内では農業・林業・畜産（馬産）と漆の生産を行っていた。農業は稗・大豆・蕎麦が主体となっていた。米の生産量は少なく，ヤマセなどの影響により作柄にムラがあった。

伝統的な生漆の生産方法としては，１本の木から数年にわたり漆を掻き取る養生掻きを行い，漆蝋も生産していた。工藤紘一（2011）の研究によると，承応元（1652）年における二戸地方の漆生産量は，盛岡藩全体の47.7％を占めている。漆と漆蝋は課税の対象で，藩が統制する御禁制品でもあった。また，安比川の上流に位置する現在の八幡平市安代町は木地の産地で，それに漆を塗ったものが浄法寺塗として文献などに記載されている。

2.3　近代から現代

次に，同じく『浄法寺町史上・下巻』に基づいて，近代から現代までの生業の変化をみてみよう。

2.3.1　農業

近世同様に，畑作による稗・大豆・麦・蕎麦などの畑作が主体で，稲作は畑作の１/３を占める程度だった。大正期は，大正12年のデータによると，米5797石，大豆2999石，麦1741石，稗4560石で，雑穀栽培の占める割合が高かった。昭和に入り，品種改良などで米の収量は上がり，昭和30～40年代には主要な産品となった。しかし，現在では減反され，減反した水田の一部では蕎麦を栽培している。

昭和30年代から葉たばこの生産が始まり，この地域の主要な産業となる。昭和39年頃に拡大し，昭和50年前後が最盛期だったが，現在はお金を渡して作付けを減らしている。最盛期には町内で約25億円を売り上げた。平均の年収は約400万円程度あった。

2.3.2　林業

昭和20年代まで，ナラ・クリ・キリなどの落葉広葉樹が植栽された。大正期には，炭焼きの生産量が日本一となるなど，木炭の生産量が高く，主要な換金作物となった。昭和15年頃に再び増産するが，その後，昭和30年を境に徐々に減産する。一方，昭和10年代中頃から杉・松の植林が始まるが，現在は価格が下がっている。

2.3.3　畜産業

明治期は馬が主体で軍馬などを生産し，大正初期まで主要な産業だった。昭和に入っても，二戸地方の25%を占めるなど馬産地として知られた。昭和30年代から，食用牛の飼育数が増加する。

2.3.4　漆の生産

明治前期に福井県越前から「越前衆」とよばれる漆掻き職人が来て，漆の樹液を１年で掻き取って切り倒す「殺掻き」と呼ばれる技法を伝えた。それまでの「養生掻き」より「殺掻き」のほうが採取できる樹液の量が多く，生産量が増加し漆掻き職人の数も増えた。昭和前半まで漆の木は，木の実を蝋に，樹液を生漆に，木をアバ（漁具）にする換金作物として主要な資源となった。

第二次世界大戦直後に，漆の全国的な需要の高まりにより，大幅に生産量が増えたが，中国産の漆の流通が増えしだいに減産し，職人の数も減少する。漆の木も減少したため，文化庁助成により日本文化財漆協会が発足し，漆の植林をはじめる。また平成７年に，浄法寺塗の工程を公開しながら展示・販売する「滴生舎」がつくられ，現在漆の町づくりの中心的な存在となっている。

3．聞き取りによる戦後の産業の変遷と漆

以上の歴史的背景を踏まえて，今回の調査では，まず第一に，浄法寺地区に在住する漆掻き職人の方たちに，漆掻きとその他の生業の変遷や，漆にまつわる在来知について聞き取りを行った。ここでは，そのうち，戦前～戦後の漆掻きの歴史的変遷，漆の木の生態と漆の植林に焦点をあてて，吉田信一さんと大森清太郎さんから伺った聞き取り内容の一部を紹介する。

漆掻き職人の吉田信一さんは1930年生まれ。インタビュー時には88歳。漆掻き職人の大森清太郎さんは1947年生まれで68歳。

なお，吉田さんへの聞き取りとしては，日本うるし掻き技術保存会（2000）による先行研究がある。今回は，その記載を踏まえて，今回の聞き取りで得られたことを記述している。

3.1　吉田信一さんからの聞き取り―漆と生業の歴史的な移り変わり―

17歳から漆掻きを始めました。祖父は馬車でお米を運ぶ運送業をしていて，大地主へ小作人の米を運んだりしていました。父は吉田家に婿として来て，一時期は東京で仕事をしていましたが，その後は浄法寺で漆掻きをしました。兄１人と私が漆掻きを継いで，数年前から消防署に勤めていた弟も，定年後に漆掻きを始めています。

漆掻きは６月の入梅の頃から11月までの仕事です。昭和40年代頃までは，冬は切り倒した漆の木で漁業の浮子（アバギ）を作って売ったり，製材所の手伝いなどをしていました。現在ではアバギは作っていません。家には，畑と水田があり，米・稗・大豆・野菜類を作って自給するほか，米は農協に出荷しています。

約20 ha の山林があり，杉と，少しだが漆を植林しています。昭和35年頃までは畑の周りに漆の木が植えられていましたが，耕耘機を入れるときに邪魔に

なるなどの理由で減っていき，今では植えている家は多くありません。

漆の木は，土と手入れが良ければ，樹液の出が良くなります。山に植えても，手入れが悪いと質の良い樹液は出ません。また，漆の木は15年程度育ったら，漆を掻いて切り倒してしまうため，木が減ってきている。もっと前から植樹するべきだったと思います。

昭和10年頃から30年頃までは漆の需要が多く，何人かの掻き子（漆掻き職人）を家に泊めていました。

現在，漆はなかなか売れません。昨年はほとんど売れず，売れなかった漆は家の床下に保管しましたが，今年は全部売れました。日光東照宮の修復で需要があったからです。

漆の木には，適した場所があります。土には，赤い土とか黒い土とか白っぽい土とかありますが，やはり赤い土か黒い土が良い。また，漆には湿度が必要です。ある程度湿度があるほうが，漆が長持ちします。

大きな木を刈るときには，「ああ，いい木を刈った」と思います。しかし，そうしていると「いやあ，あそこいい木だと思って大きい木を刈ったけど，出なくて分からなかった」ということもあります。

漆の木の植林の際には，山を皆に分けて植林しました。葉タバコの栽培が忙しいなど，他の理由で行けない人がいても構いません。しかし，手間ひまをかけて手入れをしないと，せっかく植えた木が雑草に負けて駄目になってしまいます。

漆を掻きたいから，毎年下草を刈って，そして肥料を少しずつやって手入れしています。現在，皆が手入れができずに放置されている山もありますが，山の持ち主から「自分は掻かないからお前が掻け」といわれたので，手入れをして，去年は掻きました。やはり，漆掻職人として自分がやっていくためには，掻ける漆を造林しないといけません（聞き取り年月日：2015年４月12日）。

3.2　大森清太郎さんからの聞き取り―漆掻きの変遷と在来知―

中学校を卒業して，15歳から漆掻きを始めました。曾祖父と祖父は運送業をしていて，馬車で物資を二戸や八戸などに運びました。それ以前は，物資は，主に安比川で筏に荷を積んで運んでいましたが，曾祖父が浄法寺で初めて運送業を開業しました。

漆掻きは父から始めました。祖父は養子で，（実父から）父を漆掻き職人にしてほしいといわれ，それに従いました。父は手先が器用でみこまれたんです。

漆掻きだけで生計をたてるのは難しいので，農業（米・大豆・野菜）と漆掻きを両立していました。現在，農業は，自給できる量を作っています。農産物は売っていません。

漆掻きは自給用の田んぼが基盤になっています。また昔は山仕事があり，春は植林，夏は下刈り，冬は伐採，炭焼きと，結構，山に携わることがたくさんありました。山に小屋を建て冬場は寝泊りをして働きました。昭和30年代には，11～4月まで出稼ぎをした人もいます。今，出稼ぎは一人もいません。現在，他県から来た若手の漆掻き職人は，冬の季節は漆塗りをしています。

山林もあります。昭和40年代，父の代から山に漆を植え始めました。それ以前は松や杉を植えていました。以前は畑の周りに漆の木があり，木の周りが掘り起こされて成長も良く，樹液が取れました。漆の木は里山で育った，里漆といっていましたが，農業が機械化されて，漆の木が邪魔になり，減っていきました。

漆の木は，手入れして育てて若い葉がたくさん茂ればよい木になりますが，手入れしないと貧弱になります。下草を刈って置き，その草が腐敗し，有機質の肥料になって木が育ちます。また，山には漆が育ちやすい適地があります。適地を見極めて植えないと良い樹液が取れません。

漆を掻き終わって切り倒したらすぐ植えていかないと，木の数が減っていきます。先に植えて育てていかないと，安定した樹液が出てきません。原木は減って，掻き取る人が多くなると，乱獲して木がなくなります。掻き取る人がそれなりに少なければ持続しますが，１年に20人が毎年掻き取るだけの量はここにはありません。植えた木は全部が全部，育つわけではなく，その辺のところが難しいのです。すぐ掻き取らないと，枯れてしまったり，いろいろな障害が出たりします。どんどん掻き取り，伐採して育てることが必要です。

漆は，木が軟らかくて育ちが良いと，良い漆が取れます。樹皮の色とか，皮がカサカサしていたら，どうしても堅い。見た目が奇麗だと，木も軟らかい。手入れの仕方で軟らかい木になります。木が軟らかいと，傷つけるときも落とすときも軟らかく，掻く効率もいい。掻きやすいと不純物もあまり入らない。

漆はその日によって漆の質が変わるし，午前・午後・早朝・晩でも異なります。タカッポに掻いた漆を入れ，家に帰って大きい樽に入れます。

漆を掻く量は，現在は，１日で約70本，４日間で一周期なので，１年間で約

280本の木から樹液をとります。

樹液の出には，雨が大きく影響します。ある程度，雨が多いほうが私はいいと思う。毎日，日照りで稼げたら，たまに雨が降っても，木が余計に出してくれるから，それでいいのです（聞き取り年月日：2015年12月24日）。

3.3　聞き取り成果からみた漆掻きと生業の多様性

以上の聞き取り成果から浮かび上がってきたのは，漆掻きには，日々の変化，季節という周年サイクル，年毎の漆の出来不出来と需要の違い，そして戦前から戦後にかけての歴史的変化，というさまざまな時間的なスケールの変化が組み合わさってきたことだ（本書第１章参照）。異なる時間的なスケールに基づくサイクルが相互に交錯し，いったんは退潮に向かっていた伝統工芸としての漆生産が，現在，再び注目を浴びている。

さらに聞き取りにより，漆生産の盛衰が他の生業の動向と密接に関係していることも明らかになった。漆掻きの作業は，おおよそ５月から11月までの限られた期間しか行われない。そのため，漆掻き職人の仕事は，他の生業の季節性に大きく左右される。

聞き書きの成果からは，昭和初期までは冬は炭焼きや，切り倒したウルシの木で漁網の浮子を作っていたが，昭和40年代から木炭業が衰退したため，冬場は炭焼きという生業が成り立たなくなり，冬場は東京へ出稼ぎに行ったりしたことがわかる。漆掻き職人の家でも水田や畑を持ち，米は農協にも出しているが，農業の基本は自給用で，豆・野菜も自給している。山林を持つ職人もあり，ウルシの木を植栽して，掻いている。今回は紙数の関係で紹介できなかったが，他県から来た若手の職人の中には，農地を持たないために，冬期には二戸市などでアルバイトをしたり，自分で掻きとった漆で漆器などを作成したりして生計をたてている人もいる。

近代から現代にかけて，農業・林業を含む農村部の生業は全国的に大きく変容し，米の生産量の減少，松・杉の価格低下，高齢化などのさまざまな問題を抱えている。このような困難な状況にも関わらず，浄法寺では漆生産が時代を超えて維持され，将来への新しい動きが模索されている。

筆者らは，浄法寺で現在まで漆掻きが持続しているのは，農業・林業を含めた多様な生業との組合わせが大きな要因ではないか，と考えている。今回の聞き取りの成果は，聞き取り数は少ないが，このような筆者らの予測と一致するものだった。

3.4 産地直売所にみる昭和30年以降の農・林業の変遷

戦後の歴史において急速に変容する農業の中で，新たな取り組みとして注目されるのが，昭和30年代以降に立ち上げた産地直売所「キッチンガーデン」だ。それまで男性が主体とした農業の中で，「キッチンガーデン」は女性が中心になって運営され，収益をあげ成功している。副会長である小野知子さんから，その経緯や取り組みについて聞き取りを行った。

3.5 小野知子さんからの聞き取り

キッチンガーデンは組合で，現在の所属者は39名。平成８年にオープンし，来年で20周年になります。女性の組合員が中心で，年代の構成は50歳代が中心ですが，40歳もいます。売り上げは年々伸びていて，個人の売り上げは，平均で１週間に２～３万円，多い人で５～６万円です。売り上げは本人の収入になり，臨時の出費や孫への小遣いなどに充てる人もいます。

産直であるキッチンガーデンができる前は，41クラブとか，生活改善グループの活動がありました。また，県道沿いに個別に野菜の無人販売所をつくっていました。産直があったらいいなという女性の意見が出て，市の事業で建物を建ててもらいました。

キッチンガーデンには，盛岡・秋田県鹿角市・青森県八戸市からも買いに来ます。車でわざわざ買いに来る人も多く，天台の湯の温泉に日帰りで来た二戸市・青森県三戸町の団体客がマイクロバスで寄ることもあります。主に町の人や，年配の人で宴会の帰りに寄ることもあります。隣のデイサービスを利用する人も寄ってくれます。混む時間は午前では10時から12時，午後は２時から３時で，休日のほうが来る人が多い。

野菜類は，女性の組合員が中心に出荷しています。スーパーで買うよりも値段が安く，新鮮で日持ちするといわれます。出荷する品物がないとき，逆に多いときは調整します。

野菜は，今は夏の残りでハクサイ・キャベツ・ネギ・ダイコン，葉物はホウレンソウ，コマツナ，ミズナと，結構，種類はあります。ここは，ハウスを使っているため，３月ぐらいまで葉物があります。椎茸などは菌床でつくっています。また，キノコ類は１組合員がマイタケ・キクラゲなどをつくっています。山菜は自分の山へみんな行っています。たけのこ（ネマガリダケ）は，岩手山や稲庭高原へ行きます。山菜はほとんど近くの山でとります。キノコも同じです。

キッチンガーデンを始めるまでは，自宅で食べる分の野菜を作っていました。畑は実家のもので，３反あります。実家は農業をしていません。実家と自宅で使う２軒分の野菜を作っていました。主人も協力してくれるようになって，今は夫婦で協力して出荷しています。量がふえたら，自然にやってくれるようになりました。ほかの組合員の場合も，ご主人が手伝ってくれています。自然に周りを巻きこんでいる。女性一人でやるのは大変だから。

キッチンガーデンができて忙しくなりました。土日に品物を出すので，土日がなくなりましたが，平日に自分が好きな時に休んでいます。キッチンガーデンも20年目でちょっと余裕ができたかも。あと10年がんばらないといけない。新しい人が入ってきてほしい。

これから３月までハウスでホウレンソウ・コマツナなどの葉物野菜をつくります。米も作っています。米も売れますね。価格設定が自分でできるので，安く出すと買ってくれます。売るときに精米するので美味しいと評判が良いです（聞き取り年月日：2015年12月23日）。

４．まとめ

4.1　生業の変遷（図 9.3 参照）

浄法寺には，奥羽山脈に近く安比川に沿うという地理的特徴がある。この地理的な条件の中で，この地では，近世から農業・林業・畜産業などが小規模な単位で営まれ，かつ人々はそれぞれを複合し生業としてきた。その中での漆掻きは，夏場の季節的な作業だったことから，戦後直後のごくわずかな期間に専業であったことを除き，他の生業との組合せとして続いてきた。農業ないし林業を専業に行う人々が多い中で，漆掻きはその中間に位置づけられる。漆掻きと他の生業とは，必ずしも互いに密接な関係はないが，集落内でそれぞれの生業活動が小規模かつ自律的に機能することで，集落全体としては生業の多様性が維持されてきたと考えられる。

さらに，昭和30年代以降徐々に衰退してきた農業の中で，浄法寺が都市部である八戸・盛岡の中間に立地する利点を活かした産地直売所が，現在では新たな収入源となり，集落の維持・継続に大きな役割を果たしている。

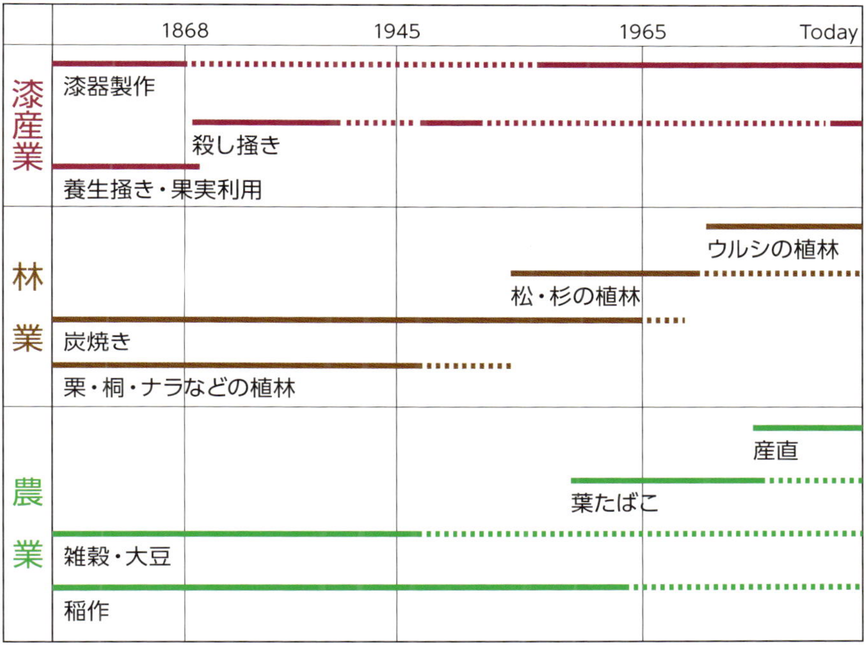

1868 1945 1965 Today

漆産業
漆器製作
殺し掻き
養生掻き・果実利用

林業
ウルシの植林
松・杉の植林
炭焼き
栗・桐・ナラなどの植林

農業
産直
葉たばこ
雑穀・大豆
稲作

図 9.3 浄法寺における生業の変遷

このように，浄法寺では，小規模な農業と林業，畜産業を組合わせることで，時代の状況に合わせて柔軟に変容することが可能となり，生業の多様性が維持されてきたといえる。

その中で漆の生産は，近世から課税の対象になるなど主要な産物であり，明治以降，第二次世界大戦直後まで換金作物として重要だった。特に，大正期には漆掻きを専業とする者もいた。しかし，漆は夏場しか収入にならないため，専業で漆掻きをできた期間は短く，最盛期でも農業・林業と複合して行われてきた。聞き取りによると，現在でも多くの漆掻き職人は，漆掻きを農業や林業などと組合わせて行っている。しかし，他県から来た研修生が浄法寺に残って行う場合，冬季は漆塗りや土木作業のアルバイトなどを兼業し，収入は多くない。どのようにして若手の収入を増加させるか，が課題となっている。

4.2 生業の多様性の中の漆

漆の国内での需要減と中国産漆の輸入量の増加により，全国的に産地が減少する中，浄法寺地区で漆産業が継続できた大きな要因として，漆産業が農業・林業のなどと複合して行われてきたことがあげられる。漆の収入が減少しても，昭和30年代までは冬季の炭焼き・出稼ぎがあり，40年代以降は農業（米）と併せて行われてきた。

また，上記のように，『浄法寺町史』によると，山地・原野が地区の８割にあたる。葉タバコの栽培開始などの生業の変化によって，畑周辺で漆が栽培できなくなっても，山地に漆を植林することができたことも重要だ。山地では，近世から昭和30年代までナラ類の炭焼きが行われ，伝統的に山林を維持管理するシステムが構築されてきた。それが基盤となって，漆の植樹がスムーズに行われたと考えられる。

昭和30年代以降に始まった産地直売所では，山菜も販売され，売り上げにつながっている。山菜が産地直売所での収入になることは，集落内で春・秋に山菜を採集することで，山林の維持にも役立っていると考えられる。

漆の木の造林は，漆を掻き取り終わると切り倒されるため，掻き手と掻き取られる漆の木との需要と供給のバランスがあり，大規模な産業とはなり得ない。また，下草刈りなどの手入れを行わないと良い漆が出ないなど，漆掻き職人の在来知によるところが大きい。

一方，漆掻き職人が山に入り漆を掻くことは，木の下草の手入れなど山の維持管理に役立っている。漆掻き職人のうち，聞き取りをした中では山菜を採る人はいなかったが，漆掻きのために手入れされることにより，山菜・キノコが育ちやすい環境が整えられている。個々の生業が時代に変化により変わっているが，大きな目でみると，それぞれが生業の多様性の中の一つであり，小規模な生業のそれぞれが相互に組合わされることにより，集落の維持につながり，その中で漆産業が持続してきた。

今後の課題としては，後継者の育成と，これらの生業のありかた（組合わせ方）が重要になる。

4.3　漆掻きにみる在来知とレジリエンス

漆掻きは漆の木を植え，漆を掻き，切り倒し，根から萌芽再生した木を育てるという持続可能な産業といえる。切り倒した木（幹）もかつてはアバギとして再利用され，現在でも薪として燃料にされる。

さらに今回の聞き取り調査から，漆の木は，下草を刈り，それを捨てずに根元において肥料にすること，土や湿度，霜の有無など生育する環境を選ぶことなど，人が常に維持管理することで良い樹液を出すことが明らかになった。

漆掻き職人は，漆の木の見極めから掻くタイミングまで代々受け継がれてきた在来知に基づき作業している。さらに彼らは，漆の木を通じて生育する山の環境を意識してきた。山が維持管理されることで，山菜などが生育する環境も維持されている。漆掻きと産地直売所は直接のつながりはないが，山を通じてつながっている。同様のつながりは，他の農業・林業でも認められる可能性が高い。

浄法寺地区で，漆産業が近世から現代まで維持されてきた理由としては，土地を通じて個々の産業が相互につながり，時代の変化に柔軟に適応できたことが大きい。このような生業の多様性と柔軟性は，第６章で考察した閉伊川上流域の旧川井村の例と同様に，地域のレジリエンスに直結する。浄法寺地区と旧川井村は，ともに岩手県北部に位置し，平地が少なく，稲作よりも雑穀栽培を主体としたという共通点がある。山の幸を含めた食の多様性と，雑穀を主体とした主食の多様性，そして食の保存技術を基軸としたこれらの地域の伝統的な暮らしは，歴史的には，炭焼き，畜産，養蚕，葉タバコ栽培，漆掻きなどの小規模な生業・産業と組み合わさって生業複合を形成してきた。個々の生業・産業に盛衰はあるものの，組み合わせとしての生業複合は，多数のバックアッププランを持つという点で，地域全体のレジリエンスの高さにつながる。今後，これらの両地域を含む山がちな地域に位置する小規模コミュニティのレジリエンスについて，従来の経済成長モデルとは異なった視点から再評価を行う必要がある。

謝辞

本章をまとめるに当たり，大森清太郎さん，小野知子さん，吉田信一さんからは，お話を掲載することについてご快諾いただいた。さらに，フィールド調査では，泉山和徳さん，泉山義夫さん，岩舘巧さん，内田美央子さん，小田島勇さん，小村剛史さん，久保田挙司さん，工藤竹夫さん，中村啓子さん，松田卓生さんをはじめとする地元の方々のお世話になり，成果のまとめに際しては，そのお話の内容を参考にさせていただいた。また，つぎの諸機関には，調査を行うに際してご協力をいただいた：岩手県浄法寺漆生産組合，産地直売所キッチンガーデン，（株）浄法寺漆産業，滴生舎，天台の湯，二戸市漆振興課。なお，2015年１月～７月の調査については，当時，総合地球環境学研究所小規模経済プロジェクトの研究員だった大石高典さん，砂野唯さん，濵田信吾さんと同プロジェクトメンバーの William Balée さん，Steven Weber さんの協力を得て行った。末筆ながら，これらの方々と機関に深く感謝の意を表する。

引用文献

工藤紘一（2011）『いわて　漆の近代史』川口印刷工業.
日本うるし掻き技術保存会編（2000）「漆－漆に生きる職人の暮らし－」.
浄法寺町史編纂委員会（1997）『浄法寺町史上巻』浄法寺町.
浄法寺町史編纂委員会（1998）『浄法寺町史下巻』浄法寺町.

第10章

食の多様性・ストック・共助の重層的レジリエンス

—北上山地山村における危機への対応事例から—

岡　恵介

2016年夏の８月29日，台風10号の甚大な被害を受けた岩手県の北上山地北部の岩泉町安家地区は，私が昭和61年から19年間暮らし，結婚し，子育てをしながら調査を行った，故郷のような場所である。その頃に地場のクリやカラマツを用いて建てた家は，今も安家地区の上流集落・坂本にある。

藩政時代から，凶作飢饉を幾度も経験してきた北上山地の山村（森，1969, 1970）は，今日においても危機に備えて，在来知による多くの伝統的な保存食料やサブ・ライフラインなどをストックしてきた地域である。これまでも，このような北上山地山村の地域特性については指摘してきた[1)]。そのストックの具体的な実態と変容，災害によって集落が危機に瀕した時に，それがどのように活用されているのか，ごく近年の事例を交えながら見ていきたい。

1．北上山地山村の自給的な食生活と木の実

北上山地の山村は伝統的な畑作地帯であり，そこに暮らしてきた村人の多くは，畑で生産される雑穀を主食として生きてきた。昭和40年以降に開田が進むまでは，ほとんど水田を持たない村が多く，村人の主食はヒエと大麦が大きな位置を占めていた。当時は，地元で「旦那様」と呼ばれる山林大地主の食卓にあっても，白米だけのご飯を食べるのは盆と正月だけで，コメと雑穀や麦を混合した三穀飯と呼ばれるご飯を主食としていた（岡，2008, 2016）。

もちろん今日では，水田で収穫したコメを食べ，茅葺屋根をトタンに替え，携帯電話を操り，インターネット・ショッピング（以下，ネット・ショッピング）をする，都市近郊の農村と変わらぬ暮らしが営まれている。畑で雑穀が栽培されることは激減し，あってもかつてのような自給用ではなくほとんどが販

売用である。都会の人が北上山地山村に訪ねてきても，町場の暮らしと大して違わない，もう日本の地方の暮らしにも文化風土的な違いはなくなってしまった，通りすがりの人にはそう見えるかもしれない。

しかし藩政時代，この北上山地の山村は凶作常襲地帯と呼ばれるほど，飢饉・凶作に苦しめられてきた。今でも古老たちの語りには，「天保の七年ケガツ」にどこの焼畑で実りがあったのかという記憶が刻まれている。

明治に入っても，大正，昭和を迎えても，この地域は食料の確保に苦労した。急峻な山に囲まれ，川沿いの僅かな耕作地しか持たない山村では，里の畑のほかに，毎年山中で焼畑を造成・耕作していた。それでも多くの家では，年間に必要な食糧の半分ほどしか収穫できず，常に不足していた。

ではその不足を補うために，食料を購入する現金が潤沢に得られる仕事があったかというと，明治から大正にかけては，育てた子牛と繭の販売，そして川を用いた枕木の流送の賃金ぐらいだった。やむをえず，借金に頼らざるを得ない農民も出てくる。やがて借金の形に山林や畑，時には家屋敷までも失い，小作や名子になるものも増加していった（岡，2008）。

こうしてこの時期，貸し手であった大地主による山林や畑の集積が進み，多くの農家が借財の形に畑や牛の飼育の小作を行うようになる。「旦那様」を頂点とする格差社会へと，村は変貌していった。世にいう「地頭名子制度」の確立である。

では，限られた現金収入の中で小作化していく村人たちが，食糧自給率50％の村でいかに暮らしていたかといえば，それは主に北海道への出稼ぎと，森の恵みに頼ることだった。この地域では，ミズナラやコナラ，カシワなどのドングリをアク抜きし，冬から春にかけての主食の代用としていた（瀬川，1968；畠山，1989；岡，2008）（写真10.1）。

製炭がはじまり，現金収入が増加する昭和10年代までは，木の実を冬から春の主食代わりに食べることによって，多くの村人は暮らしてきた。

北上山地の森林の原植生は，ブナではなくミズナラが優占することが知られている（青野・尾留川，1975）。その豊富なミズナラが実らせるドングリを主食に代用する在来知が，人々の生命を守っていたのである。

2．森や畑が恵む保存食料

森の恵みはドングリばかりではない。

写真 10.1　多量に水を使うため，河原や井戸端など戸外でアク抜きを行うこともよくあった

食糧が不足すると，牛の採草地からワラビやクズの根茎が掘り取られ，木槌で潰して袋に入れ，桶に張った水の中で揉んで，デンプンを沈殿させる。しかし，このデンプンもまだ渋味があるので，上澄み液を捨て，また真水を加えて撹拌し，沈殿を待つ作業を１日３回３日ほど繰り返す。これによって渋味は水に溶け出し，アク抜きが完成する。ドングリにも，通常行われた加熱と木灰によるアルカリ処理によってアクを抜く方法と別に，このような粉砕してから水にさらすアク抜き法もあった。

こうして，アク抜きを経たデンプンを保存しておく。食べる際には湯を加えて煮詰めながら練り，寒天状のモチにして黄な粉をかけ，食膳に供した。

また，春の山菜，秋のキノコも，山村の暮らしには大切な森の恵みだった。

とくにワラビやフキ，シドケ（モミジガサ），ボリ（ナラタケ）やシメジ，マイタケは，どこの家でも多量に採集して保存した。私が以前，上流の集落で調査した際には，山菜では７～８割の家でシドケ，フキ，ワラビが，キノコでは6～7割の家でボリ，マイタケ，シメジが多量に塩蔵されていた。

かつて塩の入手が容易でなかった時代には，フキやワラビなどを天日に乾燥して保存することもあった。キノコが塩蔵するほどの量が取れなかった場合には，ひもに通して天日やストーブの傍らなどで乾燥保存される光景が今も見られる。

これら塩蔵された山菜・キノコは，秋から次の春にかけての副食として食膳に供され，あるいは酒の肴としてあてがわれる。

貯えられるのは，森の恵みばかりではない。秋の畑の収穫から，さまざまな保存食品が作られる。

北上山地の畑作は，耕作の基本パターンを二年三毛作と呼ばれている。典型的な例でいえば，初年度春にヒエを播き，秋に収穫後オオムギを播いて，翌年の春にオオムギの畝の横にダイズを播き，夏にオオムギを，秋にダイズを収穫する，2年間で3作を栽培する形式である（積雪地方農村経済調査所，1939；古沢ほか，1984）。1年目のヒエのかわりに，アワやキビ，ソルガム（モロコシ）などの雑穀を栽培する場合もあり，オオムギの代わりには秋まきのコムギを，2年目のダイズの代わりにアズキなどそのほかの豆類を播くバリエーションがある。また山際などの痩せた畑では，秋まきの作物を省略し，さらに痩せた畑ではソバの単作のみを行うなど，土壌条件と労働力に合わせた畑作が行われてきた。

家から近い畑では，ササゲやカボチャ，ジャガイモ，ダイコン，キャベツ，ハクサイ，ニンジン，ナス，ナガネギ，ニンニク，ミョウガ，シソなどが栽培される。安家地区には，地大根と呼ばれる皮が赤色のダイコンがある。肉質が固く，繊維質に富み，ビタミンCが普通の青首大根の1.5～2倍も含まれており，保存食料である「凍み大根」に好んで用いられる。

ダイコン，ジャガイモ，ニンジン，ナガネギ，キャベツは，収穫後，畑に穴を掘って埋め貯蔵する。

「凍み大根」を作る時期は，気温が氷点下になる日が続く1～2月頃である。秋の収穫時に畑に埋めて貯蔵していたダイコンを，雪の下から掘り起こす。このダイコンを洗って，皮を剥き，縦横半分に切り分けて茹でる。この時，湯煙からは甘い香りが漂う。まだ熱いダイコンを取り出し，2切れを1組にするようにクズの茎などを通し，これを寒風の当たるハセ（稲架）や軒下に干す。ハセは，枯れたクリなどを用いて，作物などを乾燥させる目的で農家の庭に建てる，高さ4ｍほどの物干しである。

気温が氷点下となるとダイコンは凍り，日中は太陽を浴びて解凍され，これが繰り返される。冬の寒さを利用した保存食料である。これを２ヶ月ほど戸外において，「凍み大根」が完成する。

「凍み大根」は，焼豆腐やコンブ，マイタケ，フキ，ニンジンなどとともに煮る郷土料理の「煮しめ」にしたり，後述する干し菜とともに味噌汁の具にする。

「凍み豆腐」も，ダイコンと同様に１～２月頃，自分の畑で収穫したダイズからの豆腐取りからはじまる。ひと釜で５升の大豆を炊く。この時できる豆乳は，市販のものとは比べ物にならないくらい美味しい。これから20丁の豆腐ができ，１丁の豆腐を短冊形に６枚くらいに切り分ける。この豆腐を藁などで編んで戸外に吊るしておけば，同様に凍結と解凍を繰り返し，豆の脂がのった保存食料「凍み豆腐」ができる。「凍み豆腐」も「煮しめ」に入れたり，味噌汁に入れたり，鍋物，汁物の具として活躍する。

「凍みいも」は，ジャガイモを同様の凍結と解凍を繰り返す製法で保存食料にしたものである。収穫したジャガイモの中から小さいクズイモを選び，１～２月頃，氷点下の外気で凍らせる。戸外に１週間ほどおいたジャガイモは，お湯に入れると，皮が簡単に剝ける。この後，川に１週間ほど漬けてアク抜きをする。これを軒下などにぶら下げて，凍結と乾燥を繰り返させる。２ヶ月ほどしたら，乾燥したジャガイモを水車や唐臼などで粉砕して粉にし，幾度もふるいにかけてゴミを取り除き，クリーム色のジャガイモの粉ができ上がる。

この粉を熱湯でこね，平たい団子状に丸める。これを沸騰したお湯に入れて，浮いてくるまでゆっくり茹で，黄な粉をかけて食べるのが「いもモチ」である。こねたものを三角に切って「カッケバット」と呼ばれるすいとんに似た料理や，細く切って麺を作ってうどんのように食べることもあった。

「干し菜」は，ダイコンやカブの葉茎の部分を冬に戸外で干して作る保存食料である。味噌汁の具として，この地域の代表的な存在だ。１度茹でておいて，１回に鍋に入れる分量に小分けし，冷凍庫で保存する家庭が多い。

かつては味噌も，各農家で自家製のダイズから大きな樽に毎年作られ，放牧中の牛の塩分補給にも重用されていた。しかし，近年は牛の飼養農家も減少し，味噌を購入する家も多くなってきた。

「しょうゆ豆」は，秋の取り入れ以降の寒い時期によく作られる。黒豆を軟

写真 10.2　寒中の戸外に吊るして作られる保存食品凍み大根

写真 10.3　自家の畑で収穫された大豆から作った豆腐で作る，凍み豆腐

写真 10.4　小さなジャガイモで作られる凍みイモ

写真 10.5　ダイコンやカブの葉茎で作る干し菜は，冬の味噌汁の具の定番

らかくなるまで煮て，水を切って厚紙の上に３cm ぐらいの厚さに並べる。かつては紙ではなく，アワの茎やワラの上に並べた。その上にまた紙をかぶせ，毛布などで保温する。５日ほどすると白いカビがつき，酒のようないい匂いがしてくる。これをカビが少し残る程度に洗い，湯冷ましの塩水に浸して，２，３日おいて完成である。

カビがつきやすいように，前年作った時の紙を取っておいて再使用したり，最近では麹をかけたり，塩水の代わりにそばつゆに浸すなど，家ごとに製法のバリエーションがある。ご飯のおかずや酒の肴，山菜やおひたしに醤油代わりにかけるなどして食べる，この地域独特の発酵食品である（写真10.2～６）。

納豆も，この地域には水田がなく藁がなかったので，冬季の飼料用に蓄えた山草の間に，煮た大豆を入れて作ることがあった。

タンパク質ではこのほかに，渓流に豊富に生息していたヤマメ，イワナ，ウグイ，カジカを，藁を束ねたベンケイに串で刺し，囲炉裏の上で乾燥保存されていた。この干し川魚で取っただし汁の風味は，忘れ難い。

このように，北上山地の人々は昔から，森，里，畑の恵みを様々な手段で，

写真 10.6　北上山地独特の発酵食品，しょうゆ豆（ゴト）

表 10.1　北上山地山村の食生活（昭和前期頃）

			春〜秋	冬
主　食			雑穀＋麦類	ドングリ＊
副　食	タンパク質	植物性	豆類（保存加工食品で通年利用：ナットウ，トウフ，ミソ，ショウユマメなど）	
		動物性	**川魚＊（ヤマメ，イワナ，アユ，サクラマス，サケ）**	狩猟獣＊（キジ，ヤマドリ，リス，ムササビ，クマ）
	ビタミン・ミネラル		野菜・山菜・キノコ＊（保存加工食品で通年利用：漬物，凍みダイコン，干し菜，凍みトウフ）	

＊は野生動植物

貯蔵，保存することで，常襲する凶作・飢饉，雪に閉ざされる冬，食料の不足に最大限の備えとなるように，さらに食料をおいしく食べられるような保存加工の工夫もして，暮らしてきた。試みに，昭和前期の北上山地山村の一般的な通年の食生活を模式的に示せば，表10.1のようになる。

3．危機に備える保存のための在来知の展開

3.1　ストッカーの普及

彼らの食の備えは，これまで述べてきたような伝統的な在来知による保存のみにとどまらず，現代の技術革新にも対応して，より多くの食品が保存されるようになっている。それが，この岩泉町安家地区で圧倒的な普及率を誇る家電製品，大型冷凍庫だ。ストッカーまたは冷凍ストッカーとも呼ばれる。ここではストッカーと呼ぶ（写真10.7）。

安家地区（旧安家村）の中心にある元村で，ストッカーについて簡単なヒアリングを行ってみた（2015年の調査）。聞き込みの結果，元村の戸数143戸のうち，ストッカーを持たない家は４～５軒しかなかった。ストッカーを持たないのは，老人の一人暮らしで田畑を持たず，山菜・キノコの採集も行わない世帯

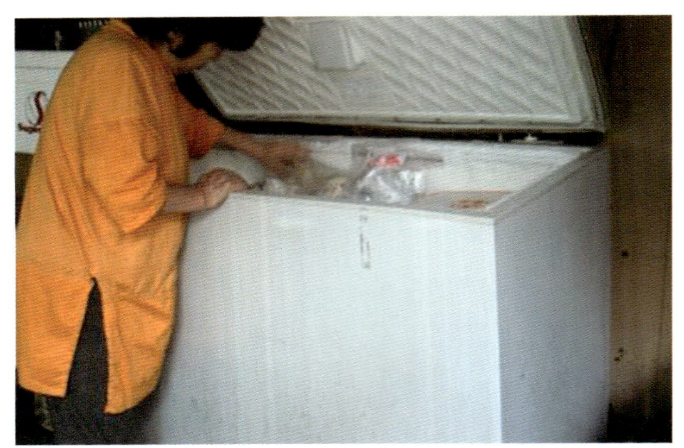

写真 10.7 ストッカーと呼ばれる大型の冷凍庫は，北上山地の山村で著しく普及している

や，身体が不自由な方の世帯，畑はあるが病床にある母を抱えた息子の二人暮らしの世帯であった。老人の一人暮らし世帯はほかにも多いが，山菜・キノコを採集する人は，その保存のため必ずこのストッカーを保有している。その大きさも100 ℓ 程度の小さいものから，300 ℓ 近くの大型のものまでさまざまで，２台，３台と持つ世帯もある。

元村から上流に15 km ほどさかのぼった集落・坂本では，26戸ほぼすべてでストッカーを所有している。もちろん，ここにも老人の一人暮らし世帯は多いが，元村よりも買い物に不便で，移動販売車が来る回数も限られているため，ストッカーの必要性はさらに高いのであろう。しかも，山菜・キノコの採集を得意とする老人が多く，保存するものは豊富にある。

これに対して岩泉町の中心街では，コンビニ，スーパーマーケット，ドラッグストアなどもあって，ストッカーは，安家地区ほどの高い普及は見られない。

都市においては，この傾向はより顕著であろう。もちろん，ネット・ショッピングや生協の共同購入している家庭では，食品がまとめて届くため，ストッカーを備えている場合があり，また渓流や海での釣りや山菜・キノコ採集，狩猟の趣味を持つ人は，ストッカーを保有している場合が多い。

いずれにしてもストッカーは，都市の家庭では山村のように広く一般に普及することはなかった。ストッカーは，都市ほど毎日食料を買いに行くわけではなく，ある程度の買い置きが必要で，森や畑から一時期に食べきれない多量のものを集中的に採集・収穫する機会に恵まれた，山村の暮らしの特性にあった家電だった。そしてその背景には，かつて凶作・飢饉の常襲地帯だったという民俗生態史的な特性があったと考えられる。

もちろん，ストッカーを使用するのが，山村だけに限られているわけではない。漁村では魚介類や海藻類，農村では農作物が多量に獲れたときや自家消費分などの貯えのために，ストッカーが用いられていることだろう。

ただ，山村が漁村や農村と異なるのは，漁村には魚介・海藻類，農村にはコメや野菜という換金性が高い生計の柱となる生産物があって，その意味では以前からしっかりと市場経済に組み込まれてきた。北上山地の山村の場合のように，多くの小規模な生業を複合して生計をたて，自給的な生業を併存させることで収入の増減に対応しようとする傾向性は弱かったと考えられる。

ストッカーが導入されていく時代において，北上山地の山村は相対的に岩手県内の漁村や農村より経済的に弱い立場にあった[2)]。それでもストッカーを自給食糧の保存の目的で，積極的に購入し，結果として高い普及率に至ったことは指摘しておきたい。

3.2　ストッカー利用の実態

では実際に，ストッカーにどんなものが貯えられているのか。

山菜では，ウルイ（オオバギボウシ）がよくストッカーで冷凍保存される。ストッカーの普及以前は，ウルイは干して保存されていたが，今ではストッカーで保存されることが圧倒的に多い。

これまでよく塩蔵されてきた山菜では，シドケ，フキは冷凍しない。しかしワラビは冷凍保存が可能で，塩蔵よりもストッカーで保存することが多くなってきている。ただ，「戻した時に筋っぽくなる」と，冷凍保存を嫌う人もいる。

ほかの山菜では，コゴミ（クサソテツ）がよく茹でて冷凍保存される。冷凍保存できるようになるまでは，あまり保存されなかった山菜である。ウドやタラの芽も，茹でて冷凍保存する人もいる。ウドやアイヌネギ（ギョウジャニンニク）を醤油漬けにして，冷凍する人も見られる。

キノコでは，マイタケ，マツタケ，シイタケはそのまま冷凍保存する。秋にマツタケ採集に専従するごく一部の家では，マツタケ用のストッカーを持っている場合もある。マツタケは，塩蔵に向かず良い保存方法がなかったが，冷凍保存できるようになって保存されるようになった。シメジ，ボリ，ワケェ（タモギタケ），ナメコなどそのほかのキノコは，塩蔵する人も冷凍保存する人もどちらもいる。ただ，塩蔵よりも冷凍保存は手間がかからない上に，塩蔵は水出しして戻す際に旨味が逃げてしまうため，冷凍保存の方がいいという意見もある。このような人による揺らぎが，今もその保存方法を試行錯誤している現状を示していて興味深い。

畑の野菜では，ユウガオやカボチャも，生のままストッカーで冷凍保存する。アズキも収穫したら，ストッカーに入れて保存することもある。

そして「凍み豆腐」も前述したとおり，以前は外に吊るして干して製造していたが，現在では家で作った豆腐を，そのままストッカーで冷凍して「凍み豆腐」にする家も多い。冷凍庫に入れて作る「凍み豆腐」の方が美味しい，という人も多い。「凍み大根」もストッカーに入れて作る人もあるという。「干し菜」も冷凍保存した方が，干した場合より葉が青々としたまま保存でき，青物の少ない冬期に味噌汁に入れた際に美しいという。軽く茹でてしぼり，1回に鍋に入れる量ずつ丸めて冷凍するが，干しておくよりもかさも減り，場所を取らない。

ササゲも，冷凍保存できるようになり保存されるようになった畑作物である。エンドウマメ，キクの花なども冷凍保存する人がいる。しかしダイコン，ハクサイ，キャベツ，カブなどは，以前と変わらず漬物にして保存する。

また，翌年畑に播く種を冷凍保存する人もいる。

このほかによくストッカーで保存されるものとして，郷土料理であるコムギの皮のまんじゅうがある。この地域で作られるまんじゅうは中の餡が，山で拾ってきたヤマグリだけで，一種の名物であり，たくさん作って近隣の人々に配られたり，客へのお土産に贈られる。このまんじゅうは，ビニール袋に入れたままストッカーで冷凍保存するのだが，冷凍保存できるようになるまでは良い保存方法はなかった。またバリエーションとしては，ドングリをアク抜きしたものに砂糖を加えて餡にしたまんじゅうも作られる。

こうしたクリやドングリの餡を冷凍保存しておいて，時間の余裕のある時にまんじゅうを作ることもある。あそこの家のまんじゅうは美味しいということになると，あちこちから頼まれるため，まんじゅう専用の冷凍庫を持っているという家もある。

このように，ストッカーにより多量の食品を冷凍保存できるようになってから，ほかの保存方法から冷凍保存に切り替えられる食品もあり，それまで適した保存方法がなかった食品が，冷凍保存されるようになっている例も見られる。

写真 10.8　仕留めたクマの肉や内臓を分ける安家のマタギたち © 筑波大学大学院環境科学研究科安家プロジェクト

ストッカーの導入により，保存できる食料の幅が広がり，より美味しく保存できるようになったことは，食糧保存・貯蔵に関する在来知がより深化したととらえることができるのではないか。

海のものでは，サケやイカ，サンマなどをまとめてもらった際に，よくストッカーを利用する。三陸の漁村に親戚がある家では，こうした機会が多い。アワビも冷凍保存が可能である。安家川で釣ったヤマメやイワナ，アユもストッカーで保存する。マタギ[3]を行う人がいる家でも，獲物の肉や内臓をストッカーに保存しておく（写真10.8）。

安くまとめ買いした肉類やホルモンなども，ストッカーに保存される。300 ℓ 近い大型のストッカーを持つ一人暮らしの女性は，ストッカーのものだけをおかずにしても，2ヶ月は食べていけるといっていた。

それほどの量の食糧を，電気代をかけて貯蔵しておくことが本当に必要なのか，という疑問はあるだろう。旬のものを，その時期に食べるのが山村の暮らしの豊かさではないか，と。しかし，これら北上山地の山村の人々は，旬の時期に充分に山里の食を愉しんだ上で，まだ有り余る恵みをストックしているのである。そしてそれが実際に役立つ局面も，山村にはそれほど珍しいわけではない。

では，北上山地山村が停電や孤立を伴う危機に瀕した際には，どのようにその事態を乗り越えていたのだろうか。

4．北上山地山村における危機への備えと対応

4.1　平成 23（2011）年豪雪による停電と一部集落の孤立

2011年は東日本大震災があった年として，いつまでも日本人の記憶にとどめられることになるだろう。しかしその約２ヶ月前，2010年の大晦日から2011年の正月三が日に，北上山地の山村を含む岩手，青森の沿岸地域で豪雪が起こした出来事は，確実に人々の記憶から薄れつつある。

2010年の12月は，下旬になっても冬型の気圧配置が続かず，暖かな正月を迎えるかと思われたが，23日ごろから気温が下がりはじめ，24日以降，毎日雪が降るようになった。

31日大晦日になると湿った重い雪が降り続いて大雪になり，岩泉の観測地点で31 cm，葛巻で87 cm の雪が降り，最深積雪はそれぞれ30 cm，109 cm だった。この岩泉と葛巻の観測地点が，岩泉町安家地区から一番近い。

この時期の平年の平均最深積雪量は，5 cm だ。いかにこの時の積雪が，この時期には珍しいものであったかがわかる。しかも，31日の最大瞬間風速は岩泉で19.7 m/s，葛巻で10.5 m/s と強い風も吹き荒れ，雪嵐の年の暮れとなった。

この強風や，雪の重みによる倒木や，雪崩によって県道など48ヶ所で全面通行止めとなり，集落は孤立した。また倒木や雪崩により電線の切断などが発生し，31日から青森県南部や岩手県北部で，大規模な停電が発生した。当時の新聞は，青森で18市町村，２万1224世帯，岩手で22市町村，７万3275世帯，のべ約９万4000世帯以上が停電したと伝えている。

復旧作業は深雪や倒木にはばまれて難航し，岩手県北の山間部や沿岸部で停電が続いた。除雪が進まないため山奥の集落の孤立状態は続き，工事車両が通行できないため，電気の復旧もなかなか進まなかった。新聞では停電から２日たった１月２日になっても，約8000戸で停電が続いていると報じ，一部の集落の孤立も継続していたのである。

翌３日，最低気温は岩泉で－7.1℃，葛巻で－16.3℃まで下がり，オール電化や電気を使った暖房器具を使っている世帯は，３日間暖房なしで暮らす厳冬の正月三が日を過ごすことになった。

新聞は４日午後になって，ようやく４日ぶりに停電が全地区で解消したと報じた。４日間の岩手県がこうむった被害は，農林水産関係など約80億円に及ぶ

と報道された。

気象庁は，この2010年末から2011年2月にかけての雪害を，平成23年豪雪と命名した。北東北だけでなく，日本海側の北陸や山陰に停電や鉄道・道路の混乱を引き起こした。岩手県内では，約4600ヶ所で倒木が確認され，県外からの応援を含め，約1800人の態勢で復旧作業を続けたが，倒木処理などに時間がかかった。

これほどの災害にもかかわらず，地元紙でさえどこで停電しているのかに関する報道は，旧町村名程度の大雑把なものでしかなく，盛岡でこの事態を気にする私は，調査地の人々の顔を想いながらやきもきさせられた。もちろん，その後に起きた東日本震災と比べれば，その規模はずっと小さかったのではあるが，正月を停電で過ごす山村の人々への都市部の関心は，まことに薄いと感じた。もしこれが都市部で起こっていれば，どうであっただろうか。

4.2 ストッカーの貢献とサブ・ライフラインの存在感

大晦日から正月三が日まで停電で，紅白歌合戦も新春スペシャル番組も見られずに正月を迎えた岩泉の人々も，「今年は正月が来なかったな」と口々に嘆いた。大雪で，大晦日に正月料理の買出しに行けずに正月を迎えた人も多かった。「思いがけず，ストッカーの整理ができた」と苦笑いしていた人もいた。ストッカーの保存食品で，年を越したのであった。

私はこの話を聞いて，「郷蔵」のことを思い出した。「郷蔵」は，昭和恐慌に続く昭和9年の大凶作の後，皇室から救済に下賜された資金をもとに岩手県が建設費を交付し，町村が主体となって倉庫を建て，農家は食料を出し合ってそこに備蓄し，災害に備えた。ストッカーの普及は，この「郷蔵」を各戸に持てるようになった，そんな意味合いもあるように思えたのである。

このように山村では，普段からの過剰気味な食品のストックが，いざ危機を迎えた際のレジリエンスに大きく寄与する場合がある。効率性から無駄と思えるものは，危機管理の上では侮れないのだ。

北上山地山村では，現在も薪ストーブの普及率が高く，村に入るとどこの家でも軒下に整然と薪が積まれているのを目にする（写真10.9）。多くの家で時計型の薪ストーブ[4)]が室内に設置され，そこで人々は暖をとり，洗濯物や乾燥保存する食料を干し，薬缶や鍋を温め，熾（おき）を取り出して魚やまんじゅう，豆腐を焼き，ストーブを囲んで談笑し酒を酌み交わしてきた。

写真 10.9　窓から手を伸ばせば取れる場所に積み上げられた薪

ずっと以前から，木質バイオマスエネルギーを利用してきたのだ。ごく稀なオール電化にした家以外では，テレビは見られなかったものの，暖房のない寒々とした正月を迎えることはなかった。しかしこの長期にわたる停電でボイラーが凍結して壊れ，買い直すことになった家が多かった。

実は安家地区では，冬期間に積雪や強風による倒木などの影響で停電が一度や二度起きることは珍しくない。私が19年間暮らす間も，特に一番上流の集落に住むようになってからは，たびたびこうしたことに出くわした。これについては，岩泉町の他の，特に山間地域に暮らす友人たちも同じ状況であるといっている。

いくつもの入り組んだ山や谷に電柱を建て，縫うように電線を引いて暮らしている北上山地の山村では，雪害でどこかを遮断されると，雪崩の危険もある雪山での復旧は，どこでも容易ではない。しかしたいていは数時間，長くとも１～２日で復旧することがほとんどで，４日間もの停電はめったになく，ボイラーの凍結に至る経験は珍しかった。

それでもこの地域では，ボイラーを取り換えるまでの期間，そう困ったようではない。冬はいつでも薪ストーブを焚いているから，上にのせた薬缶で湯はいつでも沸いている。時計型の薪ストーブは安価だが，30ℓ程度の水はすぐわかせる熱量がある。何度か沸かせば，風呂にも入れる。９割以上の家庭に薪ストーブが普及しているこの地域だからこそ，ボイラーの破損もさほどの影響はなかった。

また，山から沢水を引いたプライベートな水道を設置している家も多い。水や，暖房や調理のためのエネルギーを供給する自前のサブ・ライフラインが準備されているのである。

これも公共のライフラインだけに頼らない，北上山地山村の人々の在来知の一例であり，危機に瀕した場合のレジリエンスを支える重要なストックなのである。

4.3 平成28（2016）年の台風による停電と集落の孤立

平成28年に11番目に発生した台風10号は，複雑な進路を辿った台風だった。発生後，数日間西寄りの進路を取った後南下し，8月21日四国沖で台風となった。25日には非常に強い台風となってUターンして北東寄りに進路を変え，28日には最低気圧940 hPaを記録する大型で非常に強い台風に発達した。さらに弧を描きながら北西に進路を取り，30日18時前に岩手県大船渡市に上陸し，31日に日本海で温帯低気圧に変わった。

東北地方の太平洋側に台風が上陸したのは，気象庁が統計を取り始めて以来初めてのことである。

岩手県では，29日から30日にかけて太平洋沿岸地方（北上山地山村を含む）を中心に雨が降り続き，岩泉の観測地点で，1時間雨量が70.5 mm，3時間雨量が138.0 mmとなり，いずれも統計開始以来の極値を更新した。岩手県広聴広報課が，30日に発表した岩手県内の道路の全面通行止め箇所は，55路線91ヶ所に及び，岩手県内で死者21名，行方不明2名という深刻な事態となっていた。

31日の朝には，岩泉町在住の若い友人たちがSNSに画像入りで，町内の被災状況を投稿しはじめた。その衝撃的な凄まじい被害の画像には，私も震撼とさせられた[5)]。

この時すでに，その後大きく報道された，岩泉町の小本川の氾濫で高齢者施設に水が流れ込み，寝たきりの老人9名が死亡するという悲惨な被害が起きていたわけである。その後も，多くの山間集落を結ぶ道が土砂や洪水で寸断されて，停電や電話の不通が続き，集落が孤立した状況が，幾度もマスコミに取り上げられた。

さらに続いて台風12号が接近し，避難指示が出された[6)]ものの，孤立集落と

表 10.2　岩泉町各地区における孤立世帯数

岩泉町	9月2日	9月3日	9月4日	9月5日	9月6日	9月7日	9月12日	9月13日	9月19日
岩泉		121	93	34	34	34	3	3	0
小川		51	37	29	26	26	4	0	0
大川		6	11	11	11	9	0	0	0
小本		0	0	0	0	0	0	0	0
安家		113	101	95	11	10	7	2	0
有芸		12	10	10	10	10	0	0	0
合計	428	303	252	156	92	89	14	5	0

呼ばれた多くの地域の人々は，ヘリコプターが迎えに来ても避難しなかった。当時，この住民の行動選択を，さも悪いことのように扱う報道も多かった。

結局，岩泉町における世帯の孤立がすべて解消したのは，9月19日のことだった（表10.2）。

4.4　孤立集落へ

私は9月1日から，道路の復旧とほぼ同時に安家地区の中心地元村（もとむら）へ入り，支援物資を届けながら被害状況を見てまわった。盛岡から車で元村までは通常2時間ほどである。しかしこの時は，盛岡から高速道路を使って八戸自動車道の九戸インターで下り，山道を迂回しながら太平洋岸の久慈市を経て，海沿いの国道45号線を田野畑村まで南下し，岩泉町の夏節を経由して，岩泉町安家地区に入った。川の増水で決壊していた県道が復旧し，一般自動車が通行できるようになったばかりの安家地区尻高を通って，通常の倍近い時間をかけて元村へ到達した。それほど多くの道路が台風の被害で寸断されていたのである。

この時の安家入りには，盛岡から帰る安家のある若者に同行してもらった。彼は，盛岡で水と発電機，ガソリンの携行缶を購入し，近隣の友人の情報を得ながら，通行可能な安家入りのルートを選択した。Google Crisis Response の自動車通行実績情報も役立った。

土砂があちこちで道路をふさぎ，アスファルトの道路があちこち剥がされ，流されていた。橋の欄干に無数に刺さった流木。津波の後のように増水した川に家を流され，土台だけ残され，見慣れた風景が一変していた。

旧知の人々に話を聞く。家が次々に流されていくのを見つめていた夜の恐怖。一度は避難したのに，忘れたものを取りに家に戻って流された人の話。家ごと流されたのにもかかわらず，偶然命を取り留めた人の話。そして流入した泥を戸外に出す，疲れ切った人々。

床上浸水でコメや食料をだめにした人も多かった。それなのにコメや飲料水を運んできても，「うちはまだ何とかなるから，本当に困った人へ」と断る人が多いのに困りながら，さすが安家の人々と清々しい気持ちにもなる。停電が続くとみて，発電機を購入する人たちもいた。私も，岩がむき出しになったガレ場のような道を，ガソリンを入れた携行缶を片手にコメを背負って友人宅へ歩いた。

3日は休息と情報収集の日とし，SNSで発信される個人の情報を見て，知人とは連絡を取り，他の安家入りのルートの道路状況や孤立集落の情報を収集した。徒歩で，上流集落にある自分の実家まで往復してきた若い知人と連絡を取り合い，現地の様子の把握に努めた。

4日は前日得た情報から，それまでとは別の葛巻町から安家森を越えるルートで，初めて自分のメインの調査地である坂本集落に入ることができた。道路は，まだあちこちで崩れた土砂やあふれた沢水で寸断され，行けるところまで車で行って，あとは徒歩だった。

山中を歩くことになるのは予想されたので，クマ除けの役に立つかどうかはわからなかったが，この日もラブラドール・レトリバーのルカを連れて行った。ルカは災害救助犬に認定されたイヌなので，もし行方不明の人がいたら捜索に用いたいと考え，初日から車に積んで移動していた[7)]。

デイパックには，大した足しにもならぬとは思いつつ，近隣の家に配る飲料水が入った1.8ℓのペットボトル8本を背負い，イヌと歩き出した。事前の情報では，水に困っていると聞いていたのだが，実際にはすでにあまり必要なかったことが判明した。

坂本集落のある住民は，安否確認にヘリコプターで訪れた自衛隊員全員に，ペットボトルのお茶を配ったという。彼らは，いつでもお客さんが来たときに備えて，缶やペットボトルのお茶やジュースを箱買いで備えている。ヘリコプターによる支援物資の輸送配布を予定していた自衛隊員は，さぞ面食らったことだろう[8)]。

携えてきたペットボトルを台風見舞いに差し出すと，私も缶ジュースや栄養ドリンクを振る舞われてしまう。枝豆を土産にくれる家もある。9月の中旬には，マツタケやコウタケ，マイタケをもらって帰った日もあった。不謹慎な表

写真 10.10　沢クルミの橋

写真 10.11　床板や手すりがついた沢クルミの橋

写真 10.12　道路決壊部に置かれたナラの丸太。手前は連れて行った災害救助犬ルカ

現だが，支援に向かったつもりの私は，とんだ「わらしべ長者」になっていた。

橋を流されて対岸に渡れなくなった家に，誰かが沢クルミの木を橋のかわりに使えるように伐倒していた（写真10.10）。数日後には，沢クルミの木には板が貼られ，橋らしくなっていた（写真10.11）。あるものを有効利用する山村の人らしい，創意にあふれた被災対応だと思った。

土砂崩れで流された楢の巨木の丸太が，決壊した道路の脇に置かれていた（写真10.12）。その後，地域の住民が丸太を伐りそろえ，近くで作業していた国有林の伐採の林道整備に使う重機で沢に並べて土砂をかぶせ，道路を仮復旧した（写真10.13）。ふだんから山仕事に従事する住民自らの手で，孤立が解消されたのだった。

今回の危機は夏だったため，ストッカーに保存していた食料は，最初の数日

写真 10.13 地域住民がナラの丸太で道路を復旧し孤立解消

は自然解凍で食膳に上がったが，腐って捨てざるを得なくなった家がほとんどだった。

しかし発災後３日もすると，寸断された道路を徒歩で近親者の安全確認や救援に向かった家族や親戚たちが，孤立集落の村人の安否情報をもたらし始め，彼らが運ぶ食料や発電機が徐々に届き始めた。ここでの近親者とは，私が把握した範囲でいえば，孤立集落に住む人の都会に住む息子，娘，その孫，娘婿，兄弟姉妹であった。東京で大工をしている息子二人が，徹夜で高速道路を運転し，盛岡に住む私よりも先に，上流集落に到達していた例もあった。マスコミが孤立，孤立と報道をエスカレートさせていたこの時期に，多くの近親者は道路の寸断箇所を徒歩で移動し，すでに孤立集落に到達し，孤立集落に必要なものを届けていたのであった。

聞き取りによれば，発災後に多くの世帯は水の確保を優先して，沢の増水や土砂崩れなどで断水した私設の自家水道の復旧に力を入れた（写真10.14）。やがて道路を自力で復旧したことで，必要なものを自動車で購入しに行けるようになり，食料や生活必需品と共に，停電の長期化を予想した多くの世帯で，発電機と燃料のガソリンが購入された。

ここには，道路やライフラインが途絶したことが，即，住民の不安を呼び，混乱を引き起こす都会の暮らしとは，異なるライフスタイルがある[9)]。毎年のように，積雪や時には土砂崩れなどによって電柱が倒されたり，倒木，強風などによる断線による停電があり，電気だけに頼っては暮らせなかった。これまでも台風の直撃で道路が破壊され，長期間交通が遮断されたこともあった。

しかし，今より行政の支援が手厚くなかった時代から，そこに住み続けてき

写真 10.14　沢からの古い私設水道を復旧させようと試みていた孤立集落の夫妻が，子どもたちに自分たちの元気な姿を届けてくれと，写真におさまってくれた

た山村の人々は，いつも自助や共助によって地域の復興を果たしてきた[10]。今回の地域の動きから，台風10号による被害への短期的レジリエンス[11]には，地域外の都会に住む近親者との「共助関係」[12]も，重要であったことを確認することができた。

5．ストックの持つ意味と重層的なレジリエンス

5.1　多様な農山村におけるストックの持つ意味

すでに述べたように，山地の山村の人々は，ドングリを主食の代用とするなど，食文化に様々な野生植物を取り込み，また畑作物から多くの保存食料を開発してその多様性を拡げ，それらをストックして食糧の不足に備えてきた[13]。

畑作物の場合は，例えば当該年度の気候変動によって，飢饉・凶作などによる食糧の不足が推測可能になった時点から増産しようとしても，播種の適期を過ぎて間に合わない可能性が高い。季節性のある野生植物の場合も，収穫時期が早ければ間に合わない可能性があるが，ドングリやキノコなど秋になってから採集されるものも多い。このため夏までにそうした危機が察知できた場合に

は，秋にそれらの採集に重点を置いて，食料として確保できる場合もあり得る。
ただ野生植物では，採集からアク抜きなども含む食品化の過程で，時間と労働や手間がかかるものが多く，実際に危機が起きてからそれを行おうすると，大きなコストを要求されることが多い。かつての飢饉の際には，より多くの食料を確保するために，山の急傾斜面にある牛の採草地などからワラビの根茎を掘り取り[14]，水さらし法によりアク抜きをして，デンプンを得ようとしたという[15]。しかしそれに従事した村人の多くが，連日の重労働に疲れ，ワラビを掘った穴に倒れ込んで死んだ，という伝承[16]が北上山地のあちこちの村で聞かれる。
そこで意味を持つのは，ドングリの貯蔵に見られるような，あらかじめ毎年採集あるいは収穫したものを一定量ストックしておくことである[17]。ドングリの場合であれば，食料の残量に応じて貯蔵していたものを加熱処理法によるアク抜きを行い食品化していく。あらかじめ貯蔵されていたドングリは，急峻な山を登って採集し，背負って運び下す手間は不要であり，アク抜き法も水さらし法より短時間で行える加熱処理法[18]が選択されている。
ストックがあることは，食糧の不足に即時対応が可能であり，より労働量が軽減され，量があれば長期間にわたる食料の不足にも対応できることになる。一見，無駄なように思える多量の食料のストックも，時折到来し，食の多様性を確保するだけでは補いきれない食料不足の危機に備えるという意味からは，山村の暮らしに不可欠なものであったのである。
このように北上山地の山村は，食の多様性とストックを組み合せることによって，危機への幾重もの備えとしてきたのだと思われる。
北上山地山村における著しいストッカーの普及について，都市ほど毎日食料を購入できず，ある程度の買い置きが必要で，一時期に食べきれない多量のものを集中的に採集・収穫する機会に恵まれた，山村の暮らしの特性および凶作常襲地帯だった民俗生態史的な背景を指摘した。
では北上山地山村以外の，都市近郊であるとか，稲作農村であるといった異なる属性を持つ農山村では，このような自給食料を確保する目的の，ストッカーへの強い需要はあっただろうか。
例えば昭和のはじめの，農村恐慌などが起きた時代の東北の稲作農村では，その時代にストッカーがあれば，都市の近郊であっても需要は高かっただろうと推察される。娘の身売りが問題となり，宮澤賢治が「さむさのなつはオロオロあるき」と表現した凶作が続いたこの時代，気候が不順だったこともあるが，寒冷地で栽培可能な稲の品種改良も，まだ十分に進んではいなかった。

しかし，東北地方から日本全国の稲作農家に視点を拡げれば，事情は異なる。昭和の戦時中の，都市住民の地方農家への闇米の買い出しにおける，多くの苦難に満ちたエピソードを想起されたい。

戦時下にあって食料不足に拍車がかかってくると，都市住民は遠くまで列車などに乗って，コメの買い出しに出かけざるを得なかった[19)]。安定的にコメが収穫でき，ストックできた，広大な平野に位置する農家には，都市へのアクセスが遠くても，様々なコメとの交換物が集積された。筑波山麓のある稲作農家は，この時代を「極楽だった」と表現している[20)]。商品としてのコメを蓄えるためのストッカーには需要があっても，食料不足の危機に備えるためのストッカーなどには興味はなかっただろう。

戦後の農業政策においては，農産物の中でコメが国民の主食として特異的に保護されてきた。毎年政府が決めた額で買い上げられてきたコメは，山村で生産される外部経済に影響を受けやすい生産物とは比べ物にならない，安定的な経済的な価値を長らく保持し，コメ農家は市場経済の中で優位な経営を続けられた。そのようなフローの経済の中で暮らし，その環境に慣れ親しんだコメ農家にとっては，ストッカーは自家用の収穫作物の保存・加工目的以外には，必要なものではなかったであろう。

もちろんこれは，すべての稲作農家を対象としたことではない。例えば山間地などのさほど規模が大きくない稲作農家では，コメだけでは生計をたてることは能わず，山村らしい様々な生業を複合して生産を行ってきた。そこではやはり，ストッカーも必要性が高かったであろう。

しかし，東日本大震災や台風10号のような大きな災害以外にも，しばしば訪れる停電や道路の決壊などの小さな危機や孤立化と，うまくつきあいながら生きてきた北上山地では，ストッカーの必要性はさらに高いのだと考えられる。

コメという特別な農産物を生業の柱として経営を続けてきた農家が多かった地域と，稲作も含む零細な生業複合の中で生きてきた地域や稲作が安定的に経営できなかった地域，そして山間地で小さな危機とつきあいながら生きてきた北上山地山村では，ストックの持つ意味もそれぞれ異なるのである。

5.2　食の多様性・ストック・共助の重層的なレジリエンス

これまで述べてきた，木の実も主食の代用として取り込むような「食の多様性」や，様々な保存食料やストッカーの活用などに見られる「自給用食料のストック」と併せて，前節で述べた「共助」をどうとらえればいいのだろうか。以下，これまでの安家地区上流の坂本地区の聞き取りから，この地域の共助について考えてみたい。

この地域は大鳥（9戸）・坂本（8戸）・大坂本（10戸）の3つの集落[21]からなり，まとめて坂本地区と呼ばれる。ユイトリなどの共同労働としては，春の短角牛の採草地の火入れや畑の耕起・畝立て，草取り，夏の短角牛の冬期間の飼料のサイロ詰め，秋の畑の収穫など，また数十年ごとに茅葺屋根を葺き替えるヤドゴなどでも行われていた。

中でも丸1日の厳しい労働を必要とするサイロ詰めやヤドゴの際は，前者は坂本地区の牛を飼っている全農家と近隣地区の親戚が各家1名ずつ，後者は坂本地区の全戸からと近隣地区の親戚から各家1名ずつが，順番にその日の当該農家に集結し，労働交換を行っていた[22]。それ以外の共同労働では，主に集落内のユイトリで，労働交換を年内に清算するべく頼まれていないのに隣の集落から手伝いに来る例や，収穫の作業が間に合わないために隣接地区の親戚を電話で頼んで車で来てもらう例もあるものの，おおむね集落内または坂本地区内の共同労働で賄われていた。

調査をはじめた1980年代においては，共同労働の参加者に見られる共助の範囲はこれくらいであった。葬式などでは，死者の子供や配偶者，その孫などの血縁者が東京や盛岡から帰って来て，家から出す葬式や葬列の飾りなどの準備，墓掘りを手伝っていた。だがふだんの共同労働では，東京や盛岡の血縁者が帰ってくる例はなかった。

かつて1960～1970年代の高度経済成長期に，坂本地区からも関東や東海地方に出稼ぎに出る人が多かった。その場合には地区の年長者が親方となり，地区内の若い者を誘って出稼ぎに行くスタイルが多かったらしい。ところが出身地区で死者が出ると葬式の手伝いに帰らなければならず，それも一人二人ならともかく，地区の者がまとまって帰ることになるので，出稼ぎ先では仕事が滞って嫌がられたという。このようなエピソードに，この地区の「共助」の引力の強さ，あるいは出稼ぎの賃労働よりも葬式の手伝いを優先させる，当時の共同体規制の強さを読み取ることができるのかもしれない。そして今回の災害時の共助も，範囲としては葬式の手伝いの際に発動される「共助」の範囲が適用されたと見るべきかもしれない。

また別のケースとして，かつて貧しくて食料が不足していた家の主人が，比較的富裕な家に，食事時になると現れることがあったという。富裕な家ではまったく事情も聞かず，毎日何事もなかったように食事を出していたという。食料が不足してどうしても賄えない時には，このような集落あるいは地区内の富裕農家に頼る道もあったのである。この話を聞かせてくれた老媼は，これを「みすけ」の精神という，と語った。「みすけ」は「見ておいたり，助（すけ）られたり」の略で，助けてあげた人から逆に助けられることもあるから，助けられるときは助けてあげた方が良い，という意味だそうである。

以上の共助に関する安家地区のエピソードからは，①地域全体の共通認識として木の実も主食の代用と認めるような「食の多様性」の許容が基盤にあり，②個人の努力の範囲内で食料の確保を目指す「ストック」が次にあって，それでも対応ができない場合には，③共同労働や「みすけ」の事例で見られるような集落内から近隣地区までの広がりを持った「地域内の共助」があり，さらなる支援が必要な場合には，今回の災害や葬式の事例に見られる，④遠方の都市などに出ていった血縁近親者の助力も仰ぐ「地域外を含む共助」があるという，重層的なレジリエンスのための関係性が見られた。

注

1）岡惠介（2008，2016）など。

2）当時の平均所得水準や生活保護世帯の多さなどから見ても，またかつての主産業であった製炭がほぼ完全に消滅した後の時期であることからも，その差は山村の地域住民からも認識されていた。

3）北上山地山村では鉄砲を用いた狩猟のことを，一般にマタギあるいはマタギをするなどと表現する。

4）薄い鉄板で作られた薪ストーブで，上から見ると柱時計の形をしていることから，時計型と呼ばれる。寒冷地の雑貨屋やホームセンターなどではどこでも購入でき，価格もおおむね3000円程度と手ごろである。北上山地の山村では，鋳物などでできた高価な薪ストーブを使う家は少ない。

5）一例をあげると，31日午前７時46分投稿の岩泉町の中心部に住む若い友人のSNSでは，14枚の画像とともに『岩手県岩泉町。甚大な被害です。壊滅的な被害です。断水，停電はもちろん，家族の安否もわからない状況です。主要道路も塞がっていて身動きが取れないそうです。食料，水，生活用品も不足しているとのこと。（中略）協力お願いします。家族を。友達を。故郷を助けてください。（後略）』とあり，拡散されていった。

6）久慈市では久慈川と長内川が氾濫し，久慈の中心商店街を含む広域が浸水した。岩手県は９月１日，岩泉町の900人を含む少なくとも1100人が孤立していることを発表し，岩泉町は９月４日，台風12号の接近に備え，町内の4587世帯，9947人に避難指示を出し，孤立集落の住民をヘリコプターで緊急避難させようとした。これは，岩泉町全域に避難指示を出したことになる。

しかし久慈市では岩泉町と隣接する山間部の住民，1279世帯3008名には，避難準備情報を出すにとどめている。岩泉町のみが町民全員に避難指示を出したのは，台風10号が接近した際の避難情報や指示が遅れたのではないか，というマスコミなどからの強い批判に応えたものであったと見られる。

7）今日のように山村が過疎化高齢化した現状では，行方不明者の救助などにも機能していた消防団のような従来の組織も，高齢化や団員の減少といった問題に直面している。これに対する試みとして，こうした地域への災害救助犬の活用の可能性を探ることが，私の現在の研究テーマの一つであり，この実践のためにルカを災害救助犬として育成してきた。

8）私が訪問したある家では，「孤立といえば，いつでも孤立しているようなものだから」と，北上山地の山村の人独特の自虐ギャクで，苦笑していた。

9）一方では山村に住んでいても，今回もっとも復旧が遅れた（１ヶ月以上復旧しない地域も多かった）携帯電話を含む電話が使えないことによって，外部との連絡や情報が得られず不安感を講じさせた主に若年層がいたとの指摘もある。こうした山村地域内の世代間の危機対応の差異は，今後の課題としたい。

10）今回の台風10号による孤立化から自力で道路を復旧した住民らは，高齢化したとはいっても60代の人々だった。これが10年後，みんなが70代になったら，同じことができるだろうか。そのような懸念は大いにある。坂本集落では，住居への被害も人的被害もなかった。安家地区で台風被害がもっとも軽微な集落の一つだった。それでも，８月30日から９月４日まで孤立していた集落から，誰一人として避難せず，そして自力で孤立を解消したことも事実である。もちろん，災害弱者や高齢で困っている人への支援は必要である。しかし，だからといって山村の住民がすべてそこから去ってしまえば，これまで自助・共助で危機を乗り切ってきた地域の営みは断ち切られてしまう。今後はこのような視点からも，災害時における孤立集落の対策が考慮される必要があるのではないだろうか。

11）都市部などからの一般のボランティアが入ってくる前の時期を想定している。

12）逆に山村出身で都会に住む近親者たちは，おそらく山菜やキノコなど，生まれ育ったふるさとの味を享受するといった相互関係で想定できる。もちろんそこにはマツタケのように，非常に高価な食材も含まれているわけである。また地元出身者であるから，一般道が決壊していても，地形や沢，林道の状況についての知識があって，迂回して目的地に到達できることも重要であった。

13）なお，食料のほかにも薪や自家水道などのサブ・ライフラインのストックも重要であるが，この節ではとりあえず，食料のストックに絞って述べていく。

14）北上山地の山村では，ワラビが多い採草地は良い採草地であると伝承されている。

15）ワラビの根茎から採集されるデンプン（根花）には商品価値もあり，平年であれば売り買いされていた記録もある。よって，金銭を得るためにこの労働を行っていた可能性もある。しかし，藩政期の記録に人肉も食べたとされる悲惨な飢饉の状況下において，ワラビの根花を売って食料を買うといったことが可能であったかどうかは疑わしい。

16）おそらく，藩政時代のことと推定される。

17）北上山地の山村における伝承では，野生植物の中で，ドングリと並んでワラビやクズの根茎も，救荒食として利用されたことが知られている。しかし，これらの根茎類の場合は，多量に貯蔵する民俗例はない。
18）ドングリのアク抜きの場合，水さらしでは3日間ほどの日にちを必要とするが，加熱処理法では約8時間程度でアク抜きが完了する。ワラビの根茎の水さらし法によるアク抜きも，ほぼ同様の日にちを要する。なおワラビの根茎のアク抜きでは，加熱処理法は用いられない。
19）このような行為は，コメの私的な流通を禁じる食管法に違反しており，取り締まりの対象となった。
20）例えば，木村哲人著『戦争中は極楽だった―記憶ファイル村の1940年代』に描かれたような戦時下の農村では，コメをストックしていることで多くの交換物を入手でき，モノに溢れていた。
21）地元ではこの集落のことをブラクと呼んでいる。
22）近隣地区とは，坂本地区と隣接し，道路距離にして片道最大12 km以内の折壁地区や大平地区である。

引用文献

青野壽郎・尾留川正平編（1975）『日本地誌第三巻，東北地方総論―青森県・岩手県・秋田県―』二宮書店.
岡恵介（2008）『視えざる森の暮らし　北上山地・村の民俗生態史』大河書房.
岡恵介（2016）『山棲みの生き方　木の実食・焼畑・短角牛・ストック型社会』大河書房.
瀬川清子（1968）『食生活の歴史』講談社.
積雪地方農村経済調査所（1939）『畑作に関する調査（岩手県下閉伊郡安家村）』.
畠山剛（1989）『縄文人の末裔たち』彩流社.
古沢典夫ほか（1984）『聞き書　岩手の食事　日本の食生活全集③』農山漁村文化協会.
森嘉兵衛（1969）『日本僻地の史的研究　上』法政大学出版局.
森嘉兵衛（1970）『日本僻地の史的研究　下』法政大学出版局.

第4部

コメントと展望

第11章

NPO活動における海との共生と在来知

橋本　久夫

1．はじめに

いうまでもなく，海は地域住民すべて，国民にとってもかけがえのない共有財産だ。漁業・水産業や港湾産業はもちろん，マリンスポーツなど，海という大自然の特性を生かした中での「青少年の健全育成」「生涯学習」「観光振興」「環境活動」など，さまざまな地域振興のための資源としても重要だ。

「海に学び」「海に親しみ」「海を活用する」が私たちのテーマだ。海を学ぶことは地域全体を学ぶことでもある。海にも歴史と文化，地域ならではの風土がある。これらの資源を活かすことこそが住み良い活力ある地域社会の形成や，人や環境に優しい潤いのあるまちづくりにつながっていくものだろう。

宮古湾は，閉伊川と津軽石川という2つの大きな川が流れ込むリアス式海岸の一つだ。歴史的にも天然の良港として知られ，古くから栄えてきた。近代初の洋式海戦・宮古海戦[1)]の地でもあり，2015年には南部藩盛岡の外港として開港400年という節目の年を迎えた。

リアス式海岸は穏やかな入り組んだ湾を形成しながら，自然を活かした港湾，漁港が整備され，さらに養殖漁業など生産の場として活用されてきた。特に海の豊饒な資源は背後にある川，山の恩恵にある。山の栄養が川を経て，海に流れ出し豊饒な漁場を作り出している。

2．失われてゆく砂浜と漁労文化

このような豊かな自然環境ではあるが，ところが近年，地球規模の時間で創造されてきた自然界が，森林伐採による山の荒廃，河川整備による自然川岸の減少，生活排水による水質悪化，海岸も同様に3.11東日本大震災以降，防潮堤

写真 11.1　藤の川海岸：市街地に残された砂浜の海岸も，防潮堤工事によって景観が失われつつある（工事前の写真）

整備による砂浜などの海岸，干潟などが減少，それら豊かな自然が危機に瀕している。それもわずかな時間の中で失われつつある。

特に，かつての美しい砂浜がやせ細っている。砂浜は，山から川，そして川から海へと供給される土砂により，数百年，数千年という長い年月をかけて形づくられてきた。かつて宮古湾西側には藤原須賀，磯鶏須賀，黄金浜，トド浜，飛鳥田浜，神林そして藤の川（写真11.1），さらにそこから南には高浜，金浜，赤前，そして東側の白浜など白砂青松の砂浜や，あるいは干潟が広がっていた。私の子供時代には，このような砂浜が当たり前のように存在していた。しかし，日本の近代化，そして高度経済成長の中で，土砂災害を防ぐための砂防事業や池水・利水のためのダム建設，港湾建設などにより，土砂の供給が遮断され，砂浜の浸食が進行していった。

そのような背景から，今の若い人たちには，宮古湾には砂浜がなく，海との境は埋め立て施設や防潮堤と消波ブロックで固められているのが普通だという感覚も生まれているように思える。

宮古湾は1615年に盛岡藩の外港として宮古湊が開港以来，水産，物流をはじめ，文化と交流を支えてきた大切な海域だ。そこは高い生物生産性と生物多様性が求められるとともに，人と自然の領域の中間点にあるエリアでもあり，陸地でいう里山と同じく，人と自然が共生する場所でもある。里海は，人の手で陸域と沿岸海域が一体的に総合管理されることによって，豊かで多様な生態系と自然環境を保全することで，地域住民に多くの恵みを与えてくれる。かつて宮古湾にもそのような里海が広がっていた。しかし，水産業に携わる人々も高齢化が著しく，漁師や漁村の生活文化も継承されにくくなっている昨今。しかも先の大津波で大きなダメージを受け，多くの沿岸域が大変な状況にある。今被災地は，人々の生活再建を中心に復旧復興に向けてさまざまな整備が進められているが，震災で失われた沿岸域を取り戻すための施策はなかなか見えない。

◇コラム７◇

津波復興余話─未来へ伝え残すために　震災遺構「たろう観光ホテル」

震災を語り継ぐモノの一つとして震災遺構がある。田老地区に2016年４月１日から震災遺構としてオープンしたのが「たろう観光ホテル」だ（写真11.2)。復興交付金を活用した震災遺構第一号として，東日本大震災の教訓を伝える拠点として利用されている。

宮古観光文化交流協会では震災の記憶をつなぐための「学ぶ防災」を田老地区で実施している。あの日の教訓をどう伝えるか，壊れた防潮堤，壊れたホテルなどを見学させながら「その場で何が起きたか」を伝えている。

これから何十年もすれば記憶は風化していく。しかし，「モノ」が持つ力は大きい。訪れた人々はそのモノを見ることによって対話し，思いを共有できる。時間とともに言葉は変わるが，モノは変わらない。津波の恐ろしさ，威力をありありと伝えてくれるものとして，この震災遺構にはその役割が期待される。

「何故，人は逃げないのか」「どうすれば人は逃げるのか」，改めて災害に対する教訓をこの学ぶ防災で知ることができる。

人間の心理には，「正常化の偏見」「集団同調のバイアス」「エキスパートエラー」があるという。そのことをガイドさんが伝えている。

「正常化の偏見」とは，目の前に危険が迫ってくるまで，その危険を認めようとしない心理傾向のことをいう。「集団同調のバイアス」は，経験したことのない出来事が突然身の回りに起こったとき，その周囲に存在する多数の人の行動に左右されてしまう心理。そして「エキスパートエラー」とは，平静を呼びかけて避難指示が遅れた

写真 11.2
震災遺構たろう観光ホテル：震災遺構第１号として学ぶ防災の拠点施設となっている

りして事態を重大化してしまう，事故や災害に対処するエキスパートといわれる安全管理者たちが犯す判断ミスのことだという。結局は，箱物やシステムを作るよりも，防波堤を高くすることよりも，まず一人ひとりの危機意識を目覚めさせ，心の堤防を高くすることなのである。

3．自然体験活動の重要性

私たちのNPO（NPO法人いわてマリンフィールド）は，2002年に発足以来，これまで「海に学び」「海に親しみ」「海を活用する」をテーマに，海を活かしたまちづくり活動に取り組んで来た。これらの活動には，マリンスポーツ普及を中心にしながらの海洋体験学習，環境学習，国際交流，調査研究活動などが含まれる（写真11.3～６）。

日本は，四面が海という条件ながらも，自然体験活動のフィールドでは山が一番多く，次いで川，そして海は一番少ないという結果がある。海との関係が少ないことは，その多くは個人の趣味や楽しみの範ちゅうにあるからではないか。海難などのリスクも高いと認識されている部分もあり，モノを使ったり，専門的な技術が求められるものなどもある。それらのことが，手軽に入り込めないイメージがあるのだろう。

経験で培ったものや，その知識や技術を不特定多数の人に伝える活動をしている人も極めて少ないのが現状である。海では，気候的なものを含め，通年性

写真 11.3　出前講座：市内及び郡部の小学校に出向きプールや川など使ってヨット，シーカヤックの体験

写真 11.4　身障者教室：岩手県の身障者協会と連携して毎年数回，シーカヤックなどの体験教室

写真 11.5　海辺体験教室：小中学校の生活科や体育の授業，PTA 活動による水辺体験活動

写真 11.6　地引網体験：ヨットハーバーでのイベントで取り組んだ地引網体験

を確保できない側面もある。これらが，海洋国といわれながらも山や川と比較して海の自然体験活動が少ない理由，といわれている。

そんな中でも，人々にとって海はかけがえのないものであり，日本人の半数の人々は海辺のまちに暮らしている。人々の生産活動や余暇，観光や教育など，海に関わる機会は少なくない。私たちも，海を活用したまちづくりとしてさまざまな活動を展開している貴重なフィールドである。

近年の自然志向の高まりと，持続可能な社会を構築する上での環境教育の大切さも重要視されている。そのための自然活動体験は，避けて通れないものだ。美しかった白砂青松の海岸が次々と姿を消してはいるが，今一度，地域の海辺に自然体験学校ができ，次代を担う子どもたちが日常的に自然環境というものを身近に感じ取ることができたら，どんなに素晴らしいことか。

宮古地域の海の在来知を考えるにあたり，こうした体験活動が地域の特性として，地域に根付いていくことが必要だ。高齢者の知識や経験を活かしていく場，社会参加の提供ができる場ともなるほか，若い世代をも取り込み，新たな雇用創出の場としての観点も広がる。こうした活動を展開することによって，身近な自然としての海辺を人々に再認識させることができるものだろう。

さらにこれがグレードアップしたものとしての海洋環境を守りながら，雇用・産業振興に結びつける新たな施策ができることになれば，岩手県沿岸そのものが，海洋利活用の将来的モデルを世界に示すことにもつながる可能性もある。

海が身近になるチャンス。いろんな側面から考えていきたい。

◇コラム 8 ◇

海の供養塔にみる津波碑の教訓

三陸沿岸の浜，港，寺院には，かならず津波記念碑や海嘯（つなみ）供養塔が建立され，津波溺死者の鎮魂，海神への祈り，子孫への警告を刻んでいる（写真11.7，11.8）。

ツナミのツは船の着く所，ナミは並ぶ水の並水。港（陸地）にうち寄せる大波，チ（地）ナミ（浪）で，これがツナミに転音し海嘯，津浪，津波と当てられるようになった。

三陸沿岸の津波記念碑，供養塔造立は，明治29年（1896）から始まり，明治碑は「海嘯」の漢語をツナミと読ませて，生々しい惨状のみを刻んだ。昭和 8 年（1933）

写真 11.7　宮古金浜津波碑：東日本大震災を後世に伝える金浜地区の津波碑

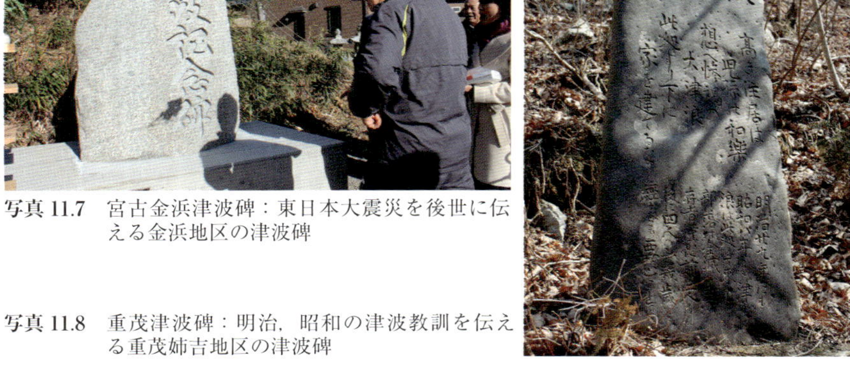

写真 11.8　重茂津波碑：明治，昭和の津波教訓を伝える重茂姉吉地区の津波碑

のツナミからは，津浪，津波と書いて，「津波が来たら高い所に逃げろ」と教え，さらに昭和35年（1960）のチリ地震津波では「外国地震でもツナミが来る」と警告した。

津波を方言でヨダ（宮古），オウソ，アクソなどと呼ぶ。漁村の古老は「一生のうち２回はヨダに合う」と宿命的にいう。つまり「35年周期」説で，「60年１回」とか「ほぼ40年に一度」説もあり，「三陸沿岸は津波の常襲地として日本一，世界一」だともいわれる。

4．復興における文化化を目指して

大震災からの復興に向かって，地域の「文化化」というものも今後のまちづくりの中で重要となってくる。まちづくりの原点となるのは，まさに「そのまちの文化」という宝だ。しかし，時代の変遷と共に，多くの文化が失われつつある。さらに，今回の津波災害によって，街並や形あるものは失われてしまい，人々の記憶の中にしか存在しないものもある。今後のまちづくりにおいては，宝として地域社会に培われてきたもの，蓄積されてきたものを，もう一度探求し，きちんと確認・共有することから始めなければならないと考える。地域の歩んできた文化を，形として見えていなかったものを顕在化していく事が大事だろう。

その宝である文化の一つに「海のまちみやこ」としての文化がある。鮭にまつわる歴史，先人たちが取り組んできた漁労文化，伝統風習，方言，南部藩の船の歴史と沖縄・多良間島との交流が生まれた漂流史などなど。

さらに，1745年に宮古人らのロシア漂流によってできた露日辞書『レクシコン』の存在は，あまり知られていない。漂流した乗組員たちの言葉が受け継がれ，当時のロシアで日本語を理解する辞書となった。それは，岩手沿岸方言を反映していた。当時の日本語の方言を知る上でも，貴重な文化資料である。そして，明治維新の明暗を分けた近代初の洋式海戦である宮古海戦など，後世に残すべき題材は少なくない。

地域の歴史・文化は風土に根ざし，人々の暮らしと関わることで形づくられてきた。社会の変化，災害からの復興の中で，歴史の重層性を踏まえて，さらなる文化振興につなげていきたいものだ。

◇コラム9◇

津波碑が伝えるもの

津波碑は，死者を供養する慰霊碑と，津波災害に立ち向かうための教訓碑の，大きく2つに分けられる。

三陸沿岸に津波碑が圧倒的に多いのは，明治三陸津波，昭和三陸津波，チリ地震津波において被害が最も大きく，犠牲者もそれだけ多かったことを物語る。

昭和三陸津波では，新聞社が募った義捐金の交付において，その一部を津波碑の建立に使うこととされていた。各町村は，それぞれの県の指示に基づく教訓碑を建立したため，地域ごとに大きさ，石材，碑文も同じものが多い。

東日本大震災では，各種支援によって建てられた津波到達地点を示す標石が見られる。それらの記念碑は，まだ復興もままならないなかで建立されたものだが，新たに建てられた標石は，未来に向けて子どもたちへ津波体験をつなげようとしている，新しい伝承の形だ。

表 11.1　主な津波記念碑の碑文

一　地震のあとには　津波が来る 一　地震があったら　高い所に集まれ 一　津浪におわれたらどこでも高い所に 一　遠くへ逃げては　津浪においつかれる 一　常に逃げ場を　用意しておけ 一　家を建てるなら　津浪のこない安全地帯へ	浄土ヶ浜「大海嘯記念碑」
一　地震の後には　津波が来る 一　地震があったら此処へ来て一時間我慢也 一　津浪に襲われたら何処で此の位の高所へ逃げろ 一　遠くに逃げねば　津浪に追付かる 一　常に近くの高い所を用意して置け	田老「大海嘯記念」
大地震の後には　津浪が来る 地震があったら、此処に集まれ	崎山大沢「海嘯記念碑」
強い地震は　津浪のしらせ その後の警戒一時間　想え惨禍の三月三日	重茂音部「大津波記念碑」、重茂千鶏「大津波記念碑」
強い地震は　津浪のしらせ その後の警戒一時間　想え惨禍の大地震	重茂里「津浪記念碑」
大地震のあとには津浪来る 地震があったら高い所に集まれ 津浪のくる前には海水がひける 遠くへ逃げては津浪に追付かる 近くの高い所を用意して置け 住宅は津浪浸水線より高い所へ	重茂川代「大海嘯記念」
高き住居は　児孫の和楽 想え惨禍の大津波 此処より下に家を建てるな 明治二九年にも昭和八年にも津浪は此処まで来て 部落は全滅し　生存者僅かに前に二人　後に四人のみ 幾歳経るとも要心あれ	重茂千鶏「大津波記念碑」

鍬ヶ崎地区の蛸の浜日和山にある「津波襲来記録標」には「あらなみをおさえて防ぎ永久に　吾がすむ里安くおく日和山」という歌が刻まれている，町を波から守った日和山に感謝して昭和12年に地元の青年会が建立した。しかし，慶長の大津波はこの日和山を軽く越えたと伝え，今回の東日本大震災でも鍬ヶ崎のまちに波がなだれこんだ。

数ある教訓を刻む津波記念碑を見ると表11.1の様な文言が刻まれている。ここには，主なものを示した。

5．おわりに

わが宮古市は，三陸復興国立公園（陸中海岸国立公園），早池峰国定公園という雄大な自然を有していて，「「森・川・海」とひとが共生する安らぎのまち」をまちづくりの理念に掲げている。この地域の生態系は私たちに多くの自然の幸や恵みをもたらし，豊かな景観を育んでいる。ここには長く引き継がれてきた生活文化や価値観も集約されていて，地域社会にとっても欠かせない貴重な財産となっている。

復興まちづくりにおいては，生活再建が急務であるとともに，被災地域の人々が本来大切にしてきたふるさとの生活文化，風景，民俗芸能，風習，伝統，歴史など地域らしさへの配慮も必要である。そのための地域が歩んできた文化を新しいまちづくりに結びつけていく視点も求められる。

地域の文化は風土に根差し，人々の暮らしと深くかかわる中で形づくられ，幾重にも積み重なって存在してきた。在来知は，地域住民がふるさとを感じ，集まるよりどころとなる貴重なふるさと資源であり，またその活用によりなりわいを生み出す可能性を持つなりわい資源でもあろう。

「森は海の恋人」に象徴される自然の摂理のもとに生きる三陸沿岸や地域の価値を高め，在来知の持つ力を次世代に送り届けることが，ふるさと再生の道に繋がるものだろうと考える。

注

1）宮古海戦＝1869（明治２）年３月25日（旧暦）の未明，宮古湾に碇泊していた官軍の艦隊を，函館五稜郭からの榎本艦隊が奇襲した戦い。

第12章

地元民からみる，サクラマスを通しての学びの可能性

―地元の経験と学識をつなぐ―

水木　高志

1．はじめに―閉伊川大学校ではじめた体験学習の試み―

岩手県沿岸の地に住み続ける人々。古くから津波等の大きな自然災害に見舞われながらも，この地で生き続けてきた。それは，自然豊かであり，その恩恵を知っているだけでなく，災害をも乗り越える力を持って生き，暮らしてきたからだ。

2008年より，研究者から学びの大切さを指導された市民が主体となり，「さんりくESD閉伊川大学校」は始まった。その主な目的は，水圏環境や地域づくりに関する活動や研究を行い，地域間や立場をこえた人々の交流連携を通じて，豊かな自然を保全していくこと。そして歴史や文化を尊重しながら，安全で楽しい親しみある水辺をつくること。さらに，持続可能で地域の人々の活力が溢れる社会を実現することだ。宮古市という地は，森川海なる大自然に囲まれ，水産資源が豊かな三陸地域の市。そこで，地域資源を活用した体験型環境学習の実践を行っている。

閉伊川での体験型学習は，佐々木剛さん（本書第3章，第5章を参照）が理論的基盤とするラーニングサイクル理論（佐々木，2011）を基に実施している。ラーニングサイクルとは，導入・探究・概念の確信・応用・振り返り，のステップを繰り返し行っていく学習法である。物事等，気になる点で導入が始まる。それが何らかの行動に出て，探究へと入る。その中で，気づきが理解へと転化した時に確信へと至る。それを応用として，別の対象や場面へと当てはめる。その後どうであったのかを振り返る，という学びの過程を繰り返していくことをイメージしていただければ理解し易いだろう。

2．マインドフルネスでみつける共通のスタート地点

学びの対象は主に小学生となるが，高校生や大学生，そして大人も混じることがある。小学生の１年生から６年生では，当然ながら，知識と学習共に差がある。その学習会を始めるにあたり，ラーニングサイクルを基にしているが，では最初の始まりをどのようにするか。これは発達領域，個性の全く違った人の集団でスタートを合わせるという意味だが，その導入前にマインドフルネスを実施している。

マインドフルネスとは，今現在において，起こっている内面的な経験，及び外的な経験に注意を向ける心理的過程とされる。つまりは自らの体験を，今この瞬間という体験に注意を向けることで，現実に目を向け，受け入れることだ。

対象者は自然の中にいて，現在置かれている状況の認識差だけでなく，注意散漫，意識拡散された状況となっている。そこで今，私はここに居るという五感を働かせながら，瞬間体験により，意図的に現在の自分を見つめ，そこで共通の接点へと導く。マインドフルネスでは，地域差，年齢差，学力差，認識差があったとしても，例えば全員で左足の親指一点で地面を感じる，または目を閉じ，野鳥の同一の声を聴く等の意図的な原体験を行うことにより，統一された対象であるが故に，共通の接点での始まりに導くことができる。そこで導入と探究へと入っていく。その視点のスタートを合わせることで，その学ぶべき方向性の始まりを位置づけられていると感じる。自然界においての学びは，多様にある。そして個人各々の感受性と能力，思考領域において，学びは大きく差が出てくるのは当然だが，方向性やある枠内での学習発展への導きは合わせることができている。

このマインドフルネスは，あくまでも始まりの統一化と，五感を働かせて感受性を豊かにするスイッチング，つまりは柔軟体操のようなものである。集団での学習ではあるが，その後の主体的学びの理解には，年齢や生活史環境の差が現われる。だから，エデュケーターとなる私たちは，一方通行となる伝授（インストラクション）で教えも行い，それに対しての理解度や感受性による発達を援助する（ファシリテーション）立場であり，集団での学習の場である為に仲介する（インタープリテーション）でもなくてはならない。だが，ラーニングサイクルで自然体験を基に行われる学習では，とくにファシリテーションに重点を置き実施指導することが重要だ。めざすのは学習者主体の学びであ

り，振り返りにより，自ら次の課題を考えられると感じる。

体験学習にラーニングサイクルを導入するということは，エンパワーメント（人々に夢や希望を与え，勇気づけ，人間が本来持っている生きる力を湧きださせ，高めること）に繋がる。やがてその力は個人を成長させ，その人材を地域に結び付けることで，その地域が持続可能となると私は考える。

3．サクラマスをめぐる体験学習の年間サイクル

では，サクラマスを通してどのような学習ができるのか。サクラマスという魚は，河川の状況により，降海型と河川残留型に大きく分けられる。降海型がサクラマスであり，河川残留型はヤマメといわれるが，同一種だ。サクラマスの回帰性と，河川残留となるヤマメは清らかな水質を好むことから，閉伊川大学校では，環境を考える際の指標生物の一つとしてサクラマスを取り上げた。目に見える個体を学びの中に取り入れ，降海型のサクラマスの回帰を通して，森川海の繋がりを学習することにしている。

閉伊川大学校の活動は，画一学習で終わる体験学習ではない。持続可能となる自然の豊かさを，サクラマスの成長過程と当てはめながら，一年を通して学ぶ。つまり，サクラマスの回帰と生涯のサイクルを通して，自然の豊かさの指標を見つめて実感する場を提供している。

まず夏には，川流れ体験を行う（口絵1，写真12.1，12.2）。実際に流れに身をゆだねることで，水温，水圧，スピードといったことを肌で感じとる。人は，慣れると必ず自ら流れに逆らう動きをするようになる。それは，遊びと共に発展ある興味を持つからだろう。その探究ある興味で，川の流れに逆らい，泳ぎ，水中を覗く等といった行動を伴いながら，流れを楽しむようになる。自ら動き，五感を通してその流れの変化を記憶しながら，サクラマスらの泳ぐ川の流れを知っていく。と共に，生物調査をし，そこに生息する多くの水生昆虫をはじめとした生物を自らの手で見ることにより，水質や環境を自ら感じとる。また，その際に，渓魚であるイワナやヤマメ，アユといった，清流でしか生きられない魚を実際に食べ，食の味覚に触れる（写真12.3）。

晩秋，渓魚の産卵を迎える頃には，閉伊川漁業協同組合の協力のもと，養鱒場施設（写真12.4）でヤマメの人工受精を体験する。麻酔により仮死状態となった雌の親魚を手に取り，一匹ずつ丁寧に，そして敏速に腹を絞っていく。器に出された数匹分の卵に，手際よく雄の腹を絞り精子をかけ，優しく混ぜて

写真 12.1　川流れイベント

写真 12.2　川流れを体験する子供たち

写真 12.3　ヤマメの塩焼き

写真 12.4　養鱒場施設で泳ぐヤマメ

写真 12.5　子供たちによるヤマメの人工授精

写真 12.6　受精を終えたヤマメの卵

受精させる（写真12.5，12.6）。その受精卵は養鱒場で大切に育てられる。養鱒場での体験の中で，実際に育っている1年魚，2年魚と見て観察しながらヤマメの生態や一生についても学ぶ。

年を越し，春には，人工受精し，稚魚期一年を養魚場で過ごしたサクラマスの幼魚を川へと放す放流会を実施する（写真12.7）。放流された幼魚は河川状況や自然環境に左右もされ，降海しサクラマスとなって川へ戻るか，河川残留型となり川に留まるか，に大別されて生きることになる。

閉伊川大学校では，このように，夏，秋，春という学習サイクルを繰り返す

写真 12.7　ヤマメの放流

ことで，水辺に親しみながら地域資源と自然の豊かさを持続的に学ぶ場を提供する。私は，この一年の過程を通して，魚の生態だけでなく，なぜその時にそのような川の環境がなければならないのかを伝えたい。

4．地元市民と研究者の協働作業

小学生をはじめとした学生らへの学びの提供の中で，地元市民より研究者に求めるものは何だろうか。その答えは，地元民がこの地域の豊かさを当たり前にして生活してきたことと，現在における多くの地で悪化する環境との落差に関係するのではないかと私は考える。地元民は，この地域の自然環境の豊かさを当然として生活してきた。だからその恩恵も普通であることと感じている。

だが，この普通ということ，つまり変化がないということは，逆にいえば，簡単に崩れ去ることもできるという危険な因子を抱いている。それは，人々の関心度の問題だ。関心を持っていることであれば，常に変化を探ることも気づくこともでき，早急な対処もできる。その意識を持たせる為の学識は，研究者から提供することができる。そして，その学びの場を提供するのが，私たち閉伊川大学校などの団体等の役目となる。

研究者と地元市民の学びの過程は，決して一方通行ではない。研究者は，地域住民の意識変化や歩む過程にふれながら，研究者であるが故に気づかなかった視点にも目を向けることができると思う。それは，地元住民が，地域特性を当たり前の要素として素晴らしさに気づいていないのと同じことでもあると思う。

5．在来知から見たサクラマス―生涯サイクルの多様性―

では，この地における在来知というべきか，サクラマスに対する地元民の認識はどうであるか。

完全河川残留型ヤマメの生態は，すでに一般の知る範囲となっている。では，完全と付けたことに何の意味があるだろうか。それは“もどりヤマメ”という言葉があるからだ。古くから，この三陸沿岸域にはこの言葉があったようで，他の地域でも耳にしたことがある。一般には，もどりヤマメはスモルトと呼ばれてもおかしくはない。もどりヤマメは30～40 cm 程の個体が多く，銀化がかったその胴体表面に，うっすらとヤマメにもあるパーマーク（サケ科幼魚期に体側面にある模様）が浮かぶ。もしくは，鱗下皮表面にパーマークが存在する。もどりヤマメは，多くが降海するであろう個体が，海へ下るのを，河口域，つまりは汽水の場で止め，その場で過ごした後，タイミングを見て川へと戻ってきたヤマメだ。

サクラマスと呼ばれる個体の降海時期にも，違いがある。岩手では，古くから早春～春にかけて海へと下る個体をヒカリと呼んだ。完全なる淡水域となる渓流で，春に釣れる渓魚に銀色に体表が光り輝く個体がいる。地元では，それをヒカリと呼び，海へと下りサクラマスとなり帰ってくるものの幼魚と認識されていた。そしてもう一つが秋に25 cm を超すような大きさの個体が銀化して海へと下るが，それもサクラマスの幼魚といわれていた。

成熟したサクラマスを考えても，一般的には，春に遡上するからサクラマスという名がついたといわれている。だが，閉伊川河口にある宮古地方では，そのサクラマスをママスと呼び，外洋で桜の開花時期から捕れ始めるマス，つまりはカラフトマスをサクラマスと呼ぶ。これは，漁師町として歴史を持つこの宮古市の，海の漁業者と魚屋での呼称である。

本来のサクラマスは，３～５月の春に遡上する一般的サイズ（60 cm 平均）のサクラマスが多い。６～７月にかけてのサクラマスでは，大型の個体群と，50 cm をきる小型の個体群の遡上量が多いと認識している。６～７月は旧暦での５月となり，古くからの暦認識では春と呼べると思う。そして，夏マスと呼ばれる７月から遡上するサクラマスもいる。８月の盆となると，早期のシロザケが遡上を始めるが，その小さな群れにもサクラマスが混ざり泳いでいるのを何度か目にしたこともある。秋のサケ群にもサクラマスが混じり遡上する。

このように，年間を通して海と河川とを交差するサクラマスは，一般的見識である，春遡上のサクラマス，河川残留型のヤマメという２区分だけとは明らかに異なり，さらに定説のように河川と海といった厳密なる境界線さえも曖昧なものとしてしまう。各季での海と河川という生活の場を変化させる彼らの行動は個体数にバラつきはあるものの，たまたまではなく明らかにサクラマス達がとっている行動なのだ。

このような地元で教え伝えられた認識を，どのように科学と研究者へと繋げられるか。実際に子供たちの手により秋に人工採卵し，その後に閉伊川漁業協同組合の養魚場で育てられた幼魚が一年をむかえた時に，研究者の助けを得て，目の後ろに蛍光マーカーをつける。マーカーをつけた個体は，年を越した二年目の春に，子供たち・釣り人をはじめとした市民らの手で放流される。このように，時期に適したサクラマスへの関わりの場を作りながら，地元で伝授されてきたことと，学識・知識の両者を生かし，それらを経験として人々の心に残すことが，市民団体たる私たちの役目であると感じている。

6．おわりに―在来知・科学知とひとのつながり―

在来知としての一つで，私が物心ついた頃には覚えていたのがヘビの毒のことである。

マムシの毒は一般的に知られるが，ヤマカガシも毒があると知っていた。子供の頃，ニュースでヤマカガシに噛まれて死亡したことが取り上げられ，ヤマカガシが毒ヘビであると初めて知ったかのような放送だったが，私はそのことは物心ついた頃には知り，「毒ヘビはマムシとヤマカガシの２つ，そしてヤマカガシは三角頭と丸頭があり，三角頭は毒があるから手を出すな」と教わっていたことを記憶している。

この三角頭という知識には実は問題があり，頭部が２種類存在しないことは，今では私は知っている。ヤマカガシの頭部は，マムシに比べれば明らかに丸い頭部だ。

ヤマカガシがどのような毒ヘビであるかという正確な知識を持つためには，私にとって，一地元民の人生の中での在来知と，研究者から学ぶ正確な学識の両者が必要だった。つまり，これも研究者から学ぶことが可能な知識の事例の一つといえるだろう。毒を持っていることは知っていつつも，それに正確性がない。今後，次の世代を育てていくためには，在来知に，科学的知識や根拠を加えていくことが必要となる。

食文化をはじめ，この四季のある日本においては，伝統的に経験を積み重ね，経験の中で培ってきた，その地で生きるべき知恵がある。長年にわたって，次世代へとその地でだけ言い伝えられてきたそれは，経験を繰り返し，その都度に確信を得ながら，「そうである」という重層的な確信の元にあるのだ。その地で生きていく恩恵と共存の，バランスのとれた未来。それを現実のものとするのは，地元に暮らす各々なのだ。

地域の知恵は，地元の自然感と風土をよく知る人々をつくるだけではない。目覚ましく変化する近年の自然環境や，それがもたらす災害も含めて，苦難を乗り越え，適応した暮らしを継続する為には，他地域の伝統・風習からなる，生きるべき知恵も学ばなければならない。そういった学識の繋がりを提供できるのは，研究者であり学識者なのだ。

私の場合，研究者の方々と知り合うことで，知識という学びを得る機会を得てきた。その恩恵を伝えるべく，次世代を担う子供たちをはじめとしながら，エンパワーメントを持つ人々を育てること。それも，繰り返される時代を生きる知恵となる。

人というものは，それぞれ人から教わり，そして人へ伝えて歴史を積んできた。私も，その人の自然な摂理に基づき，研究者から教わり，それを市民に伝える。全ては繋がりの基に成り立っていることを，今回のプロジェクトへの関わりの中で深く感じている。

引用文献

佐々木剛（2011）『水圏リテラシープログラム－水圏環境教育の理論と実践』成山堂書店.

第13章

在来知のちから

小山　修三

1．在来知と科学知

いま，世界のニュースはコンピュータの発達によって時を置かずに拡がって，私たちの生活に大きな影響をあたえるようになった。現代社会の特徴は，AI（人工知能）が主導権をにぎる情報の集合によって世界を一まとめにするグローバルな時代になることを，私たちは受け入れざるをえなくなりつつある。しかし，それ以前には，情報伝搬がおそく，地域が分断されていた時代がながく続いていたことは歴史を見れば明らかである。人類は地球上のいたるところに拡散し，寒地や熱帯などの過酷な環境にも適応して暮らしてきたので，その地の思考や実践（本書では在来知とする）は合理的な思想（科学知）とはずいぶん違ってはいてもそれによって生きてこられたのだから彼らにとっては当然のものだった。「在来知」とは地域の文化そのものだといえるだろう。

本書の第6章にある真貝・羽生の論考は，岩手県宮古市の閉伊川流域における在来知を，食を中心にとりあげている。食の確保は人々が生きるための基本的条件であろう。環境（自然条件）の制約が大きいこの小さな地域内の在来知はどのように形成され，時代につれてどう変わってきたのかについては，私の興味とも重なるので，それを中心にコメントしたい。

2．日本の主食の歴史

ヒトが生きていくためのエネルギー源の確保に植物食を主食にするようになると人口が増える。そして，その量を増やし安定させるのが栽培だった。そういう見方をすれば，日本列島には，木の実（クリ）―雑穀（ヒエ）―水稲（コメ）という安定した主食の3つの層が見える。

まず，もっとも古いと思われるのは木の実を利用した段階だ。木の実は旧石器時代から利用されていたと思われるが，主食化したのは気候が温暖化する縄文時代前期と推定される。

三内丸山遺跡ではクリ花粉の増加とともに大きな集落ができ，それが減少すると集落が消滅することが明らかにされた。この時期に，木の実を中心とした食料システムが完成されていたことがうかがわれる。最近ではシリコン圧痕法によって，土器片のなかから，炭水化物につくコクゾウムシが多数発見され，クリが集落内に（大量に）貯蔵されていたことがわかってきた。小畑さんは，今後，調査が進めば全国的に同様の例が発見されるだろうと予測している（小畑，2016）。クリ以外の堅果類にもトチ，ナラ類があり，アク抜き技術が必要とするものの，これらの堅果類の管理・栽培が高度にシステム化されていくことは，カリフォルニア先住民社会の例を見ればあきらかである（Koyama and Thomas, 1981）。

第二の層は雑穀だ。なかでもヒエは，北海道では早期（8000年前）から栽培化の試みがみられ（吉崎，1993），日本で栽培化された可能性も論じられている（阪本，1988）。ヒエを育てるのは畑だが，もともとは焼畑から始まったと私は考えている。民俗誌を見ると単独ではなく，ソバ，エゴマ，ダイズ，アズキ，カブ（いずれも日本で栽培化された可能性がある）などと組み合わせて作るのがふつうだ。栄養的に必要な，炭水化物，タンパク質，脂質，ビタミン類を基本的に充足する農業の基本条件がそろったわけだ。

時期的にはおそくとも縄文中期までには東日本で確立したと考えられる。前述の木の実の層とは無関係ではなく並行して発達した感が強い。

ヒエ以外の雑穀に関しては，後期から西日本に現れる突帯文土器文化のなかで大陸からのアワ，キビ，オオムギ，コムギなどが補強された。オオムギ，コムギは（いまのところ）弥生時代とされている。弥生時代以来，大陸との交渉が盛んになった結果，大量の野菜類や果実類なども加わり作物リストが豊かになった。また，ずっと時代は遅れるがジャガイモとサツマイモも大きな役割を果たしている。イモ類についてはサトイモ，ジネンジョなどがあるが，現在のところ，出土例がないので検証が難しく手が付けられていないのが現状だ。

もっとも新しい第三層はコメだ。時代的には縄文時代の末に新しい農業として日本列島に入ってきた。その中心であったコメは（雑穀と比べ）栽培のために水田という大きな施設を必要としたものだった。また生産量の高さや食品としての優秀さはその後の日本のあゆむ道筋を決めていった。とくに近世からは諸藩が水田稲作を奨励したことは，江戸時代の藩そのものがコメの生産高で評価されていたことからわかる。つまり，コメの増産は，国策として農業の主流となり，日本という大規模経済（科学知の世界）の柱となって，現在にまでつながっている。

そのなかで，クリとヒエの層はどうなったのだろうか。主食となる農作物として見れば，クリはヒエの層に吸収されてしまったようだ。ところがヒエは（日本ではコメが夏にしか作れないこともあって）コメを補完する形で残った。

3．焼畑という農業

焼畑とは森や草原に火を入れて畑として使う粗放な農耕だ。火は人類最古の環境コントロールの技術だった。しかし，いまでは火を使う行為がヒトや施設を破壊する危険なものとされている。森林保護の観点から問題視され，さらに二酸化炭素の排出による大気汚染の原因として忌避されようになった。しかし，これらの問題は主として機械力や薬剤利用による現代の大規模なプランテーション農業に代表されるものである。各地に残る伝統的な焼畑は，むしろ環境負荷の少ない生産体系だと再評価する動きがある（佐藤他，2011）。

ここで注目したいのは，地形的制約から，水田の作れなかった地域で行われていた焼畑農耕だ。焼畑を行っていた地域は意外と多く，コメ作化の進んだ1950年のセンサスでも95 km^2，11万戸の経営農家があった。それらは北上山地（本書がとりあげた地域），奥羽出羽，上越，赤石丹沢，飛騨，山陰，四国，九州の山地に濃密に分布していた。これは降雨量の多い山岳地帯で行われた傾斜地農業で，ヒエを中心としていた（図13.1）。しかし経済成長が著しかった1960年代から急速に衰退し現在では山形県や宮崎県にしか残っていない。日本人の食の好みが依然としてコメにあったこと，労働力を軽減するための機械化が進まなかったことがその原因だった。

それにしても，本書がとりあげた宮古市川井村のインタビュー記録を読んでいて感じる「ふしぎな明るさ」はどこから来るのだろうと私は考える。小さな川に沿った狭小な山地に位置することは，同様の地形に位置する日本の他の村と同じく，人口減少が著しく，少子化，高齢化に悩み，そのうえ東北大震災による甚大な被害もあるはずなのに。その秘密はこの村の歴史に根差したもので，とくに過去に焼畑という生業を営んでいた経験からはぐくんできた在来知のし

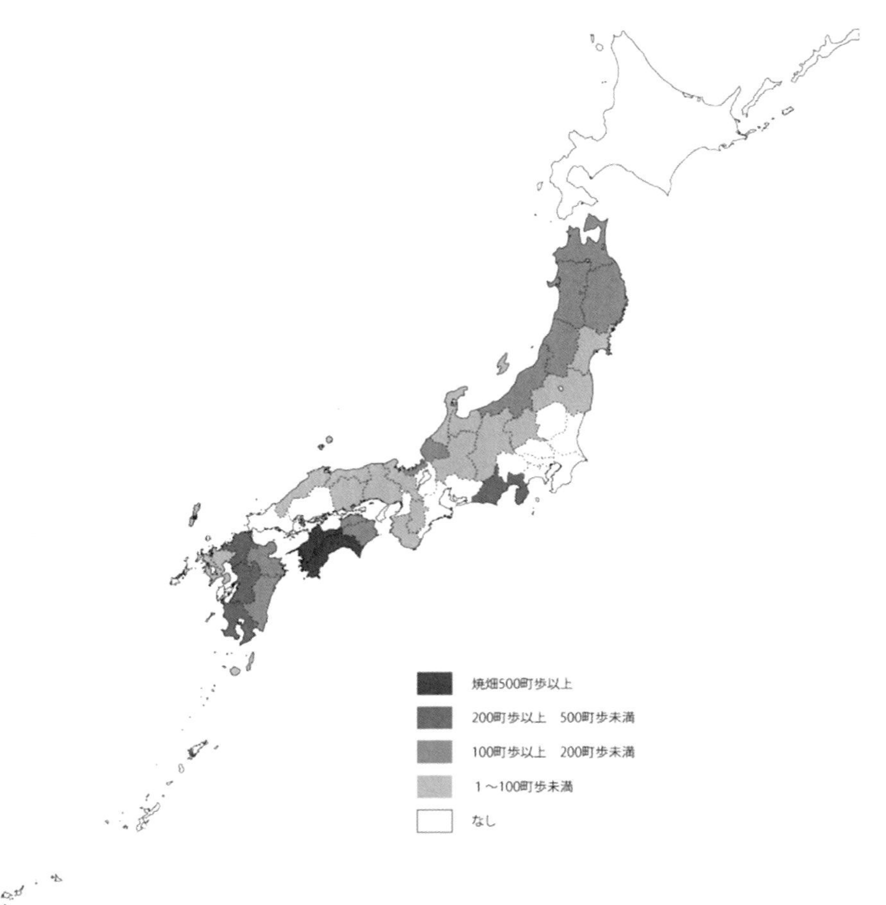

図 13.1　1950 年における各県の焼畑面積（佐々木，1972 より作成）

たたかさではないだろうかと思う。

4．飛騨山地の焼畑ムラ

焼畑の村については私がやっていた飛騨白川郷の様子を紹介したい（小山他，1982）。これは明治初期に書かれた『斐太後風土記』に記された人口や産物の詳細な記録に基づくものだ。そのなかで，現在の荘川村には23ヶ村の集落に注目した。そこではすべての村に焼き畑があり，全村がヒエを作っていた。村の人口は90人以下のものが多く，産土神を祀ってまとまっていた。コメを生産していたのは15村あったが量的にはごく少なく，ヒエを主食として自給自足の状態にあったことが分かる。

村の人口は90人以下という狩猟民のバンドに近いもので，不足がちな食料を補完するためにエネルギー源のデンプン類を木の実（クリ，トチ，ナラ）クズ，ワラビ，ヒガンバナの粉で補い，動物性タンパク質としては，アユ，ハエ（アマゴ），イワナなどの川魚，キジ，ヤマドリ，カモシカ，クマ，キツネ，ウサギ，サル，イノシシなどの鳥獣類をとっていた。他の栄養素は山菜やキノコで補っている。この多様な食材からなる食の在り方は，コメに偏りがちであった平野部と比べ，栄養バランスが良好だったと考えられる。

焼畑の村は食だけで見ればそれで完結可能なものであった。しかし，日本がコメを中心とした大規模経済によって動いており，地域的な小規模経済という位置にあったことも事実だ。飛騨の村の産物リストを見ると，食生産以外にも彼らが活発に動いていたことが分かる。その第一は政府が（世界経済に入るために）振興していた養蚕にかかわるもので，これには飛騨全体がかかわっていた。具体的な産物としては，原料となる蚕を飼うためのクワ（の葉）やマユだった。焼畑村はあたらしく起こった需要としてのクワの（水田のように動かせないものではない）栽培スペースを持っていた。もちろんこれは当時の特需というべきものだったが，ほかにタバコ，コウゾ，チャなどの換金作物，材木，薪，炭などの林業関係の品，農具や工芸品などの貨幣経済に対応する産物を積極的につくっていた。いわば多角経営を行っていたのである。

もう一つ重要だったのはヒトの動きだ。彼らは農繁期以外は出稼ぎに出ていった。他地域に行くことは景気の動きや新しい技術に対する情報源で，経済という視点で見れば，ムラ（Small scale economy）と全国（Large scale economy）をつなぐためには重要なものだった。それは普通の農民が（極論すれば）水田耕作に打ち込んでいればやっていけるという考えに対し，焼畑民はそれだけに頼れなかったことに由来するということができるだろう。

5．川井村のインタビューから見えるもの

川井村の過去の記録やインタビューからこの地方が明治初年の飛騨の焼畑地帯の生活とあまりにもよく似ていることに驚く。この地域における1954年の統計によると主食の目安となるヒエは780石であるのに対し，コメは151石にすぎず，比率では1：5となる。ヒエからコメへの転換が起こったのは政府が水稲

稲作を推し進めた1970年代になってからという遅さであった。

さらに驚くのは，木の実（シダミ，トチ）は重要な食材としてカテメシやダンゴに使い，高齢者はインタビューで，凶作にそなえて時々食べる練習をしていた証言だ。これは焼畑ムラとしては当然といえるが，縄文遺跡出土の資料と共通する食の在り方だ。

焼畑の農法については民俗学による先行研究が盛んで詳しい情報がある。しかし，いまの人には（高齢者でも）実際の経験はあまりないようだ。それでも焼畑にこだわっているのはそれが飢饉や災害などの非常時に強いことに理由があると思う。

飢饉について，まず語られるのは天明（1781～1782）の飢饉で，東北地方は深刻な被害を受けたことがよく知られている。しかし，あまりにも古いことなので，細部が語られることなく「大変だった」と飢饉の恐ろしさを象徴する話になっている。実際に語られるのは昭和９年（1934年）の飢饉で地域的には大きな被害があったようだ。ところが，この地域には悲惨な話はほとんどないのは，むしろ雑穀経済の多様性が有利に働いたのだと思われる。つぎの飢饉状態は終戦直後の日本全体が体験した食料不足の時代だ。これは都市部に顕著だったことで，農村部の疎開の流入によってかえって村の人口が増えたという。食料生産者にはこのように食料危機にたいして強かったことが分かるのだが，とくに，焼畑の村は，多角経営であったためにしたたかに生き抜くことができたといえるだろう。その精神は現代でも生きており，それが先に述べた人々の明るさにつながっているのだと思う。

６．これからの課題と人類学者の役割

現在，日本では人口減少が進行し，なかでも少子化，高齢化が著しい。そして人口が東京に一極化している。そのために地方は消滅するのではないかと大きな議論を呼んだ（増田，2014）。地方の消滅は日本国の将来にかかわる大問題なので，政府は地方創生の担当大臣を置いて予算を投じ，地方政府も熱心に動き始めた。それは，まだ少数ながらはじまっている帰農や田舎に住み自然のなかで暮らそうとする人々の動きにも影響しているようだ。

本書は，宮古市の閉伊川に沿う地域の小さなムラを中心とする地域が，将来も存在できるのかどうかを問うものだが，それは可能であることを感じせる。在来知は自然変化だけでなくより大きな地域の常識（科学知）に対してしたた

かに対応した結果磨き上げられていったものであることが，ここでも同じだったことを描きだしているからである。

最後に（広い意味での）人類学者として羽生さんが研究代表者となってこのプロジェクトを立ち上げたことの意義を考えてみたい。これについては，山極さんと尾本さんの対談『日本の人類学』は大変参考になる。日本の人類学をリードしてきた東大と京大という（アカデミズムの）視点から，これからの日本の人類学はどうあるべきかを論じ，人類学が現在，専門化しすぎて視野狭窄におちいっていることを挙げている。もともと博物学的興味からはじまった人類学は再び統合して，視野の広い原点に立ち返るべきだ。それこそ現代社会に役立ち，その要請にこたえるために必要だという。多くの分野の研究者を集めた本書の学際研究はその点で成功しているといえるのではないだろうか。

引用文献

小山修三・松山利夫・秋道智彌・藤野淑子・杉田繁治（1982）「斐太後風土記による食料資源の計量的研究」『国立民族学博物館研究報告』 6 巻 3 号，363-596頁.
Koyama, Shuzo and David Hurst Thomas, eds. (1981) Affluent Foragers. Senri Ethnological Studies 9. National Museum of Ethnology, Osaka.
阪本寧男（1988）『雑穀のきた道』NHK ブックス.
佐々木高明（1972）『日本の焼畑』古今書院.
佐藤洋一郎監修，原田信夫・鞍田崇編（2011）『焼畑の環境学―いま焼畑とは―』思文閣出版.
増田寛也（2014）『地方消滅』中公新書.
山極寿一・尾本恵市（2017）『日本の人類学』ちくま新書.
吉崎昌一（1993）「考古学的に見た北海道の農耕問題」『札幌大学女子短期大創立25周年記念論文集』響文社.

第14章

「わかる」と「できる」をつなぐプロジェクト

―在来知をともにつくる試み―

杉山　祐子

1．「生きる場」に生まれる知

在来知という日本語を世にひろめた重田眞義さんによれば，在来知は「人びとが自然・社会環境と日々関わるなかで形成される実践的，経験的な知（重田，2007）」だという。在来知は，人びとの外側にある知識のリストを覚えこむことではなく，環境との関わりのなかに生まれる。だから，不変の「伝統」なのではなく，環境の変化や外から持ち込まれる新しい技術，近代知さえも組みこんで変化しながら蓄積されてきた。この研究プロジェクト「ヤマ・カワ・ウミに生きる知恵と工夫」ではさらに，在来知が世代を超えて蓄積されてきた点を強調する。そして，それを共有するための手法として環境教育を結びつける試みがとても興味ぶかい。

在来知の土台になるのは，ある具体的な地域の環境のただなかに自分がいるという感覚だ。その場にいる自分の目と耳，身体で感知するモノやコトやヒトが，そして自分自身の動きが，在来知に触れると同時に，それをつくりだすことに直接つながっている。だれでもアクセスできるし，初心者も熟練者も，同じ場でともに経験し深めていくことができる。在来知を身につけることは，ある具体的な地域の全体像を，さまざまな生が刻印された「生きる場」として体感することだ。そこには羽化してから数日で生涯を終えるカゲロウから，数年単位の魚，数十年生きる動物，百年単位の木々など，異なる時間スパンの生涯をもち異なるリズムで動く生きもの・非生きものたちが相互に関わりながらおりなす場がある。在来知の認知は異なるシステムが相互に関係しながら併存する複雑系の認知につながっている。

生きる場での知が重きをおくのは，長期間安定して生活をなりたたせること，持続的に使い続けることだ。だから，効率化もはかられるが，少量でも年中とぎれることなく食料や資源が確保できる知識や技術が開発されるし，より多くの選択肢をもつことに価値が置かれる。

在来知が注目されるようになったのは，1980年代以降，複数の分野でその科学的な合理性が「発見」されたり，生活者のまなざしからの再評価がされたりした時代的な背景が深く関わっている。遅れた知識だという偏見から低く見られていた在来知が科学的な根拠をもつことは，本書第３章や第５章でも記されているとおりである。アフリカやアジアの農村研究では，在来農法が環境についての詳細な認知に基づいた，とても精緻な知識・技法であることが明らかにされはじめた。

２．在来知の科学性

私が長年つきあってきたアフリカのザンビア農村の人びと（掛谷・杉山，1987；杉山，1998，2013）は，独特の在来農法をもつことで知られている。かれらが暮らすミオンボ林は，日本でいえば明るい里山のような景観だが土地はとてもやせている。人びとはチテメネ・システムとよばれる焼畑耕作でシコクビエや落花生を栽培して，農学の専門家が驚くほどの収量をあげ，ミオンボ林の再生サイクルに合わせた生活を営んできた。

チテメネ・システムでは，畑を開くときに男性が木にのぼって枝葉だけを伐採する（写真14.1）。枝葉が乾燥すると，女性がそれを伐採地の中央に運んで（写真14.2）円形に積み重ねる（写真14.3）。雨季が始まる直前に，枝葉の堆積に火入れをして焼畑の耕地をつくる。火入れをした部分の木々は高温で焼かれて枯れてしまう。でも，その外側の木々は枝を伐採されただけなので，切り口からすぐに新しい芽を吹き，枝が再生する。伐採のあと数年から十年もたつと，木々はまるで剪定されたように，こんもりと枝葉を茂らせる。再生したミオンボをさらに伐採して焼畑の開墾を繰り返すと，枝の切り口がこぶのようになり，木にのぼるとき，とてもよい足場になる（写真14.4）。伐採－焼畑－林の再生という循環のなかで，この地域に独特の樹形と景観ができあがっている。

村びとは，枝を集めて高い温度でよく焼くことによって，土中に肥料ができ，土の力が生まれると言う。また土がよく焼ければ，輪作をする数年間ずっと，雑草が生えないのだと説明する。土壌学の荒木茂さんや農学の高村泰雄さん，作物学の伊谷樹一さんらによって，この説明が土壌学や農学などの科学的知見

写真 14.1　樹上伐採（男性が木に上り，枝葉だけを伐採する）

写真 14.2　枝葉はこび（伐採した枝葉を束ね，伐採地の中央に運搬する）

写真 14.3　枝葉の堆積をつくる女性（束ねた枝葉を女性が運搬して円形の堆積をつくる）

写真 14.4　伐採と再生をくりかえした樹（切り口が瘤のようになっている）

とみごとに合致することがわかってきた（荒木，1996；高村，1998；伊谷，2002）。チテメネ・システムは，枝だけを伐採しそれを集めた堆積を焼くことによって，やせた土とまばらな植生というこの地域の不利な条件を補い，ミオンボ林の更新を促して地力の回復をはかる農法なのである。また，多種類の作物を同時に栽培する混作と輪作によって，食のバリエーションを確保し，効率的に耕地を利用するすぐれた方法でもある。

それだけではない。ミオンボ林が再生する遷移の段階であらわれる多様な動植物を，採集や狩猟などの方法で利用し，バラエティ豊かな食物を安定して得ることができる。だから，人びとは実に詳細にミオンボ林の遷移を知っているし，動植物の利用法にも長けている。ミオンボ林が再生する過程と農法との関係やミオンボ林の生き物についての村びとの説明は，私たちが調査を進めるときの指針にさえなった。まだ十分研究されていないミオンボ林の生態について，科学的にも検証できる精緻な知識を蓄積しており，それを「見ればわかる」と，こともなげに言う村びとには驚かされるばかりだ。

けれども，私が在来知を重要だとおもうのは，それが科学的に検証できる知識だからということよりも，在来知に基づく世界の知り方が独特で，科学知とはちがう世界観をつくりあげるからだ。

3.「見ればわかる」ことと，対象を「意思あるもの」として扱うこと

人びとの生活と乾燥疎開林との関わりかたを知るため，ザンビアの村に住み込んだ私は，村びとのあらゆる仕事を学ぼうとした。しかしすぐに，その学びかたが村びとの基準とずれていることがはっきりしてきた。私はどんな仕事をするときでもまず，「どうやるの？」と言葉での説明を求める。村びとは言葉で説明するかわりに実演して見せ，「あんたがた白人は，なぜ，先に説明してもらいたがるのかな。私たちはまず見てやってみるんだけどな」と，そのちがいをおもしろがったものだ。

「説明を求めるのは，みんなのしていることをよくわかりたいからだ」と言い返す私に，長老女性が「わかるっていうのは，できるっていうことさ。自分でできないことを言葉で知ってどうするの？　できるようにはならないよ」と，からかうように言う。もちろん，彼女も言葉による理解が本当にいらないと思っていたわけではない。作業をよく見もしないで，ただ説明を求める私の態度を揶揄し，自分の身体を動かしてはじめて「わかる」ことの広がりを教えてくれたのだ。彼女が示してくれた在来知の世界は，当該の技術だけでなく，その時期の気候やそこに生きる動植物の生態，村びとの性格や関係を含むもろもろの知がいちどに獲得される経験だということを，後になって思い知った。

たとえば，チテメネ・システムの重要な作業である枝葉運びでは，伐採された枝葉を自分が運べる重さに束ねる。それを肩にかついで，強く吹きつける風

を避けながら伐採地の中央にまで運び，円形になるように枝葉の堆積を作る。村の女性はこの作業に毎日2～3時間かけ，1日におよそ800 kg の枝葉を運ぶのだが，束ねた枝葉の重さがそれぞれ均等でないとすぐに疲れてしまい，長い時間の作業は続けられない。だから自分が楽に運べる重さを知り，どの樹種が重いのか，どの樹種とどの樹種の枝を組み合わせればもちやすいのかを判断し，毒虫がいそうな樹皮に肩が触れないよう気を配ることを学ばなければならない。

これができるようになると，日射が厳しくなる前に作業を終わらせるための時間配分や，おかずになる植物を帰り道に採集するための道順などのナビゲーションもできるようになる。自然環境の状態だけではない。枝葉運びがしやすいように配慮して伐採する男性はだれか（それはつまりその男性が枝運びをする「妻を愛している」証拠なのだ），どの男性の作業が荒いかなど，ゴシップ的な男性の評判まで深くわかるようになる。長老女性が言ったように，この作業が一人前にできるようになる頃には，木々の名前も特徴も，風の強さや時間帯も，村びとの関係も含め，暮らしの全体がわかるようになっていたのである。

このように，在来知に特徴的なのは「見ればわかる」という姿勢が基本にあるということだ。ここでいう「わかる」とは実際に身体を動かして「できる」ようになることと結びついている。自然と深く関わる生業では，人びとは，対象となる生きものを注意ぶかく見て，その性向や動きを理解する。ひとの側は対象にあわせて自らの動きを決める。対象とするものの動きを読みとることは，より確実に生業活動の成果をえることにつながるからである。これが，人びとのいう「見ればわかる」ということだ。

在来知は，対象をひとの全面的な管理下に置いて力任せに支配するのではなく，対象がもつ指向性を受け入れ，そこに寄り添うことによって，ある種の操作をしようとする。その対象が植物であれ動物であれ（ときには生きものでなくても），みずからの意思をもつものとして扱う認識のしかたが顕著なのである。対象の意思に寄り添い，その目を通して世界を見ると，その生に関わるほかの動植物の生や，モノやコトがひとつながりの系として取りだされる。

4．在来知と環境への現代的働きかけ

対象となる生き物の動きやふるまいを注意ぶかく見ていると，ひとの日常の行動圏よりもはるかに広い範囲の自然環境の変化を知ることもできる。バランスをとりながら全体の調整をすすめることが，持続的な利用と長期的な生活の

安定に結びつく。変化がよくないほうに向かっていると判断したときには，具体的な行動をおこして環境や制度に働きかけ，修復をはかることも在来知を核とした生業に含まれる。

そのよい例を，転飼養蜂家（いわゆる「ハチ屋」さん）に見ることができる。私が出会ったのは，自宅のある鹿児島から北海道まで，花を追いかけて日本列島を縦断しながらハチミツの採取を生業にして数十年というハチ屋さんだ。この方々は毎年６月ころ，秋田・岩手両県にまたがる八幡平（はちまんたい）の近くにやってくる。そのハチ屋さんは，ミツバチの集める蜜を通して八幡平や日本各地の植生の変化を語ってくれた。かつて八幡平周辺には多くのトチノキが自生していたので，トチ蜜を主に採っていたそうだが，昭和30〜40年代に天然林の伐採が進む。日本の農業も大きく姿を変えたこの時期には，ハチ屋さんの地元でもナタネが激減し，水田からはレンゲが姿を消した。それ以降，ハチ屋さんは厳しい状況のなかで，新たな蜜源を求めながら養蜂を続けているのだが，八幡平周辺では小坂町などで鉱山の煙害対策として植えられたニセアカシア（和名ハリエンジュ）が育ち，とても良い蜜源となった。いまやニセアカシアの蜜は最も好まれ，高い価格で取引される商品の一つである。

蜜源を守るための政治的・社会的活動も，養蜂を続けるためには不可欠だった。外来生物法の制定が議論された時期に，ニセアカシアは，強い繁殖力で在来種を駆逐する外来植物として，全国規模での駆除を検討されたことがある。しかし養蜂に関わる人びとの訴えなどを通して，北海道や東北，中部地方の一部で蜜源としての価値が非常に高く，代替蜜源がないことが政策の視野に入れられるようになった。ほかにも，ハチ屋さんの団体がみずから農家に種を配ってレンゲの栽培を委託するなど，蜜源を作り出す働きかけが始まって久しい。

養蜂家は気温や天候とミツバチの動きの変化を熟知し，ハチの動きを邪魔しないように，手早くていねいに数多くの作業をする。ハチの生態を熟知して，ハチの意思に寄り添いながらその群を管理するだけでなく，自然環境や養蜂をめぐる制度の大きな変化にも働きかけをつづけて順応してきた。転飼先の土地所有者との関係もつねに調整しなければならない。その意味で，養蜂という生業は幅広い在来知に支えられ，それを更新しながら維持されてきたといえる。

5．環境の変化・担い手の変化と在来知の共創にむけた試み

これまで述べてきたことをふまえ，「ヤマ・カワ・ウミに生きる知恵と工

夫」研究プロジェクトの成果を見直してみよう。在来知に焦点をあてたこの研究プロジェクトでは，魚の豊かさと山の豊かさを関連づけて理解し，その環境全体の変化を察知することなど，在来知が関係性に関する知であることに注目する。関わりの対象となる生きものの動きをよく見ることによって，自分が直接活動する地域だけでなく，環境の変化や環境要素が相互に関わりあって構成するシステムの全体を理解すること，そしてそれが日々の実践の基盤になっていることが，研究の成果として明らかにされてきたといえるだろう。

現代日本における在来知の継承を考えるとき，さらに重要なのは，単に自然との関わりや技術，世界観だけでなく，環境じたいの人為的な改変や制度の変化を視野に入れながら，それを乗り越えるすべが必要であることを実証的に示したことだ。それは上記の転飼養蜂家の例とも共通する。

本研究プロジェクトの基点となった地域では，もともとあった人口減少傾向に震災の影響が輪をかけて，担い手となるひとの集団の変化もいちじるしい。こうした変化を目に見えるかたちであぶりだした結果，この研究プロジェクトでは，とぎれそうな相互関係の系を復元したり生みだしたりする動きと，これまでの環境教育を理論的に再評価する枠組みが見えてきた。在来知を意識化して掘り起こし，将来にむけてともにつくる実践が，地元の人びとや，そこで長年にわたる取り組みをつづけてきた教育者，研究者など，異なる背景をもつ人びとを結びつけ，あらたな実践コミュニティを生みだした成果でもあると思う。さらにこのとき，潜在していた知識や技術を体験によって身に取りこむことを重視すると同時に，それを通して驚きや楽しみが生まれる場の構築を可能にした点も忘れてはならない。地元の人びとの日常生活のなかでは，あまり言語化されずに伝えられてきた知を，どのように言語化し，社会文化的背景を異にする人びとにもわかるように可視化するかという手法の工夫をかさねたこともまた，今後の展開を注視したい取り組みである。

固有の在地性を軸に蓄積されてきた在来知は，その在地性のゆえに汎用性のないものとみなされることもある。けれどもこのプロジェクトでは，サクラマスを育む閉伊川のさまざまな表情―個別の地名はもちろん，そこに生きる動植物の生態に関わる認知や生業の技法，山・川・海に生きる生業複合の様相，サクラマスが春告魚として季節を運ぶ存在であったこと，老若男女それぞれのひとが川との関わりのなかでもつ記憶など―を包みこむ，総体としての知をえがき創る実践を通して，ヤマではヤマの，カワではカワの，ハマではハマの個別の地域で蓄積された在来知を交差させる試みに挑戦した。

「生きる場」から離れず，その現場での実践をどのような知の継承と新たな生成にむすびつけるか，またそれを担う多様な人びとが共創する場をどのように生みだしていくかは，他の地域にも共通する，取り組みがいのある課題だといえる。

引用文献

荒木茂（1996）「土とミオンボ林―ベンバの焼畑農耕とその変貌」田中二郎・掛谷誠・市川光雄・太田至編著『続自然社会の人類学』アカデミア出版会，305-338頁.

伊谷樹一（2002）「アフリカ・ミオンボ林帯とその周辺の在来農法」『アジア・アフリカ地域研究』２号，京都大学アジア・アフリカ地域研究研究科，88-104頁.

掛谷誠・杉山祐子（1987）「中南部アフリカ・疎開林帯におけるベンバ族の焼畑農耕」牛島巌編『象徴と社会の民俗学』雄山閣出版，111-140頁.

重田眞義（2007）「アフリカ在来知の生成とそのポジティブな実践に関する地域研究」http://www.zairaichi.org/j/about/about.html（2018年２月12日アクセス）.

杉山祐子（1998）「伐ることと焼くこと」『アフリカ研究』53巻１号，1-19頁.

杉山祐子（2013）「「動き」からみる在来知の生成」杉山祐子編『マイクロサッカードとしての在来知に関する人類学的研究成果論集』弘前大学人文学部，1-44頁.

高村泰雄（1998）『旅の記録』農耕文化研究振興会.

第15章

総括

羽生　淳子・佐々木　剛・福永　真弓

この本では，山，川，海のつながりをはじめとする在来知と地域のレジリエンス（弾力性・回復力）について，岩手県宮古市閉伊川流域を中心としたフィールドワークの成果と，それに基づいた環境教育の試みを紹介した。また，比較研究として，福島県内における小規模農家・小規模事業者への聞き取り（第８章）と，岩手県北部の二戸市浄法寺地区における聞き取り（第９章）を行った成果を掲載し，岩手県北部の岩泉町安家については，長年研究を続けている岡恵介さんからの寄稿をいただいた（第10章）。さらに，地元からの視点として，橋本久夫さんと水木高志さん，人類学的な視点からの総合的なコメントとして，小山修三さんと杉山祐子さんから，それぞれ原稿をいただいた。本書を締めくくるにあたって，今回のプロジェクトを通じて得られた今後の見通しについてまとめておきたい。

本書の各章を通して浮かび上がってきた重要な課題は，在来知の再評価に基づくパラダイム・シフトの可能性だ。「はじめに」でも述べたように，在来知は，生物としての人間が他の生物や環境と関わり合う中で，世代を越えて蓄積されてきた知恵と工夫の総合体とされている。つまり，在来知の考え方は，きわめて帰納的，ボトムアップ的といえる。さらに，この本に所収された論考の多くでは，在来知について，１）環境に関するきめ細かい知識，２）その環境に対応するための実践的な工夫（技術），とともに，３）その背後にあるものの考え方（世界観），も含めた形で定義を行っている。

第１章でも述べた通り，このような在来知の概念は，これまで，地域のステークホルダー（研究対象・研究地域と何らかの関係がある人）との協同研究や環境の保全・管理研究の分野では一定の評価を得てきたものの，理論を重視する社会科学の主流派からの評価は必ずしも高くなかった。しかし，本書の各章からは，在来知の概念が，短期的な効率主義に基づいた論理とは異なる原則を基盤としていること，さらに，このような考え方が，システムのレジリエンスと長期的な持続可能性，という視点からはより理にかなっている可能性が読み取れる。

在来知を重視する小規模で多様な社会・経済システムは，外界の条件に合わせてそれぞれの地域で進化し続ける柔軟なシステムだ。このような在来知のきめ細かさは，大規模で画一的な生産システムとは相容れない。だから，在来知の再評価は，必然的に，成長モデルにかわる，「次世代」モデルへのパラダイム・シフトの検討へとつながる。

では，成長モデルに代わる次世代モデルとはどのようなものだろうか。私たちは，在来知の長所である食と生業の多様性，社会ネットワーク，地域の自律性を活かした，地産地消型・非中央集権型の経済構造と，それに伴う地域コミュニティを想定している。一言でいえば，大都市が地方を一方的に搾取しないシステムだ。次世代モデルに対応する社会・経済のあり方としては，近年，「縮小社会」や「田園回帰」などのキーワードが注目を集めている。ここでは，このような社会・経済への移行を念頭に置いたモデルを，仮に，小規模分散モデルと呼んでおく。

それでは，小規模分散モデルは，実際にこれからの社会・経済の「道しるべ」となり得るのだろうか。この点を考えるために，この本の第1章では，生態学的な視点としてレジリエンスとパナーキーの理論を検討し，在来知の概念とレジリエンスの諸理論との関連を考察した。この章で示した適応サイクルのモデルからは，災害にもっともレジリエントなシステムは，在来知とその背後にある世界観，そして地域のネットワーク（人のつながり）に基づいて，常に小さな変化を繰り返しながら食と生業の多様性を保つ，小規模で柔軟性の高いシステム（図1.1のｒ期［試行期］）との結果が得られた。

環境保全に関するこれまでの議論の多くは，システムの特化と大規模化は歴史の必然と仮定した上で，図1.1のＫ期（安定期）にとどまり続けることで，特化・大規模化したシステムが解体に向かわないための方策を考え続けてきた。これに対して，本書に寄せられた論考の多くは，システムの特化と大規模化自体を問題と考え，人のつながりの上に築かれた，小規模で多様なシステムの長所を活かした形での将来像の模索を提言する。

戦後日本の高度経済成長期における効率主義に基づいた論理が，日本の各地で行き詰まりを迎えている現代において，本章の冒頭で述べたように，「時代遅れ」としてこれまで過小評価されがちだった在来知の価値を，生態学的な視点から見直し，それを活かした地域づくりへとつなげていくことは重要だ。生態系としてのレジリエンスの検討は，第5章，第6章，第7章などで主要なテーマのひとつとして扱われている。

しかし，生態学的なモデルだけでは，人間社会の動態や個人の意思を論ずるには限界がある。そこで，第1章の後半と第2章では，生態学のモデルを超えて，社会科学の視点から，在来知の概念とその時空間的重層性を検討した。特に，第2章では，ギアツのローカルナレッジとの対比を行い，ローカル（地域）という概念の重層性を強調した。その際には，ギアツのローカルナレッジを，2つの観点から読み解いた。人びとはそれぞれ，多様な複数形の日常の世界の中に生きている。そのことを個人，各スケールの集団の関係性ごと理解する上で重要なのが，ローカルナレッジという単位での理解だ。

複数の人びとの生の中で，世界は個人において，あるいは集合性のもとに，分節化されながら周囲の人間と非人間の関係性と共に理解される。それらは常に複数であるがゆえに，現実世界の中でせめぎあいながら人びとの日常を作っている。ローカルナレッジは，いわば，そのダイナミズムを理解するための知的設計概念だ。また同時に，ローカルナレッジという単位で捉えることで，せめぎあう複数のものと世界の見方と実践の系列を，相互参照することが可能になる。

このようなギアツのローカルナレッジに依拠しつつ，第2章では在来知という言葉を本書が使う理由が示される。在来知とは，ある自然のひとまとまりの系（本書では流域というまとまりがそれにあたる）と人びとおよび社会との関わりのなかに，世代を複数またがって生まれる固有の知の体系だ。あえて「在来」という言葉を使うのは，それによって，人と違う時空間スケールで動く自然のひとまとまりの系に順応的に，世代を複数またがりながら，連続性を持って対峙してきた知の体系であることを明確にしたいからだ。

この在来知を把握する上で重要なのは，複数の世代と流域，多様な時空間スケールの人間・非人間の関係性を納めている人々の記憶である。そこで，実際に閉伊川の支流域である刈屋川上流における記憶と人々のネットワークの中の在来知を検討した。そして，在来知が生まれ出る人・モノ・生業・遊び／遊び仕事のネットワークと，在来知の描写の仕方を模索した。

さらに，記憶の重要性とその将来へのつながりを示した代表的な事例は，第４章に示された，「磯鶏・藤原“むかし須賀”記憶の絵解き地図」の作成と，それに関わる地域の人たちとの協働作業の記録とその解析だろう。絵地図を作成するという作業は，記憶を可視化することであり，それによって，個々のエピソードの空間的な広がりや連続性が見えてくる。

知識の協働生産として設計された絵解き地図は，その後に「どのような未来を描写できるのか」を人々が想起する下支えとなり得る。なぜならば，すでに上書きされて見えなくなった風景を協働でたどる作業は，同じように見えなくなった，人間と非人間の関係性を描き出し，「そのようにあれるかもしれない未来の可能性」を想像する力を人々にもたらし得るからである。このような時空にまたがるネットワークの重要性は，福島（第８章），浄法寺（第９章），安家（第10章）の各章でも重要なテーマとなっている。

上記の諸成果を踏まえて，今回の私たちのプロジェクトでは，得られた成果を，環境教育という形で次世代に伝える試みを行った。閉伊川流域におけるこれらの試みは，具体的には，ハマ班による「磯鶏・須賀の絵解き地図」の作成（第４章），カワ班による「サクラマス MANABI プロジェクト」を基盤とした川流れ（口絵１）やヤマメの採卵・受精・放流を含む一連のイベント（第５・12章），ヤマ班による写真展と交流会（第６章），という形を取った。宮古市街に近いハマ側では多数の子供たちの参加を得たが，ヤマ側の環境教育では，地域における子供たちの絶対数がきわめて少ないことから，写真展と交流会を企画し，幅広い年代層を対象とした。川流れを含む「サクラマス MANABI プロジェクト」では，他地域からの子供たちも交えて，地域間の交流も視野に入れた環境教育を目ざした。在来知と環境教育に関する歴史的背景と教育学的な理論的基盤，そして実際の閉伊川流域におけるステークホルダーとの協働作業の展開については，第３，４，５，11，12章に詳しい。

環境教育イベントを行う過程で，「絵解き地図」などによる記憶の可視化とともに，養魚場で，ヤマメやイワナにさわって焼いて食べたりする実体験や，凍みイモ，干し葉などの伝統的保存食を実見する機会も重要なことがわかった。旧川井村地域では現在も作られている凍みイモをハマ側での環境教育の場で見せたところ，実物を見るのは初めてという方ばかりだった。ヤマの在来知については，写真家である稲野彰子さんの協力によって，ヤマの景観の美しさも含めて写真展という形で可視化することができた。

今回の調査の過程でとくに印象的だったのは，在来知の継承には，ジェンダーの差が大きく影響していたことだ。特に，保存食作りとその販売や，その延長線上にある産地直売所など，地元の食に関する分野では，女性がリーダーシップを取っている例が多かった。第6章，第8章，第9章には，これらの具体例が示されている。在来知について詳細な話をしてくれた男性に伝統食について質問すると，それについては妻の方が，という返事が返ってきたのも印象的だった。一方で，河川や海での魚釣りを含む漁労や狩猟，さらにそれに関わる大がかりな環境管理については，男性のほうが，幼少期以来の思い出を克明に語ってくれた。

本書第14章で，杉山祐子さんは，本書における在来知研究と環境教育の試みについて，「現代日本における在来知の継承を考えるとき，単に自然とのかかわりや技術・世界観だけでなく，環境じたいの人為的な改変や制度の変化を視野に入れながら，それを乗り越えるすべが必要であることを実証的に示した」と評価する。そして，その結果として，「この研究プロジェクトで，とぎれそうな相互関係の系を復元したり生み出したりする動きと，これまでの環境教育を理論的に再評価する枠組みが見えてきた」と述べる。

この「とぎれそうな相互関係の系」という言葉は，在来知の現在と未来を考える際に，重みがある。日本の農村地域，とくにその農業については，在来知はすでに失われてしまったと考える悲観的な研究者が多い。しかし，今回のプロジェクトの成果から考えれば，少なくとも東北地方の一部については，在来知は消失したわけではなく形を変えて生き続けていること，それが地域の人々の精神的な支柱になっていることが明らかになった。

時代とともに在来知に変容が起こるのを前提とした上で，聞き書きを通じて在来知の根本にある原理原則や思考方法を明確化し，その延長線上にある遊びや日々の行為とその意味を掘り起こし，それを地元の人たちと一緒に体験する，という一連の作業は，私たち研究者にとって，とても重要な意味を持った。この過程で，日々の行為がどのように全体としての人と環境との連関に結びつくのか，実感できた意義は大きい。その点で，今回の環境教育の試みは，イベントに参加した子供たちと同時に，私たち研究者にとってもかけがえのない学びの機会となった。

地方における高齢化と若者の都市への流出から，日本列島における「地方消滅」が論議されるようになって久しい。また，出生率の低下による人口減少は，地方と都市の区分を越えて，日本の近未来をおびやかす重要な要因と考えられている。しかし，適応サイクルモデルに示された安定期が硬直化の危機を前提としていることを考えるならば，人口減少自体を必ずしも否定的にとらえる必要はないように思える。ただし，ここで問題なのは，この移行が，人々の暮らしに壊滅的な打撃を与えるハードランディングになるか否か，という点だ。

都市に偏重して特化しすぎた現在のシステムから，より小規模で柔軟な分散型システムに回帰する可能性，あるいは現在のシステムが必然的に解体期に移行してやがて新しいシステムに移行する可能性，の両者を含めて，私たちは，これからの社会・経済システムに望ましい特徴とその基盤となるモデルの基盤となる原則を真剣に検討すべき時期に来ている。インターネットを含めたさまざまなスケールの社会ネットワークの技術は，それが地域住民や小規模生産者・事業者の自律性を損なわない形で利用されれば，このようなパラダイム・シフトに際して，有効な道具となり得る。

あとがき

羽生　淳子・佐々木　剛・福永　真弓

この本の始まりは，今から９年前にさかのぼる。1996年よりカリフォルニア大学バークレー校で教鞭を取っていた考古学者の羽生は，2009年１月に，日本学術振興会サンフランシスコ・オフィスの竹田誠之所長（当時）から，バークレー校を訪れていた東京海洋大学の佐々木を紹介された。佐々木は，翌２月に羽生の研究室を訪れ，その会話は，佐々木が専門とする水産教育学と魚類学の話から，当時，羽生の大学院生だった片山美保さんが関わっていた青森県三内丸山遺跡出土魚骨の分析へと及んだ。そこからカリフォルニアにおけるネイティブ・アメリカンのサケ漁についての話になり，後日，佐々木は羽生に，北米と日本のサケの漁業権についての社会学的研究をしていた大阪府立大学（当時）の福永を紹介した。東京大学柏キャンパスの新領域創成科学研究所で博士号を取得した福永は，大学院時代に隣の研究室だった植物考古学の辻誠一郎教授から羽生のことを聞いていた。

２年後の2011年４月，東日本大震災の直後に，羽生は，京都の総合地球環境学研究所に，のちの「小規模経済プロジェクト」（「はじめに」を参照）につながる準備研究を申請した。翌2012年８月，羽生，佐々木，福永の３名は，盛岡駅構内のコーヒーショップで，共同研究の可能性を相談するため，顔を合わせた。東日本大震災から一年余り，福島原発事故による放射性物質汚染の深刻さと震災からの復興の問題について，研究者として何ができるのか，私たちは，手探りの状態ながら，真剣に話し合った。

さらに２年後の2014年春，羽生はカリフォルニア大学バークレー校から研究休暇を取得し，京都の総合地球環境学研究所で，「小規模経済プロジェクト」（2014～2016年度の３年間にわたる研究）を開始した。小規模経済プロジェクトのプロジェクト研究員（当時）・大石高典さん，濵田信吾さんらをはじめとするメンバーの助力を得て作成したニッセイ財団への申請書が認められて，2014年10月から，「ヤマ・カワ・ウミに生きる知恵と工夫」プロジェクトが，独自のプロジェクトとしてスタートした。

「小規模経済プロジェクト」では，「食と生業の多様性」「ネットワーク」「社会の自律性」を三つをキーワードとして，成長モデルから持続可能モデルへのパラダイム・シフトに寄与する国際的な学問の枠組みとネットワークの構築を目ざした。これに対し，「ヤマ・カワ・ウミに生きる知恵と工夫」プロジェクトでは，「在来知」「レジリエンス」「環境教育」をキーワードとして，在来知の再評価という切り口から，聞き取りを中心とするデータ収集と，レジリエンスの諸理論に関わる議論の深化をめざすとともに，環境教育を媒介とする研究成果の普及を実践した。ふたつのプロジェクトは，相互に刺激しあいながら同時進行し，さらに，2016年度からは，人間文化研究機構による「日本列島における地域社会変貌・災害からの地域文化の再構築」プロジェクトとも連携して，それぞれの研究の焦点を絞り込んでいった。

「ヤマ・カワ・ウミに生きる知恵と工夫」プロジェクトは，社会科学者と自然科学者の両者が加わった学際的研究としてスタートした。学問とは，一定の前提と仮定のセットに基づいた理論的枠組みを切り口として，その枠内で，論理的に最も整合性がある解釈や説明を作り上げていく緻密な作業だ。この作業に没頭しすぎると，自分が専門とする狭い領域の中だけで議論が完結してしまい，総合的な視野を失うことになる。しかし，異なる専門の研究者同士の間では，研究の前提・仮定やものの見方が全く異なる場合が多く，議論の共通の基盤を探すことは容易ではない。

今回のプロジェクトでも，生態人類学の視点を基盤とする羽生，記憶や個々人の日常のアクションに関する社会理論を得意とする福永，教育学の視点から環境教育を考える佐々木の間では，意見の食い違いも多く，３人の間だけで，数百時間にわたる電話の会話と数千通にわたるメールが交わされた。これに，プロジェクト・メンバーとの電話・メールを加えると，その量はさらにその10倍以上になる。結果として，これらの多様な視点があったからこそ，本書には，単一ないし近隣分野のみのプロジェクトには見られない重層性が生まれてきたと思う。

今回の私たちの研究は，学際的であるばかりではなく，地元の多様なステークホルダー（研究対象・研究テーマに関わりのある人々）との協同作業を重視する，「超学際的」（transdisciplinary）なアプローチを特徴とする。学際的研究の認知度が近年向上しているのに対し，超学際的研究については，現在までのところその知名度は低い。ここでいう「超学際的」とは，多様なステークホルダーと研究者とが，対等の立場で，現実の社会へのフィードバックを前提としながら協働作業として行う，実践を含む研究活動だ。類似の議論として，他声性，マルチ・ヴォーカリティ，コミュニティ・エンゲージメント（地域コミュニティとの協働）などがある。この書が，今後，地元の方々を含む多様なステークホルダーとの協働のあり方を考える上で，少しでも役に立つことを願う。

この本で示した研究は，私たちの聞き書きと調査に辛抱強く付き合ってくださった，たくさんの地元の方のご助力に支えられている。これらの方々には，各章で，実名を出してお話や写真を掲載することをお許しいただいた方々も含まれている。本書を終えるにあたり，これらの方々に深く感謝の意を表する。

私たちの研究とその出版は，公益財団法人日本生命財団（ニッセイ財団）による学際的総合研究助成および研究成果発表出版助成を得て，初めて可能になった。ニッセイ財団副理事長・事務局長（当時）濱口知昭さん，助成事業部長（当時）藤原康廣さん，常務理事・事務局長伯井穂文さん，そして，毎回のプロジェクト全体会議にご参加いただいた助成事業部部長広瀬浩平さんに，心から感謝したい。

「はじめに」で述べたように，本書の内容は，ニッセイ財団からの助成による「ヤマ・カワ・ウミに生きる知恵と工夫」プロジェクトの内容だけでなく，総合地球環境学研究所のフルリサーチ・プロジェクト「地域に根ざした小規模経済活動と長期的持続可能性―歴史生態学からのアプローチ―」（研究番号14200084）と，人間文化研究機構の広領域連携型基幹研究プロジェクト「日本列島における地域社会変貌・災害からの地域文化の再構築」と連携している。これらの機関およびプロジェクトのメンバーにも感謝の意を表する。また，真貝理香さんには，本書の編集と校正作業にも多大な御助力をいただいた。

東海大学出版部には，この本の出版をお引き受けいただき，細部にわたるまで大変お世話になった。とくに，出版課の稲英史さんと原裕さんは，私たちの出版計画を辛抱強く励ましてくださり，ここにやっと形にすることができた。お二人には心からお礼申し上げたい。

索　引

英数字

あ

い

う

え

お

か

し

す

せ

そ

た

ち

つ

て

と

な

や

ゆ

よ

ら

り

れ

ろ

わ

執筆者略歴

伊藤由美子（いとう・ゆみこ）

1967 年神奈川県生まれ。青森県環境生活部県民生活文化課県史編さんグループ主幹。専門は環境考古学。主な著作：「青森県青森市三内丸山 (9) 遺跡におけるトチノキ利用について」（『青森県立郷土館研究紀要』35 号，2011 年），「青森平野西端部における低湿地型貯蔵穴を備えた縄文集落の変遷について」『青森県立郷土館研究紀要』第 37 号，2013 年）。

岡　恵介（おか・けいすけ）

1957 年東京都中野区生まれ。東北文化学園大学総合政策学部教授。専門は生態人類学，環境民俗学。主な著作：『視えざる森の暮らし』（大河書房，2008 年），『山棲みの生き方』（大河書房，2016 年）。災害救助犬及び岩手県嘱託警察犬指導手。

金子信博（かねこ・のぶひろ）

1959 年生まれ。福島大学教授。専門は土壌生態学。主な著作：『生態系の暮らし方－アジア視点の環境リスク・マネージメント』（共著，東海大学出版会，2012），「Shifts in the composition and potential functions of soil microbial communities responding to a no-tillage practice and bagasse mulching on a sugarcane plantation.」（共著，『*Biology and Fertility of Soils*』52 巻 3 号，2016 年）。

後藤宣代（ごとう・のぶよ）

岐阜県生まれ。奥羽大学薬学部および福島県立医科大学医学部非常勤講師。専門は政治経済学。主な著作：『カタストロフィーの経済思想－震災・原発・フクシマ－』（共著，昭和堂，2014 年），『社会変革と社会科学－時代と対峙する思想と実践－』（共著，昭和堂，2017 年）。

後藤康夫（ごとう・やすお）

福島県生まれ。福島大学経済経営学類特任教授。専門は政治経済学。主な著作：『いま福島で考える－震災・原発問題と社会科学の責任－』（共編著，桜井書店，2012 年），『東日本大震災からの復旧・復興と国際比較』（共著，八朔社，2014 年）。

小山修三（こやま・しゅうぞう）

1939 年香川県生まれ。国立民族学博物館名誉教授。専門は民族考古学。主な著作：『縄文時代』（中公新書，1984 年），『狩人の大地－オーストラリア・アボリジニの世界』（雄山閣出版，1992 年），『縄文学への道』（ＮＨＫブックス，1996 年），『梅棹忠夫　語る－聞き手小山修三－』（日経プレミアムシリーズ，2010 年）。

佐々木剛（ささき・つよし）
　後掲

真貝理香（しんかい・りか）
　1966年三重県生まれ。総合地球環境学研究所外来研究員。専門は動物考古学。主な著作：「貝塚における貝層の形成と貝類採取活動」（『史学』65巻4号，1996年），「カナダ・トリケット島における先史時代遺跡の調査」（共著，『考古学研究』62巻3号，2015年）。

杉山祐子（すぎやま・ゆうこ）
　東京都生まれ。弘前大学人文社会科学部教授。専門は生態人類学。主な著作：「『伐ること』と『焼くこと』」（『アフリカ研究』53巻，1998年），『アフリカ地域研究と農村開発』（共著，京都大学学術出版会，2011年），『津軽，近代化のダイナミズム』（共編著，御茶ノ水書房，2007年），『地域社会とローカリティ』（共著，弘前大学出版会，2016年）。

橋本久夫（はしもと・ひさお）
　1955年，岩手県宮古市生まれ。NPO法人いわてマリンフィールド理事長。岩手県ヨット連盟副会長。海と日本プロジェクトin岩手実行委員長。みなとまちづくりマイスター。『月刊みやこわが町』編集長。宮古市議会議員。

羽生淳子（はぶ・じゅんこ）
　後掲

福永真弓（ふくなが・まゆみ）
　後掲

水木高志（みずき・たかし）
　1974年岩手県宮古市生まれ。三陸病院副主任看護師。任意団体さんりくESD閉伊川大学校校長。水圏環境エジュケーター。岩手県環境アドバイザー。主な著作：連載「山小屋フィールド日記」（『月刊みやこわが町』2012年～現在）。連載「Fishing is with our lives—釣りは我が生と共にあった—」（月刊誌『釣り東北』）。

編著者紹介

羽生淳子（はぶ・じゅんこ）

1959年神奈川県川崎市生まれ。カリフォルニア大学バークレー校人類学科教授・総合地球環境学研究所客員教授。専門は考古学，生態人類学。主な著作：『*Ancient Jomon of Japan*』（Cambridge University Press, 2004年），（「縄文時代の食と環境」『科学』87巻2号，2017年），『*Handbook of East and Southeast Asian Archaeology*』（共編著，Springer，2017年）。

佐々木剛（ささき・つよし）

1966年岩手県宮古市生まれ。東京海洋大学学術研究院教授。専門は水圏環境教育学，水産教育学。主な著作：『里海探偵団がゆく！　育てる・調べる海の幸』（共編著，農文協，2010年），『水圏環境教育の理論と実践』（成山堂書店，2011年），『日本の海洋資源』（祥伝社，2014年）。

福永真弓（ふくなが・まゆみ）

1976年愛媛県生まれ。東京大学大学院新領域創成科学研究科准教授。専門は環境社会学，環境倫理学。主な著作：『多声性の環境倫理：サケの生まれ帰る流域の正統性のゆくえ』（ハーベスト社，2010年），『未来の環境倫理学』（共編著，勁草書房，2018年）。

やま・かわ・うみの知(ち)をつなぐ　東北(とうほく)における在来知(ざいらいち)と環境教育(かんきょうきょういく)の現在(げんざい)

2018年6月30日　第1版第1刷発行

編著者　羽生淳子・佐々木剛・福永真弓

発行者　浅野清彦

発行所　東海大学出版部
〒259-1292 神奈川県平塚市北金目4-1-1
TEL 0463-58-7811　FAX 0463-58-7833
URL http://www.press.tokai.ac.jp/
振替　00100-5-46614

印刷所　港北出版印刷株式会社

製本所　誠製本株式会社

ISBN978-4-486-02172-8